U0279361

中国草原保护与牧场利用丛书

（汉蒙双语版）

名誉主编　任继周

人工草地
建植技术

徐丽君　王　笛　孙雨坤

—— 著 ——

上海科学技术出版社

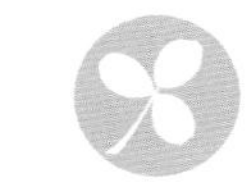

图书在版编目（CIP）数据

人工草地建植技术 / 徐丽君，王笛，孙雨坤著. --
上海 : 上海科学技术出版社，2021.1
（中国草原保护与牧场利用丛书 : 汉蒙双语版）
ISBN 978-7-5478-5036-7

Ⅰ. ①人… Ⅱ. ①徐… ②王… ③孙… Ⅲ. ①草坪一观赏园艺一汉、蒙 Ⅳ. ①S688.4

中国版本图书馆CIP数据核字(2020)第234650号

中国草原保护与牧场利用丛书(汉蒙双语版)

人工草地建植技术

徐丽君 王 笛 孙雨坤 著

上海世纪出版(集团)有限公司
上 海 科 学 技 术 出 版 社 出版、发行
(上海钦州南路71号 邮政编码200235 www.sstp.cn)
上海中华商务联合印刷有限公司印刷
开本 787×1092 1/16 印张 13
字数 210千字
2021年1月第1版 2021年1月第1次印刷
ISBN 978-7-5478-5036-7/S·203
定价：80.00元

序

“中国草原保护与牧场利用丛书（汉蒙双语版）”很有特色，令人眼前一亮。

这是一套朴实无华，尊重自然，贴近生产，心里装着牧民和草原生态系统的小智库。该套丛书采用汉蒙两种语言表达了编著者对草原的理解和关怀。这是我国新一代草地科学工作者的青春足迹，弥足珍贵。它记录了编著者的忠诚心志和科学素养，彰显了对草原生态系统整体关怀的现代农业伦理观。

我国是个草原大国，各类天然草原近4亿公顷，约占陆地面积的40%以上，为森林面积的2.5倍、耕地面积的3.2倍，是我国面积最大的陆地生态系统。草原不仅是我国陆地的生态屏障，也是草原与它所养育的牧业民族所共同铸造的草原文明的载体。这是无私的自然留给中华民族的宝贵遗产。我们应清醒地认知，内蒙古草原，尤其是呼伦贝尔草原是欧亚大草原仅存的一角，是自然的、历史的遗产。

这里原本是生草土发育良好，草地丰茂，畜群如云，居民硕壮，万古长青的草地生态系统，人类文明的重要组分，是中华民族获得新鲜活力的源头之一。但是由于农业伦理观缺失的历史背景，先后被农耕生态系统和工业生态系统长期、不断地入侵和干扰，草原生态系统的健康遭受破坏，变为“生态脆弱区”。

目前大国崛起的形势已经到来，我们对草原的科学保护、合理利用、复壮草原生态系统势在必行。党的十九届四中全会提出“坚持和完善生态文明制度体系，促进人与自然和谐共生”。保护好草原，建设好草原生态文明，就是关系边疆各族人民生产、生活和生

态环境永续发展，维护草原文化摇篮的千年大计。必须坚持保护优先、自然恢复为主，科技先行、多种措施并举，坚定走生产发展、生活富裕、生态良好的草原发展道路。

目前，草原科学新理念、新技术、新成果多以汉文材料为主，草原牧民汉语识别能力较弱，增加了在少数民族牧民中推广的难度。为此，该套丛书采用汉蒙双语对照，图文并茂，以便牧区广大群众看得懂、学得会和用得上，广泛推广最新研究成果，促进农牧民对汉字的识别能力。

该套丛书涵盖了草原保护与利用、栽培草地建植与管理等实用技术与原理，贯彻最新中央精神，可满足全国高校院所、农业、林业和草业部门对草牧业教材和乡村振兴战略读本的迫切需求。该套丛书的出版，可为恢复“风吹草低见牛羊”的富饶壮美的草原画卷提供有力支撑。

保继周

序于涵虚草舍，2019年初冬

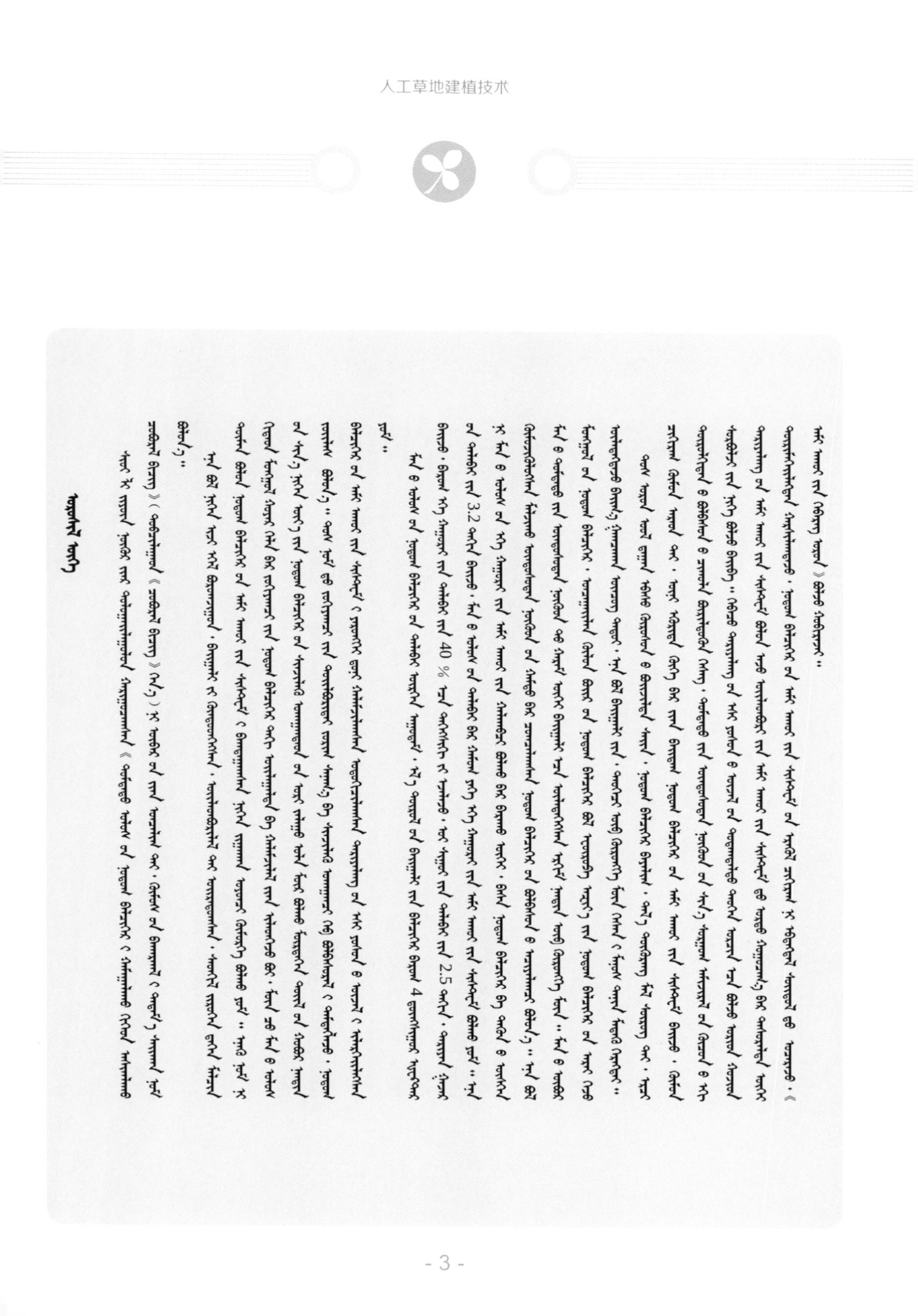

前／言

人工草地的建植是弥补天然草地产草量低的不足，缓解家畜放牧压力，提供足量且优质牧草的有效途径，是现代化畜牧业生产体系中的一个重要的组成部分。尽管我国天然草地每年产3亿吨干草，但优质牧草较少。随着我国畜牧业的快速发展，对优质牧草的依赖越来越大，国内优质牧草还难以满足畜牧业的发展需要。如2019年，我国草产品进口总量达162.68万吨，这一方面，说明天然草地优质牧草产量的不足，需要人工草地优质牧草的补充；另一方面，也说明我国牧草供给不足，还难以满足快速发展的畜牧业对牧草的需求。因此，建植优质高产人工草地，提高我国牧草的供给能力，对维持畜牧业生产持续、稳定发展，保护生态环境，提高畜牧业生产水平具有重要作用。

我国北方草地畜牧业发达，但由于牧草供给不足，草畜矛盾日益加重，严重影响着草地畜牧业的可持续发展。加快优质高产人工草地建植，提高我国牧草供给能力以刻不容缓。2017年和2019年中央一号文件，都强调了加强饲草料的生产。2017年中央一号文件明确指出，饲料作物要扩大种植面积，发展青贮玉米、苜蓿等优质牧草，大力培育现代饲草料产业体系。并稳步推进牧区高效节水灌溉饲草料地建设。2019年中央一号文件提出，合理调整粮经饲结构，发展青贮玉米、苜蓿等优质饲草料生产。

本书主要阐述人工草地建植过程中牧草生产技术与管理，集适宜北方地区播种的品种、播前准备、播种技术、田间管理和收获等方面内容，全书采用汉语、蒙古语、照片等多种表现形式，图

文并茂、通俗易懂，可供牧民、农民及草原牧区科技人员参考。书中内容均为多年研究成果的总结和体现，在研究过程中得到了多个国家或省部级科研项目的资助，主要包括科学技术部重点研发项目（2016YFC0500600、2018YFF0213405）、国家自然基金青年项目（41703081）、农业农村部国家牧草产业技术体系经费（CARS-34）、中国农业科学院创新工程、国家农业科学数据共享中心-草地与草业数据分中心、农业农村部呼伦贝尔国家野外台站运行经费等科研项目。

本书也汇聚了中国农业科学院农业资源与区划研究所、中国农业科学院草原研究所、内蒙古农业大学、白城市畜牧科学研究院等有关单位多年的研究成果，在编写本书的过程中上述单位的有关专家积极提供了文字材料和图片等，在此对提供项目资助的有关部门和上述单位表示衷心的感谢！

徐丽君

2019年冬

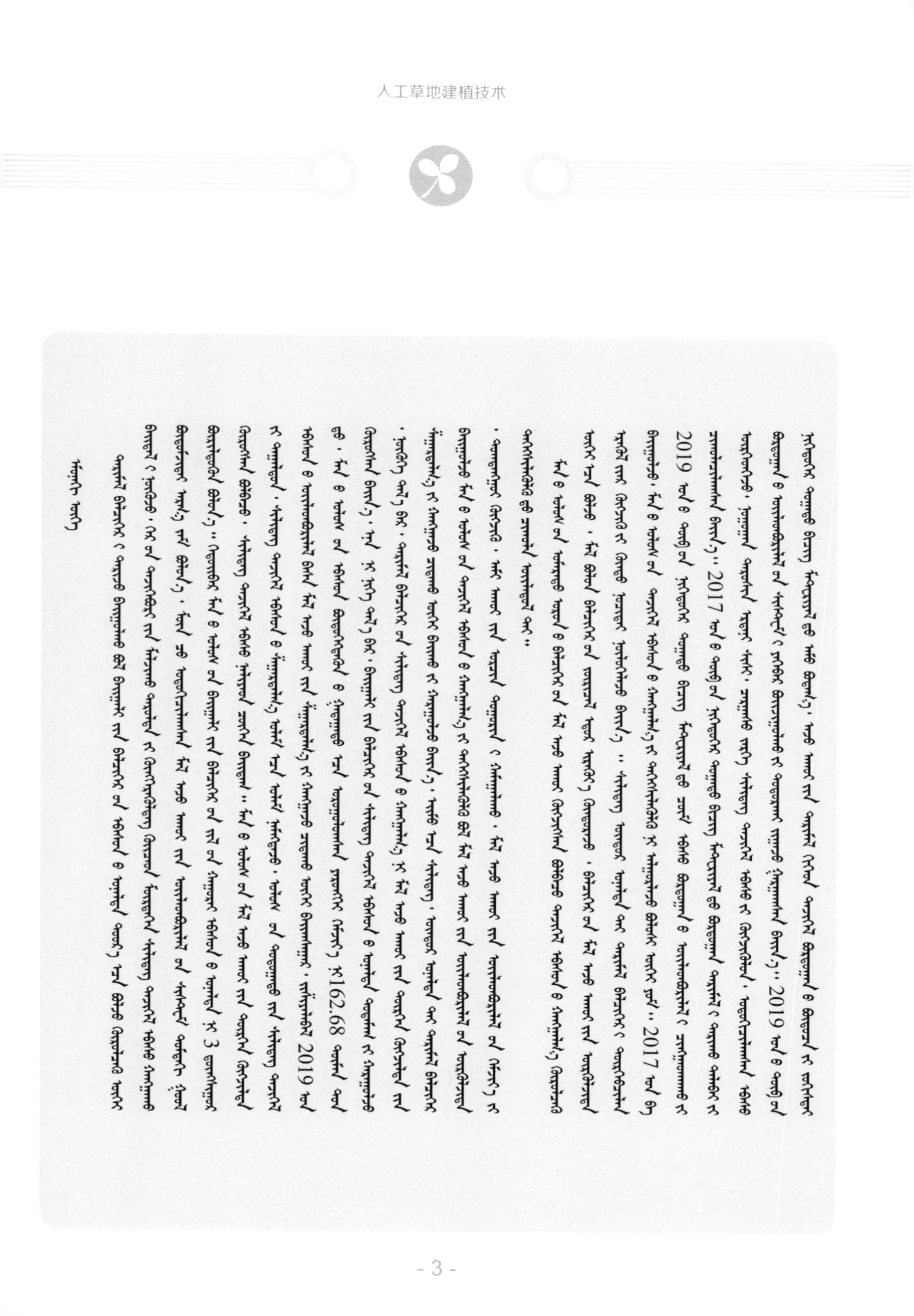

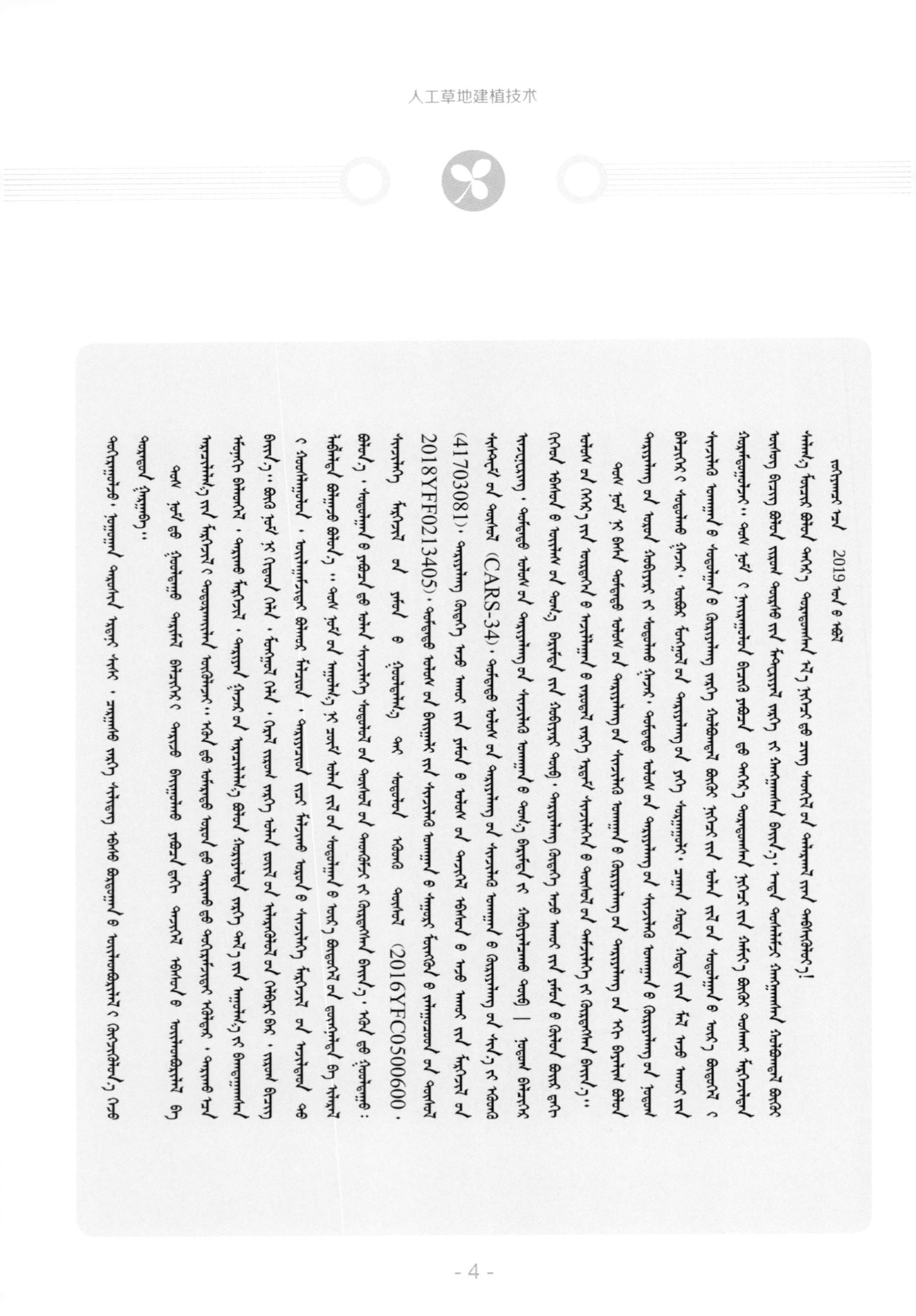

[illegible] 2019 [illegible]

[illegible]

[illegible]

[illegible] (CARS-34)，[illegible] (41703081)，[illegible] 2018YFF0213405)，[illegible] (2016YFC0500600，[illegible]

[illegible]

[illegible]

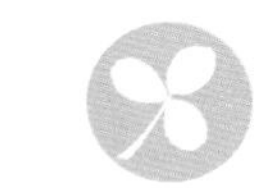

目／录

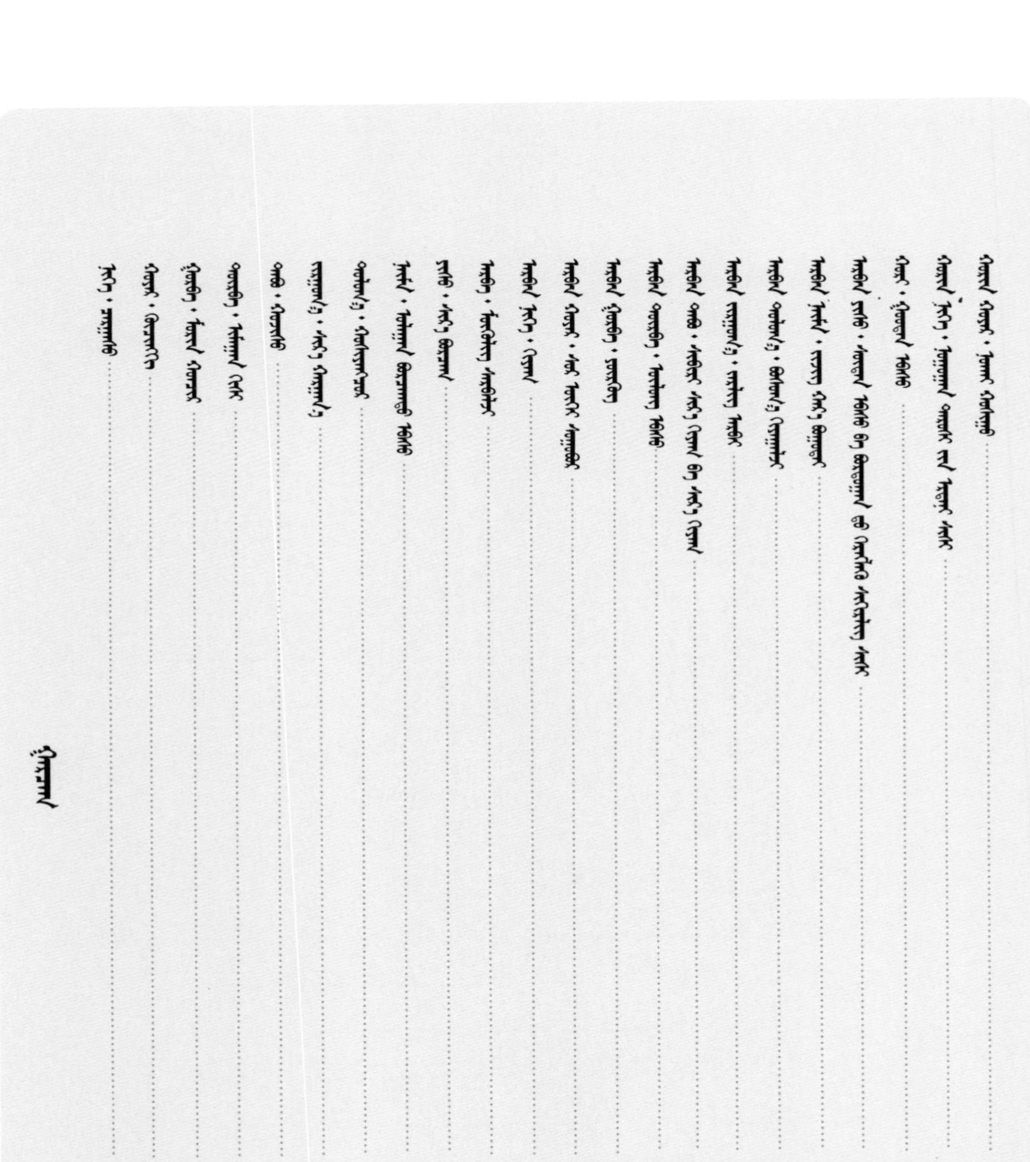

ᠭᠠᠷᠴᠠᠭ

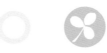

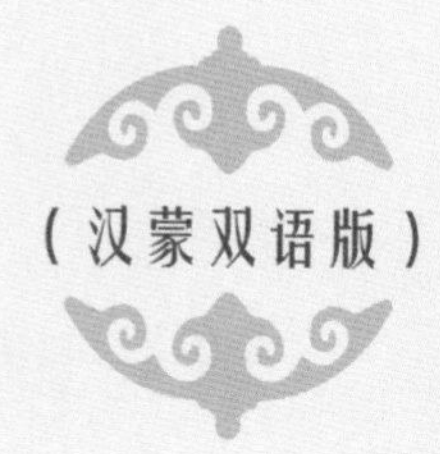

人工草地建植技术

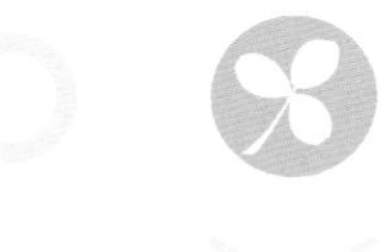

一、苜 蓿

苜蓿属（*Medicago* L.）共有70余种，多数为一年生或多年生草本植物，具有产量高、品质优、适口性好、经济价值较高等特点。目前我国栽培的苜蓿品种多为紫花苜蓿或黄花苜蓿，习惯上将紫花苜蓿和杂化苜蓿通称为苜蓿。

（一）播前准备

1. 种床准备

苜蓿种床以沙壤土为宜，地块要求土层深厚（80 cm以上），地下水位在1.0 m以下，土壤pH为6.8～8.0。

苜蓿种子小，种植当年土地需要进行深耕翻。首先采用重型耙深耙2次，翻耕深度20～30 cm为宜；其次采用旋耕机旋耕；然后采用钉齿耙将留在土壤中的根系与地上部分耙除。待土壤晾晒1～2天后，再用钉齿耙搂草根，耙碎土块，平整地面，使土壤颗粒细匀，孔隙度适宜。

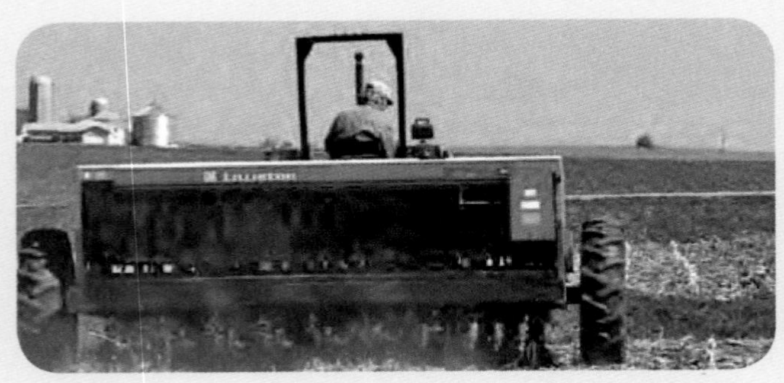

ᠮᠦᠷᠦᠭᠦ ᠶᠢᠨ ᠦᠨᠳᠦᠰᠦ ᠨᠢ ᠭᠦᠨ ᠪᠠᠢᠳᠠᠯ ᠡᠴᠡ ᠭᠠᠷᠤᠭᠰᠠᠨ ᠤᠰᠤ ᠪᠠ ᠪᠠᠷ ᠬᠥᠷᠥᠰᠥ ᠪᠠᠷ ᠪᠡᠷ ᠬᠠᠮᠢᠶᠠᠷᠤᠯᠳᠠᠭ ᠪᠠᠢᠳᠠᠭ ᠃ ᠬᠤᠷᠢᠶᠠᠭᠰᠠᠨ ᠪᠣᠯᠤᠨ ᠭᠦᠨ ᠨᠢ ᠳᠤᠨᠳᠠ ᠪᠠᠷ ᠳᠤᠷᠠᠨ ᠬᠤᠪᠢᠷᠠᠨ 20 ~ 30 cm ᠪᠠᠢ
m ᠡᠴᠡ ᠳᠣᠣᠷ᠎ᠠ᠂ ᠬᠥᠷᠥᠰᠥᠨ ᠦ pH ᠬᠡᠮᠵᠢᠶ᠎ᠡ ᠨᠢ 6.8 ~ 8.0 ᠶᠢᠨ ᠬᠣᠭᠣᠷᠣᠨᠳᠣ ᠪᠠᠢᠬᠤ ᠳᠤ ᠲᠣᠬᠢᠷᠠᠮᠵᠢᠲᠠᠢ ᠃
ᠮᠦᠷᠦᠭᠦ ᠶᠢᠨ ᠦᠨᠳᠦᠰᠦ ᠶᠢᠨ ᠬᠡᠰᠡᠭ ᠨᠢ ᠬᠥᠭᠵᠢᠭᠰᠡᠨ ᠬᠥᠷᠥᠰᠥ ᠳᠦ ᠭᠦᠨ ᠪᠠᠢᠳᠠᠭ ᠃ ᠬᠥᠷᠥᠰᠥ ᠨᠢ ᠪᠠᠷ ᠬᠠᠮᠢᠶᠠᠷᠤᠯ (80 cm ᠡᠴᠡ ᠪᠠᠷ ᠪᠠᠭᠤᠷᠠᠭ ᠦᠭᠡᠢ)᠂ ᠭᠦᠨ ᠰᠠᠢᠵᠢᠷᠠᠬᠤ ᠬᠤᠭᠤᠴᠠᠭ᠎ᠠ ᠳᠤ ᠰᠠᠢᠨ ᠨᠢ 1

ᠮᠦᠷᠦᠭᠦ ᠶᠢᠨ ᠲᠥᠷᠥᠯ (*Medicago* L.) ᠨᠢ ᠪᠤᠷᠴᠠᠭ ᠤᠨ ᠲᠥᠷᠥᠯ ᠤᠨ᠂ ᠤᠯᠠᠭᠠᠨ ᠨᠢ ᠣᠯᠠᠨ ᠨᠠᠰᠤᠲᠤ ᠤᠷᠭᠤᠮᠠᠯ ᠤᠨ ᠰᠠᠯᠠᠭ᠎ᠠ ᠮᠥᠴᠢᠷ ᠪᠣᠯᠤᠨ᠎ᠠ ᠃ ᠲᠡᠭᠦᠨ ᠦ ᠲᠥᠷᠥᠯ᠂ ᠵᠦᠢᠯ ᠬᠡᠷᠡᠭ᠂

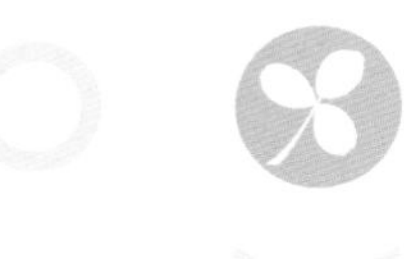

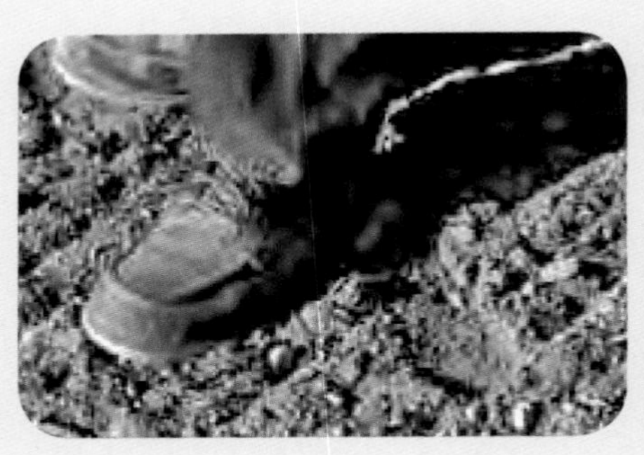

（1）播前除杂：播前最好采用灭生性除草剂（草甘膦、百草枯等）对土壤中的杂草及其种子进行清除。

（2）施基肥：实施测土配方施肥制度。测定0 ～ 20 cm土层土壤的有机质、碱解氮、有效磷、速效钾含量及土壤pH。结合整地施足基肥，以有机肥和肥效长的磷钾无机肥为主。

有机肥：土壤有机质 $< 1.5\%$ 时，黏土和壤土施用有机肥30 000 ～ 45 000 kg/hm^2，沙土施用有机肥50 000 ～ 60 000 kg/hm^2。

氮肥：土壤碱解氮 < 15 ppm或有机质 $< 1.5\%$ 时，可作为基肥适量施用氮肥以促进幼苗建植，施用氮素量为40 kg/hm^2，肥料种类以磷酸二铵为宜。

磷肥：土壤有效磷测定值 $< 15 \times 10^{-6}$ 时，需要施用磷肥（以底肥为好），根据土壤营养测试结果，土壤耕层有效磷含量 $0 \sim 5 \times 10^{-6}$，磷肥（P_2O_5）推荐用量120 ～ 230 kg/hm^2；土壤耕层有效磷含量 $5 \sim 10 \times 10^{-6}$，磷肥（P_2O_5）推荐用量60 ～ 170 kg/hm^2；土壤耕层有效磷含量 $10 \sim 15 \times 10^{-6}$，磷肥（$P_2O_5$）推荐用量100 ～ 120 kg/$hm^2$。

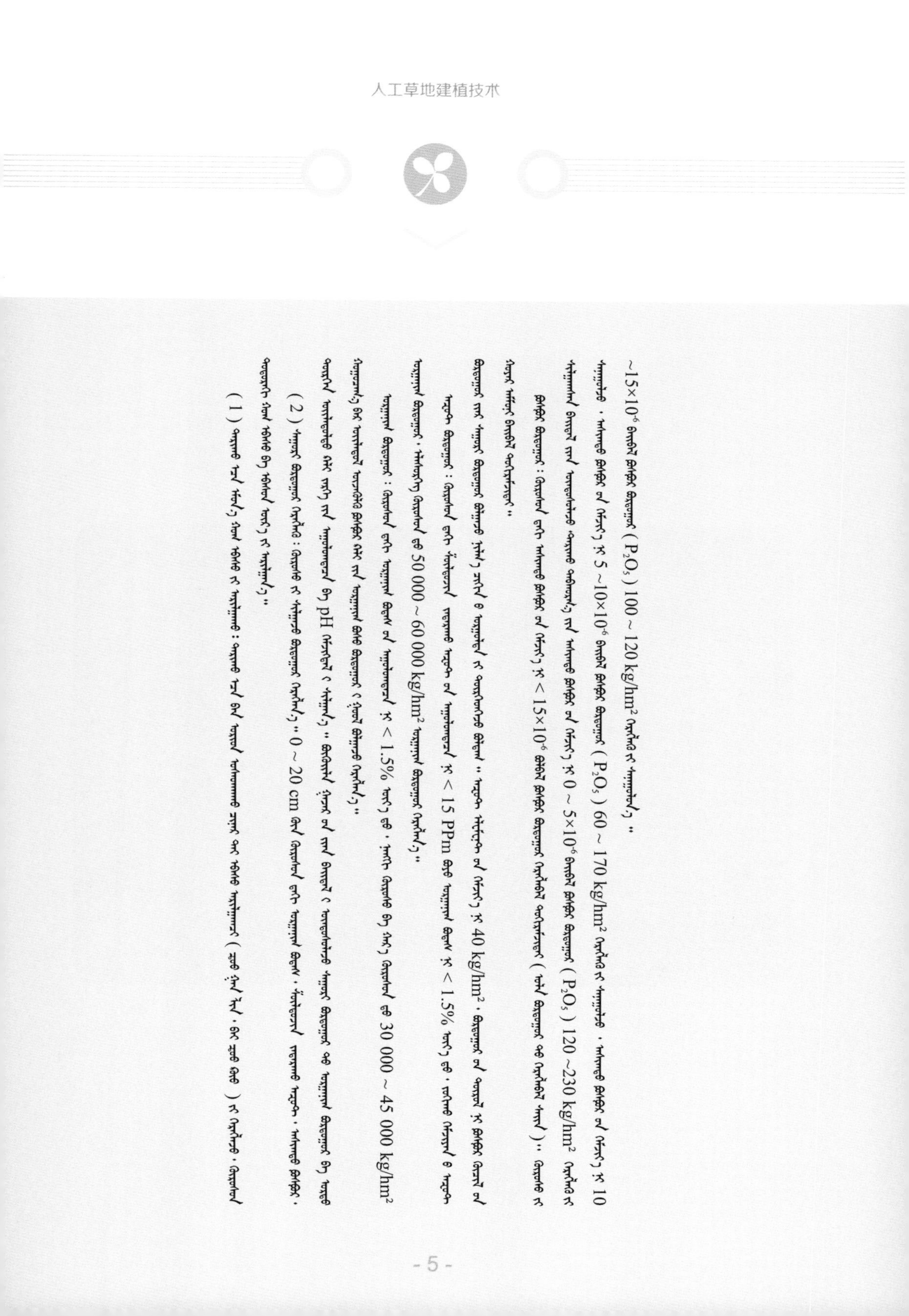

~15×10^{-6} [illegible] (P_2O_5) 100 ~ 120 kg/hm² [illegible] ᠃ [illegible] ᠂ [illegible] 5 ~ 10×10^{-6} [illegible] (P_2O_5) 60 ~ 170 kg/hm² [illegible] ᠂ [illegible] 10 [illegible] 0 ~ 5×10^{-6} [illegible] (P_2O_5) 120 ~230 kg/hm² [illegible]

[illegible] : [illegible] < 15×10^{-6} [illegible] ([illegible]) ᠃ [illegible] ᠃

[illegible] ᠃ [illegible] 40 kg/hm² ᠂ [illegible]

[illegible] : [illegible] < 15 PPm [illegible] < 1.5% [illegible] ᠂ [illegible] 50 000 ~ 60 000 kg/hm² [illegible] ᠃

[illegible] : [illegible] < 1.5% [illegible] ᠂ [illegible] 30 000 ~ 45 000 kg/hm² [illegible] ᠃ [illegible] pH [illegible] ᠃ [illegible]

(2) [illegible] : [illegible] ᠃ 0 ~ 20 cm [illegible] ᠂ [illegible] ᠂ [illegible] ᠂ [illegible] ᠃

(1) [illegible] : [illegible] ([illegible] ᠂ [illegible]) [illegible] ᠂ [illegible]

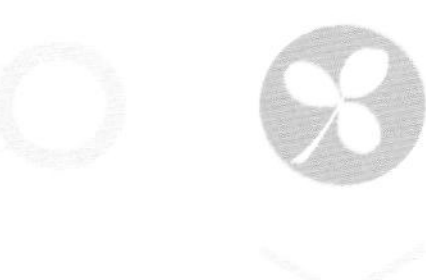

2. 品种选择

因地制宜选用高寒地区适宜品种。已通过国家或省级审定的品种，包括呼伦贝尔杂花苜蓿、公农1号紫花苜蓿、肇东苜蓿、呼伦贝尔黄花苜蓿。这些品种在高寒地区正常年份均可以安全越冬。播种前最好做一下发芽试验。

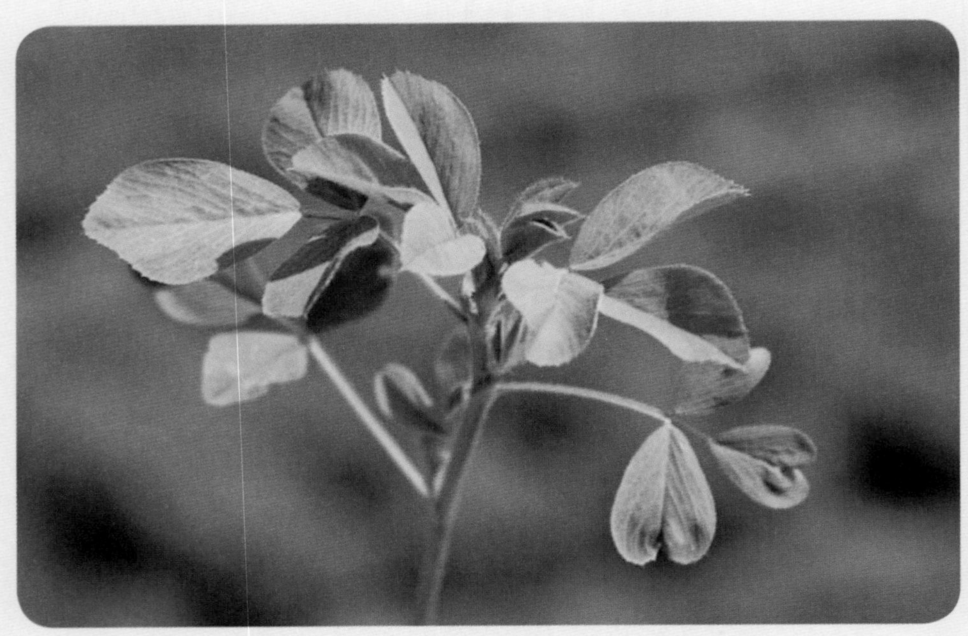

[illegible]
[illegible]
[illegible]

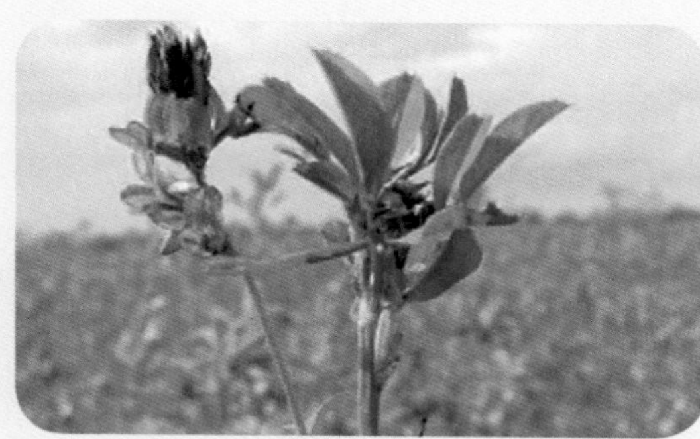

2. [illegible]

（二）播种技术

1. 播种时期

苜蓿种植在4月20日至6月10日进行播种。

2. 播种方式

采用机械条播的方式，行距15 ～ 25 cm或30 ～ 35 cm进行播种。

3. 播种量

苜蓿裸种子18.0 ～ 22.5 kg/hm^2。

4. 覆土镇压

播深1.5 ～ 2.0 cm，播后覆土镇压。黏土地播深稍浅，沙土地稍深。

（三）田间管理

1. 水肥管理

苗期水肥管理十分重要。在有灌溉条件的地块，在株高15 ～ 20 cm的分枝期进行灌溉。施用硫酸钾后进行灌溉，硫酸钾的施肥量为225 kg/hm^{2}或施用尿素、过磷酸钙、硫酸钾混合而成的混合肥。混合肥中氮的重量百分比≥15%、磷的重量百分比≥25%、钾的重量百分比≥18%。施肥量不少于1 200 kg/hm^2。

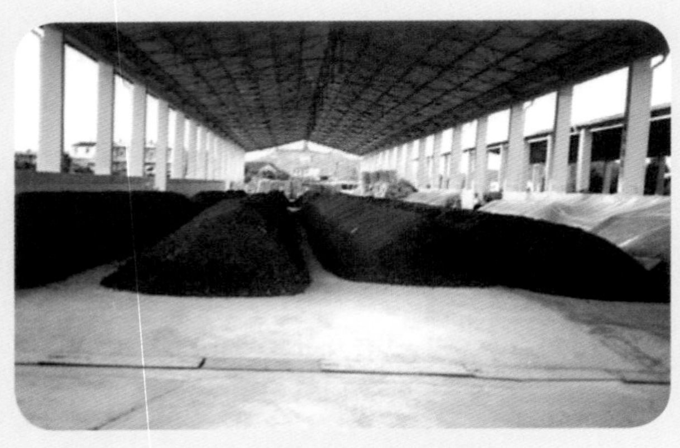

(ᠭᠤᠷᠪᠠ) ᠲᠠᠷᠢᠬᠤ ᠠᠷᠭ᠎ᠠ

1. ᠲᠠᠷᠢᠬᠤ ᠴᠠᠭ

ᠨᠢ ᠵᠢᠯ ᠪᠦᠷ ᠦᠨ 4 ᠰᠠᠷ᠎ᠠ ᠶᠢᠨ 20 ᠡᠴᠡ 6 ᠰᠠᠷ᠎ᠠ ᠶᠢᠨ 10 ᠤ ᠬᠤᠭᠤᠷᠤᠨᠳᠤ ᠲᠠᠷᠢᠬᠤ ᠳᠤ ᠲᠣᠬᠢᠷᠠᠮᠵᠢᠲᠠᠢ ::

2. ᠲᠠᠷᠢᠬᠤ ᠠᠷᠭ᠎ᠠ

ᠮᠥᠷᠯᠡᠨ ᠲᠠᠷᠢᠯᠭ᠎ᠠ ᠪᠤᠶᠤ ᠴᠠᠴᠤᠮᠠᠯ ᠲᠠᠷᠢᠬᠤ ᠠᠷᠭ᠎ᠠ ᠪᠠᠷ ᠂ ᠮᠥᠷ ᠦᠨ ᠬᠣᠭᠣᠷᠤᠮᠳᠠᠬᠢ 15 ~ 25 cm ᠪᠤᠶᠤ 30 ~ 35 cm ᠪᠠᠢᠯᠭᠠᠨ ᠲᠠᠷᠢᠨ᠎ᠠ ::

3. ᠲᠠᠷᠢᠬᠤ ᠬᠡᠮᠵᠢᠶ᠎ᠡ

ᠭᠡᠠᠲᠠᠷ ᠤᠨ ᠳᠤᠮᠳᠠᠳᠠ ᠬᠡᠮᠵᠢᠶ᠎ᠡ ᠨᠢ 18.0 ~ 22.5 kg/hm² ᠲᠠᠷᠢᠨ᠎ᠠ ::

4. ᠰᠢᠷᠤᠢ ᠪᠦᠷᠬᠦᠬᠦ ᠭᠦᠨ

1.5 ~ 2.0 cm ᠪᠠᠢᠯᠭᠠᠨ ᠲᠠᠷᠢᠨ᠎ᠠ ᠂ ᠰᠢᠷᠤᠢ ᠪᠠᠨ ᠪᠦᠷᠬᠦᠭᠡᠳ ᠳᠠᠷᠤᠨ᠎ᠠ :: ᠬᠤᠷᠠ ᠣᠷᠤᠭᠰᠠᠨ ᠤ ᠳᠠᠷᠠᠭ᠎ᠠ ᠲᠠᠷᠢᠬᠤ ᠂ ᠴᠢᠭᠢᠭ ᠲᠡᠢ ᠦᠶ᠎ᠡ ᠳᠦ ᠳᠠᠷᠤᠵᠤ ᠲᠠᠷᠢᠬᠤ ᠪᠣᠯᠪᠠᠰᠤ ᠰᠠᠢᠨ ::

(ᠳᠥᠷᠪᠡ) ᠲᠠᠷᠢᠮᠠᠯ ᠭᠠᠵᠠᠷ ᠤᠨ ᠮᠠᠨᠳᠠᠯ

1. ᠰᠢᠮ᠎ᠡ ᠪᠣᠳᠤᠰ ᠤᠨ ᠮᠠᠨᠳᠠᠯ

ᠲᠠᠷᠢᠬᠤ ᠡᠴᠡ ᠡᠮᠦᠨ᠎ᠡ ᠰᠢᠮ᠎ᠡ ᠪᠣᠳᠤᠰ ᠤᠨ ᠮᠠᠨᠳᠠᠯ ᠢ ᠰᠠᠢᠨ ᠬᠢᠪᠡᠯ ᠪᠣᠯᠬᠤ :: ᠬᠠᠭᠤᠷᠴᠠᠭ ᠦᠨᠳᠦᠰᠦᠨ ᠪᠣᠳᠤᠰ ᠢ ᠬᠥᠷᠦᠰᠦ ᠪᠡᠨ ᠬᠠᠯᠢᠭᠤᠯᠵᠤ ᠂ ᠭᠦᠨ ᠨᠢ 15 ~ 20 cm ᠬᠦᠷᠲᠡᠯ᠎ᠡ ᠬᠠᠯᠢᠭᠤᠯᠤᠨ ᠂ ᠬᠠᠪᠤᠷ ᠤᠨ ᠲᠠᠷᠢᠬᠤ ᠴᠠᠭ ᠲᠤ ᠰᠢᠮ᠎ᠡ ᠪᠣᠳᠤᠰ ᠤᠨ ᠦᠭᠡᠢ ᠵᠢᠷᠤᠮ ᠪᠣᠯᠤᠨ᠎ᠠ :: ᠦᠨᠳᠦᠰᠦᠨ ᠰᠢᠮ᠎ᠡ ᠪᠣᠳᠤᠰ ᠢ ᠬᠡᠷᠡᠭᠯᠡᠬᠦ ᠳᠦ ᠲᠣᠬᠢᠷᠠᠮᠵᠢᠲᠠᠢ :: ᠲᠡᠭᠡᠳ ᠲᠡᠭᠡᠨ ᠦ ᠲᠣᠭ᠎ᠠ ᠬᠡᠮᠵᠢᠶ᠎ᠡ ᠶᠢ ᠬᠡᠷᠡᠭᠯᠡᠵᠦ ᠪᠣᠯᠤᠨ᠎ᠠ :: ᠲᠡᠭᠡᠳ ᠲᠡᠭᠡᠨ ᠦ ᠲᠣᠭ᠎ᠠ 225 kg/hm² ᠬᠡᠷᠡᠭᠯᠡᠬᠦ ᠪᠤᠶᠤ [illegible] ᠂ ᠲᠡᠭᠦᠨ ᠦ ᠨᠡᠢᠯᠡᠮᠡᠯ ᠲᠡᠭᠡᠨ ᠦ ᠲᠣᠭ᠎ᠠ ᠂ ᠲᠡᠭᠡᠳ ᠲᠡᠭᠡᠨ ᠦ ᠲᠣᠭ᠎ᠠ ᠨᠢ ᠶᠡᠬᠡ ᠪᠠᠢᠵᠤ ᠬᠢᠮᠢ ᠶᠢᠨ ᠰᠢᠮ᠎ᠡ ᠪᠣᠳᠤᠰ ᠤᠨ ᠬᠤᠪᠢ ᠨᠢ ≥ 15% ᠂ ᠨᠡᠢᠯᠡᠮᠡᠯ ᠦᠨ ᠰᠢᠮ᠎ᠡ ᠪᠣᠳᠤᠰ ᠤᠨ ᠬᠤᠪᠢ ᠨᠢ ≥ 25% ᠂ ᠲᠡᠭᠡᠨ ᠦ ᠰᠢᠮ᠎ᠡ ᠪᠣᠳᠤᠰ ᠤᠨ ᠬᠤᠪᠢ ᠨᠢ ≥ 18% ᠂ ᠦᠨᠳᠦᠰᠦᠨ ᠬᠡᠷᠡᠭᠯᠡᠬᠦ ᠬᠡᠮᠵᠢᠶ᠎ᠡ ᠨᠢ 1 200 kg/hm² ᠪᠠᠷ ᠲᠣᠭᠲᠠᠭᠠᠵᠤ ᠪᠣᠯᠤᠨ᠎ᠠ ::

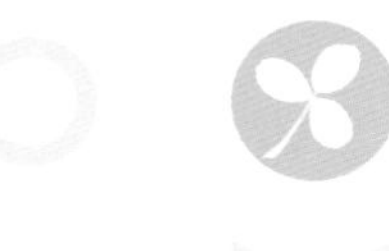

在苜蓿现蕾期灌溉一次，第一次刈割后灌溉一次，两次灌溉量相当于50 mm降水量。上冻前浇一次冻水。旱作条件下，施肥主要与雨季相结合，施肥量同灌溉条件的相同，在降雨前进行施肥。上冻前进行中耕培土，以保证苜蓿安全越冬。

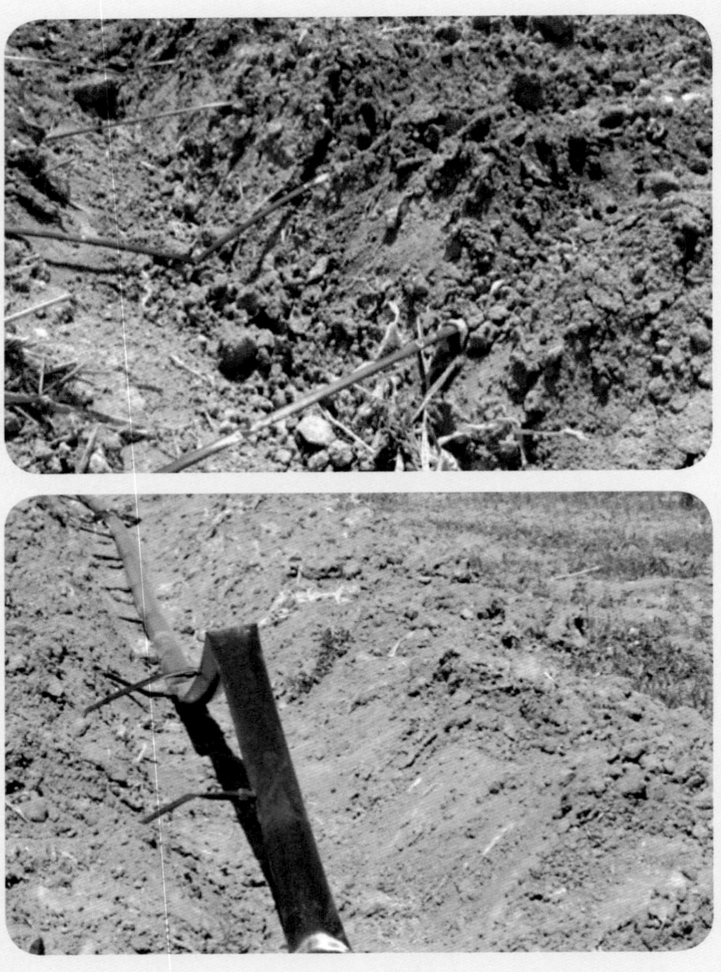

[illegible]

[illegible]

[illegible] 50 mm [illegible]

[illegible]

2. 杂草防除

种植当年需要对苗期的杂草进行防控。对苜蓿田杂草进行两次药剂防除喷施，第一次喷施时间为苜蓿长出地面3 ～ 5 cm或分枝3 ～ 4个/枝时，喷施量为每公顷苜草净1 800 ml、精喹禾灵1 500 ml和水450 kg充分混匀后进行喷施；第二次喷施时间为苗高15 ～ 20 cm时，喷施量同第一次。种植第二年及以后，在苜蓿生长关键时期通过中耕除草控制田间杂草即可。

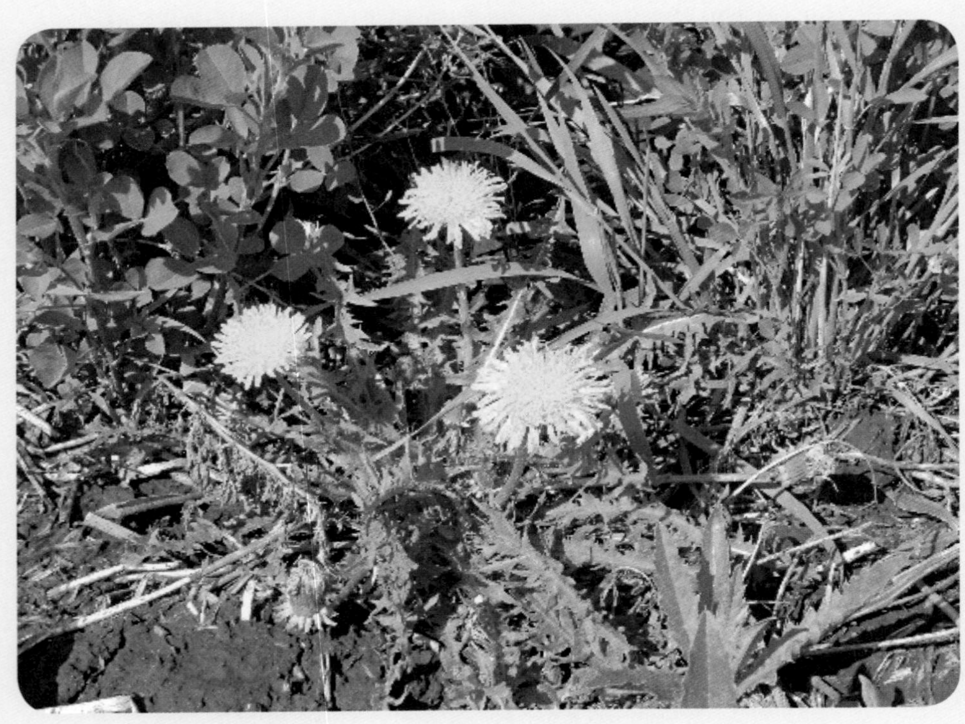

2. [illegible]

[illegible] 3 ~ 5 cm [illegible] 3 ~ 4 [illegible] 450 kg [illegible] 1 800 ml [illegible] 1 500 ml [illegible] 15 ~ 20 cm [illegible] ::

3. 病虫害防治

（1）农艺措施：主要包括选用抗（耐）病虫的优良品种；提前刈割，即苜蓿病虫害发生高峰在苜蓿生长中后期时，可适时提前进行刈割；清除病源，即早春返青前或每茬收割后，及时消除病株残体并在田外销毁，生长期发现病株立即拔除。

（2）药剂防治：在每茬灌水前，株高达到10 cm时进行病虫害药剂防治。第一茬主要防治苜蓿蓟马和蚜虫等害虫，第二茬主要预防苜蓿褐斑病、叶斑病等病害。

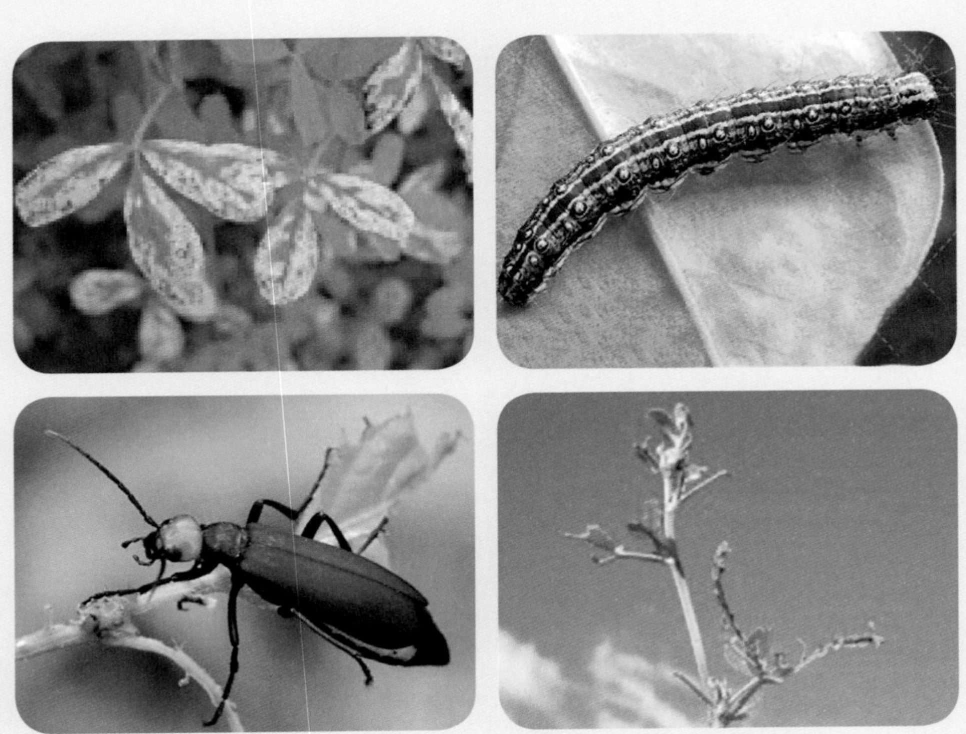

3. ᠲᠠᠷᠢᠮᠠᠯ ᠪᠡᠯᠴᠢᠭᠡᠷ ᠦᠨ ᠪᠠᠢᠭᠤᠯᠤᠯᠲᠠ ᠶᠢᠨ ᠠᠷᠭᠠᠴᠢᠯᠠᠯ

(1) [illegible]

(2) [illegible] 10 cm [illegible]

（四）收获

1. 刈割期

以现蕾盛期至初花期刈割最佳。内蒙古东北部，一般第一次刈割在6月下旬，第二次刈割应在8月底前进行。注意要控制在霜降前30天完成刈割。

2. 留茬高度

每年第一次刈割留茬5 ～ 7 cm，第二次刈割留茬8 ～ 10 cm。

3. 刈割次数

内蒙古东北部，苜蓿建植当年建议不刈割或刈割1次，第二年及以后每年可刈割2次。

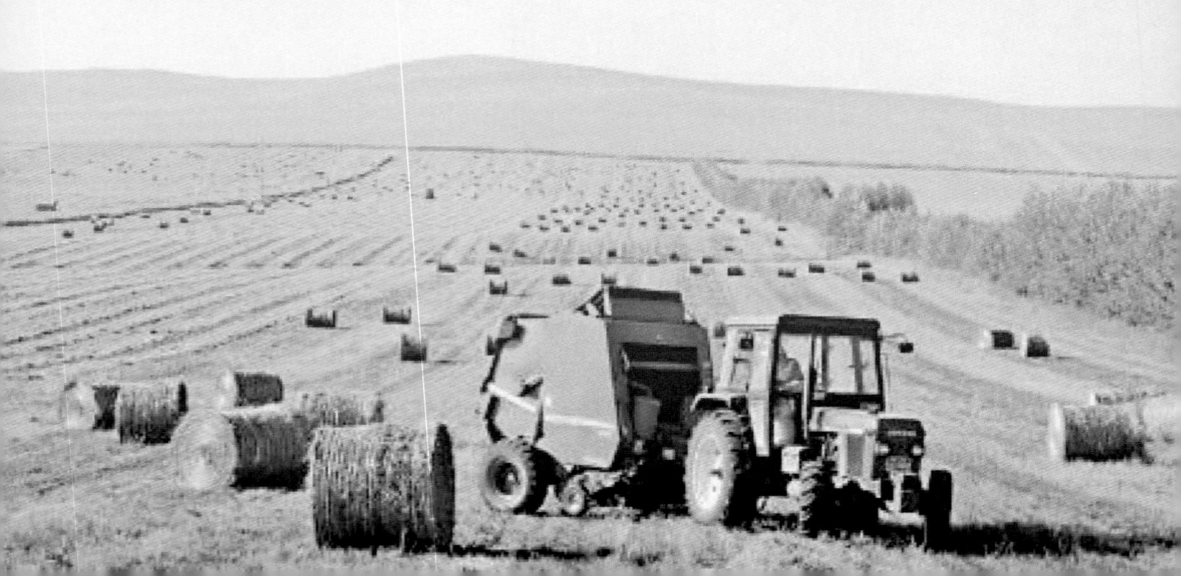

(ᠳᠦᠷᠪᠡ) ᠬᠠᠳᠤᠯᠠᠯᠲᠠ

1. ᠬᠠᠳᠤᠯᠬᠤ ᠴᠠᠭ

ᠮᠣᠳᠤᠨ ᠬᠡᠯᠪᠡᠷᠢᠲᠦ ᠪᠤᠤᠷᠴᠠᠭᠲᠤ ᠲᠡᠵᠢᠭᠡᠯ ᠢ ᠴᠡᠴᠡᠭᠯᠡᠬᠦ ᠶᠢᠨ ᠡᠬᠢᠨ ᠦᠶ᠎ᠡ ᠳᠦ ᠬᠠᠳᠤᠯᠤᠨ᠎ᠠ᠃ ᠰᠦᠯᠡ ᠶᠢᠨ ᠬᠡᠯᠪᠡᠷᠢᠲᠦ ᠲᠡᠵᠢᠭᠡᠯ ᠢ ᠲᠦᠷᠦᠭᠦᠯᠬᠦ ᠦᠶ᠎ᠡ ᠳᠦ ᠬᠠᠳᠤᠯᠤᠨ᠎ᠠ᠃ ᠰᠡᠭᠦᠯ ᠦᠨ ᠤᠳᠠᠭᠠᠨ ᠤ ᠬᠠᠳᠤᠯᠭ᠎ᠠ ᠶᠢ ᠬᠦᠷᠢᠶ᠎ᠡ ᠤᠨᠠᠬᠤ ᠡᠴᠡ 30 ᠡᠳᠦᠷ ᠦᠨ ᠡᠮᠦᠨ᠎ᠡ ᠬᠠᠳᠤᠯᠬᠤ ᠬᠡᠷᠡᠭᠲᠡᠢ᠃

2. ᠦᠯᠡᠳᠡᠬᠦ ᠥᠨᠳᠦᠷ

ᠶᠡᠷᠦᠩᠬᠡᠢ ᠳᠤ ᠬᠠᠳᠤᠯᠬᠤ ᠳᠤ ᠦᠯᠡᠳᠡᠬᠦ ᠨᠢ 5 ~ 7 cm ᠪᠠᠢᠨ᠎ᠠ᠂ ᠡᠴᠦᠰ ᠦᠨ ᠤᠳᠠᠭᠠᠨ ᠤ ᠬᠠᠳᠤᠯᠭ᠎ᠠ ᠳᠤ ᠦᠯᠡᠳᠡᠬᠦ ᠨᠢ 8 ~ 10 cm ᠪᠠᠢᠬᠤ ᠬᠡᠷᠡᠭᠲᠡᠢ᠃

3. ᠬᠠᠳᠤᠯᠬᠤ ᠤᠳᠠᠭ᠎ᠠ

ᠲᠠᠷᠢᠭᠰᠠᠨ ᠣᠨ ᠳᠤ ᠬᠠᠳᠤᠯᠬᠤ ᠤᠳᠠᠭ᠎ᠠ ᠨᠢ 1 ᠤᠳᠠᠭ᠎ᠠ ᠪᠣᠯᠬᠤ᠂ ᠬᠣᠶᠠᠳᠤᠭᠠᠷ ᠣᠨ ᠡᠴᠡ ᠡᠬᠢᠯᠡᠨ ᠵᠢᠯ ᠳᠤ 2 ᠤᠳᠠᠭ᠎ᠠ ᠬᠠᠳᠤᠯᠬᠤ ᠪᠣᠯᠤᠨ᠎ᠠ᠃

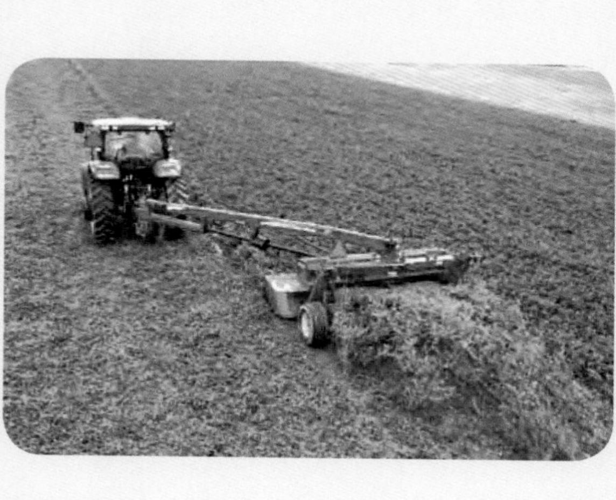

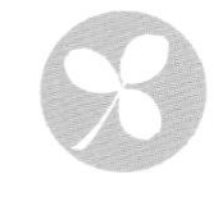

（五）主要品种介绍

1. 草原1号杂花苜蓿

产量表现：旱作条件下播种当年产量较低，第二年刈割3次，干草产量为6 720 kg/hm^2。种子产量为150 ～ 300 kg/hm^2。

适应区域：适宜东北和华北各地种植。由于耐热性差、越夏率低，不宜在北纬40° 以南的平原地区种植。

2. 草原2号杂花苜蓿

产量表现：旱作条件下，播种当年产量低，第二年刈割3次，干草产量6 200 kg/hm^2。种子产量为150 ～ 300 kg/hm^2。

适应区域：适宜东北和华北各地种植。由于耐热性差、越夏率低，不宜在北纬40° 以南的平原的地区种植。

3. 草原3号杂花苜蓿

产量表现：1999 ～ 2001年区域试验，干草产量3年平均为10 680 kg/hm^2，种子产量为540 kg/hm^2。2000 ～ 2002年生产试验，干草产量3年平均为12 330 kg/hm^2。种子产量510 kg/hm^2。

适应区域：适宜我国北方干旱、半干旱地区种植。

4. 中苜1号苜蓿

产量表现：1995 ～ 1997年在以氯化钠为主要盐害的山东省德州市和内陆盐碱地甘肃省兰州市区域试验，3年平均干草产量为7 120 kg/hm^2，两地分别比对照品种增产12.5%和13.5%。1996 ～ 1997年在山东省无棣县含盐量0.3%以上的土壤上进行生产试验，2年平均干草产量为5 820 kg/hm^2，比对照品种增产23.6%。

适应区域：适宜我国黄淮海平原，即渤海湾一带的盐碱地种植，也可在其他类似的内陆盐碱地种植。

([Mongolian text]) [Mongolian text]

1. [Mongolian text] 1 [Mongolian text]

[Mongolian text] 6 720 kg/hm² [Mongolian text] 150 ~300 kg/hm² [Mongolian text]

40° [Mongolian text]

2. [Mongolian text] 2 [Mongolian text]

[Mongolian text] 6 [Mongolian text] 200 kg/hm² · [Mongolian text] 150 ~ 300 kg/hm² [Mongolian text]

[Mongolian text] 40° [Mongolian text]

3. [Mongolian text] 3 [Mongolian text]

[Mongolian text] 1999 ~ 2001 [Mongolian text] 3 [Mongolian text] 10 680 kg/hm² [Mongolian text] 2000 ~ 2002 [Mongolian text] 3 [Mongolian text] 12 330 kg/hm² [Mongolian text] 540 kg/hm² [Mongolian text]

[Mongolian text] 510 kg/hm² [Mongolian text]

4. [Mongolian text] 1 [Mongolian text]

[Mongolian text] 1995 ~ 1997 [Mongolian text] 3 [Mongolian text] 7 120 kg/hm² · [Mongolian text] 0.3% [Mongolian text] 1996 ~ 1997 [Mongolian text] 12.5% [Mongolian text] 13.5% [Mongolian text] 2 [Mongolian text] 5 820 kg/hm² [Mongolian text] 23.6% [Mongolian text]

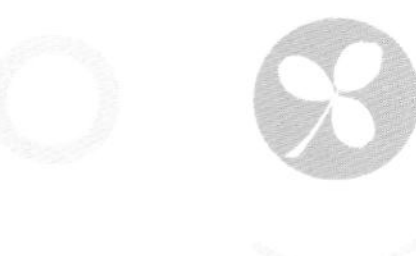

5. 中苜2号紫花苜蓿

产量表现：2000～2002年区域试验，3年平均干草产量为14 475 kg/hm^2，比对照品种增产11.8%。2000～2002年生产试验，3年平均干草产量为15 940 kg/hm^2，比对照品种增产11.3%。种子产量平均为360 kg/hm^2。

适应区域：适宜黄淮海平原非盐碱地种植，也可以在华北平原类似地区种植。

6. 中苜3号紫花苜蓿

产量表现：在黄淮海地区干草产量平均达15 000 kg/hm^2。种子产量可达330 kg/hm^2。

适应区域：黄淮海地区轻度、中度盐碱地。

7. 中苜6号紫花苜蓿

产量表现：在北京生长第2年生育期约为110天，在晋北陕西怀仁可安全越冬，在北京和河北涿州可经受极端38℃高温而安全越夏。在良好水肥条件下，年可刈割3～4次，在北京年均干草产量达17 000 kg/hm^2。

适应区域：适宜在我国华北中部及北方类似条件地区种植。

8. 敖汉紫花苜蓿

产量表现：1986～1989年在内蒙古赤峰市、东胜市、呼和浩特市区域试验，4年平均干草产量为10 350 kg/hm^2。1987～1989年在内蒙古赤峰市敖汉旗生产试验，3年平均干草产量为7 437 kg/hm^2。

适应区域：适宜年平均温度5～7℃，最高气温39℃，最低气温−35℃，大于10℃活动积温2 400～3 600℃，年降水量260～460 mm的东北三省和内蒙古自治区种植。

9. 内蒙古准格尔紫花苜蓿

产量表现：1988～1990年区域试验和生产试验，灌溉条件下3年平均干草产量分别为10 680 kg/hm^{2}和8 250 kg/hm^2。

适应区域：适宜内蒙古中西部地区以及相邻的陕北、宁夏部分地区种植。

5. ᠵᠦᠩ ᠮᠦ 2 ᠨᠣᠮᠧᠷᠲᠤ ᠪᠤᠷᠴᠠᠭ ᠮᠠᠯᠢᠭ᠎ᠠ

ᠲᠠᠷᠢᠮᠠᠯ ᠤᠨ ᠦᠷᠡ : 2000 ~ 2002 ᠣᠨ ᠤ ᠬᠡᠮᠵᠢᠯᠲᠡ ᠲᠤᠷᠰᠢᠯᠲᠠ ᠲᠠᠯᠠᠪᠠᠢ ᠳᠤ ᠬᠠᠳᠤᠯᠭ᠎ᠠ ᠵᠢᠯ ᠦᠨ 3 ᠤᠳᠠᠭ᠎ᠠ ᠶᠢᠨ ᠳᠤᠮᠳᠠᠵᠢ ᠦᠨᠳᠡᠰᠦ ᠨᠢ 14 475 kg/hm² ᠪᠣᠯᠤᠨ᠎ᠠ · ᠬᠠᠷᠢᠴᠠᠭᠤᠯᠬᠤ ᠰᠣᠷᠴᠢᠮ᠎ᠠ ᠡᠴᠡ ᠨᠡᠮᠡᠭᠳᠡᠭᠦᠯᠦᠭᠰᠡᠨ 11.8% ᠢ ᠨᠡᠮᠡᠭᠳᠡᠭᠦᠯᠪᠡ ᠃ 2000 ~ 2002 ᠣᠨ ᠤ ᠬᠡᠮᠵᠢᠯᠲᠡ ᠲᠤᠷᠰᠢᠯᠲᠠ ᠶᠢᠨ ᠬᠠᠳᠤᠯᠭ᠎ᠠ ᠳᠤ 3 ᠤᠳᠠᠭ᠎ᠠ ᠶᠢᠨ ᠳᠤᠮᠳᠠᠵᠢ ᠦᠨᠳᠡᠰᠦ ᠨᠢ 15 940 kg/hm² ᠪᠣᠯᠵᠤ · ᠬᠠᠷᠢᠴᠠᠭᠤᠯᠬᠤ ᠰᠣᠷᠴᠢᠮ᠎ᠠ ᠡᠴᠡ ᠨᠡᠮᠡᠭᠳᠡᠭᠦᠯᠦᠭᠰᠡᠨ 11.3% ᠢ ᠨᠡᠮᠡᠭᠳᠡᠭᠦᠯᠵᠦ · ᠦᠷ᠎ᠡ ᠶᠢᠨ ᠦᠨᠳᠡᠰᠦ ᠨᠢ 360 kg/hm² ᠪᠣᠯᠤᠨ᠎ᠠ ᠃

ᠲᠣᠬᠢᠷᠠᠮᠵᠢᠲᠤ ᠣᠷᠤᠨ : ᠬᠣᠹᠧ · ᠬᠣᠨᠠᠨ ᠮᠤᠵᠢ ᠶᠢᠨ ᠬᠦᠢᠲᠡᠨ ᠳᠤᠯᠠᠭᠠᠨ ᠪᠦᠰᠡ ᠶᠢᠨ ᠣᠷᠤᠨ · ᠬᠠᠭᠠᠰ ᠬᠤᠪᠢ ᠶᠢᠨ ᠮᠤᠵᠢ ᠳᠤ ᠲᠠᠷᠢᠬᠤ ᠳᠤ ᠲᠣᠬᠢᠷᠠᠮᠵᠢᠲᠠᠢ ᠃

6. ᠵᠦᠩ ᠮᠦ 3 ᠨᠣᠮᠧᠷᠲᠤ ᠪᠤᠷᠴᠠᠭ ᠮᠠᠯᠢᠭ᠎ᠠ

ᠲᠠᠷᠢᠮᠠᠯ ᠤᠨ ᠦᠷᠡ : ᠬᠣᠨᠠᠨ ᠬᠣᠹᠧ ᠣᠷᠤᠨ ᠳᠤ 15 000 kg/hm² ᠪᠣᠯᠵᠤ · ᠦᠷ᠎ᠡ ᠶᠢᠨ ᠦᠨᠳᠡᠰᠦ ᠨᠢ 330 kg/hm² ᠪᠣᠯᠤᠨ᠎ᠠ ᠃

ᠲᠣᠬᠢᠷᠠᠮᠵᠢᠲᠤ ᠣᠷᠤᠨ : ᠬᠣᠨᠠᠨ ᠬᠣᠹᠧ ᠣᠷᠤᠨ ᠤ ᠬᠤᠪᠢ ᠬᠡᠰᠡᠭ · ᠰᠢᠷᠣᠢ ᠬᠤᠪᠢ ᠶᠢᠨ ᠬᠠᠭᠠᠰ ᠬᠤᠪᠢ ᠳᠤ ᠲᠠᠷᠢᠬᠤ ᠳᠤ ᠲᠣᠬᠢᠷᠠᠮᠵᠢᠲᠠᠢ ᠃

7. ᠵᠦᠩ ᠮᠦ 6 ᠨᠣᠮᠧᠷᠲᠤ ᠪᠤᠷᠴᠠᠭ ᠮᠠᠯᠢᠭ᠎ᠠ

ᠲᠠᠷᠢᠮᠠᠯ ᠤᠨ ᠦᠷᠡ : ᠪᠣᠯᠪᠠᠰᠤ ᠪᠣᠯᠤᠨ ᠪᠢᠳᠡᠷᠬᠦ ᠬᠤᠭᠤᠴᠠᠭ᠎ᠠ ᠨᠢ ᠣᠷᠤᠢ ᠶᠢᠨ 110 ᠡᠳᠦᠷ · ᠬᠠᠪᠤᠷ · ᠵᠤᠨ ᠤ ᠬᠠᠳᠤᠯᠭ᠎ᠠ ᠶᠢᠨ ᠳᠠᠷᠠᠭ᠎ᠠ ᠲᠦᠷᠭᠡᠨ ᠰᠡᠷᠭᠦᠨ · ᠪᠣᠯᠪᠠᠰᠤ ᠪᠣᠯᠬᠤ ᠳᠤ ᠳᠤᠷᠰᠬᠠᠯ ᠤᠨ 38℃ ᠤᠨ ᠬᠠᠯᠠᠭᠤᠨ ᠢ ᠲᠡᠰᠦᠪᠦᠷᠢ ᠰᠠᠢᠲᠠᠢ ᠪᠠᠢᠨ᠎ᠠ ᠃ ᠵᠢᠯ ᠳᠤ ᠬᠠᠳᠤᠯᠭ᠎ᠠ ᠶᠢᠨ ᠲᠣᠭ᠎ᠠ ᠨᠢ ᠤᠳᠠᠭ᠎ᠠ · ᠵᠢᠯ ᠳᠤ 3 ~ 4 ᠤᠳᠠᠭ᠎ᠠ ᠬᠠᠳᠤᠵᠤ · ᠪᠣᠯᠪᠠᠰᠤ ᠳᠤ ᠬᠤᠷᠢᠶᠠᠬᠤ ᠵᠢᠯ ᠦᠨ ᠦᠨᠳᠡᠰᠦ ᠨᠢ 17 000 kg/hm² ᠪᠣᠯᠤᠨ᠎ᠠ ᠃

ᠲᠣᠬᠢᠷᠠᠮᠵᠢᠲᠤ ᠣᠷᠤᠨ : ᠬᠤᠸᠠᠩ ᠬᠡ ᠶᠢᠨ ᠭᠣᠣᠯ ᠤᠨ ᠬᠣᠶᠠᠷ ᠵᠡᠭᠦᠨ ᠣᠷᠤᠨ ᠤ ᠲᠠᠷᠢᠮᠠᠯ ᠤᠨ ᠬᠦᠢᠲᠡᠨ ᠳᠤᠯᠠᠭᠠᠨ ᠲᠠᠯ᠎ᠠ ᠶᠢᠨ ᠣᠷᠤᠨ ᠳᠤ ᠲᠠᠷᠢᠬᠤ ᠳᠤ ᠲᠣᠬᠢᠷᠠᠮᠵᠢᠲᠠᠢ ᠃

8. ᠴᠠᠩ ᠢ ᠪᠤᠷᠴᠠᠭ ᠮᠠᠯᠢᠭ᠎ᠠ

ᠲᠠᠷᠢᠮᠠᠯ ᠤᠨ ᠦᠷᠡ : 1986 ~ 1989 ᠣᠨ ᠳᠤ ᠬᠡᠮᠵᠢᠯᠲᠡ ᠲᠤᠷᠰᠢᠯᠲᠠ ᠶᠢᠨ ᠲᠠᠯᠠᠪᠠᠢ · ᠦᠢᠯᠡᠳᠪᠦᠷᠢ ᠶᠢᠨ ᠲᠠᠯᠠᠪᠠᠢ · ᠪᠠᠶᠢᠭᠤᠯᠤᠭᠰᠠᠨ ᠣᠷᠤᠨ ᠳᠤ ᠬᠤᠷᠢᠶᠠᠵᠤ · 4 ᠤᠳᠠᠭ᠎ᠠ ᠶᠢᠨ ᠳᠤᠮᠳᠠᠵᠢ ᠦᠨᠳᠡᠰᠦ ᠨᠢ 10 350 kg/hm² ᠪᠣᠯᠤᠨ᠎ᠠ ᠃ 1987 ~ 1989 ᠣᠨ ᠳᠤ ᠬᠡᠮᠵᠢᠯᠲᠡ ᠲᠤᠷᠰᠢᠯᠲᠠ ᠶᠢᠨ ᠲᠠᠯᠠᠪᠠᠢ ᠳᠤ ᠲᠠᠷᠢᠬᠤ ᠬᠠᠳᠤᠯᠭ᠎ᠠ ᠶᠢᠨ ᠬᠤᠷᠢᠶᠠᠯᠲᠠ ᠳᠤ · 3 ᠤᠳᠠᠭ᠎ᠠ ᠶᠢᠨ ᠳᠤᠮᠳᠠᠵᠢ ᠦᠨᠳᠡᠰᠦ ᠨᠢ 7 437 kg/hm² ᠪᠣᠯᠤᠨ᠎ᠠ ᠃

ᠲᠣᠬᠢᠷᠠᠮᠵᠢᠲᠤ ᠣᠷᠤᠨ : ᠵᠢᠯ ᠦᠨ ᠳᠤᠮᠳᠠᠵᠢ ᠳᠤᠯᠠᠭᠠᠴᠠ ᠨᠢ 5 ~ 7℃ · ᠬᠠᠮᠤᠭ ᠥᠨᠳᠥᠷ ᠳᠤᠯᠠᠭᠠᠴᠠ ᠨᠢ 39℃ · ᠬᠠᠮᠤᠭ ᠳᠣᠣᠷ᠎ᠠ ᠳᠤᠯᠠᠭᠠᠴᠠ ᠨᠢ − 35℃ · 10℃ ᠤᠨ ᠬᠤᠷᠢᠶᠠᠩᠭᠤᠢ ᠳᠤᠯᠠᠭᠠᠴᠠ ᠨᠢ 2 400 ~ 3 600℃ ᠪᠣᠯᠬᠤ · ᠵᠢᠯ ᠤᠨ ᠬᠤᠷ᠎ᠠ ᠬᠤᠷᠠ ᠨᠢ 260~ 460 mm ᠪᠣᠯᠬᠤ ᠬᠣᠶᠠᠷ ᠵᠡᠭᠦᠨ ᠤᠮᠠᠷᠠᠳᠤ ᠪᠦᠰᠡ ᠳᠦ ᠬᠡᠮᠵᠢᠯᠲᠡ ᠲᠤᠷᠰᠢᠯᠲᠠ ᠶᠢᠨ ᠲᠠᠯᠠᠪᠠᠢ ᠶᠢᠨ ᠣᠷᠤᠨ ᠳᠤ ᠲᠣᠬᠢᠷᠠᠮᠵᠢᠲᠠᠢ ᠃

9. ᠬᠡᠮᠵᠢᠯᠲᠡ ᠲᠤᠷᠰᠢᠯᠲᠠ ᠶᠢᠨ ᠲᠠᠯᠠᠪᠠᠢ ᠶᠢᠨ ᠮᠠᠯᠢᠭ᠎ᠠ

ᠲᠠᠷᠢᠮᠠᠯ ᠤᠨ ᠦᠷᠡ : 1988 ~ 1990 ᠣᠨ ᠤ ᠬᠡᠮᠵᠢᠯᠲᠡ ᠲᠤᠷᠰᠢᠯᠲᠠ ᠶᠢᠨ ᠬᠤᠷᠢᠶᠠᠯᠲᠠ ᠳᠤ · ᠤᠰᠤᠯᠠᠯᠲᠠ ᠲᠠᠢ ᠬᠠᠳᠤᠯᠭ᠎ᠠ ᠵᠢᠯ ᠦᠨ 3 ᠤᠳᠠᠭ᠎ᠠ ᠶᠢᠨ ᠳᠤᠮᠳᠠᠵᠢ ᠦᠨᠳᠡᠰᠦ ᠨᠢ ᠲᠤᠰ ᠲᠤᠰ 10 680 kg/hm² ᠪᠠ 8 250 kg/hm² ᠪᠣᠯᠤᠨ᠎ᠠ ᠃

ᠲᠣᠬᠢᠷᠠᠮᠵᠢᠲᠤ ᠣᠷᠤᠨ : ᠬᠡᠮᠵᠢᠯᠲᠡ ᠲᠤᠷᠰᠢᠯᠲᠠ ᠶᠢᠨ ᠲᠠᠯᠠᠪᠠᠢ ᠶᠢᠨ ᠬᠣᠶᠠᠷ ᠵᠡᠭᠦᠨ ᠤᠮᠠᠷᠠᠳᠤ · ᠬᠣᠹᠧ ᠶᠢᠨ ᠬᠣᠶᠠᠷ ᠣᠷᠤᠨ ᠳᠤ ᠲᠠᠷᠢᠬᠤ ᠳᠤ ᠲᠣᠬᠢᠷᠠᠮᠵᠢᠲᠠᠢ ᠃

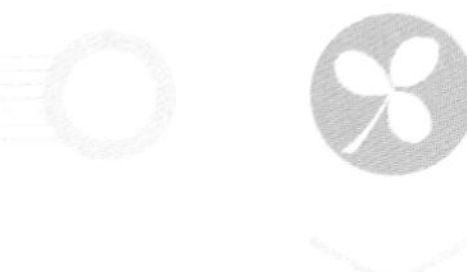

10. 肇东苜蓿

产量表现：1985～1986年省内多点区域试验，2年平均干草产量在湿润区为10 800 kg/hm^2，寒冷湿润区为7 050 kg/hm^2、温和半干旱区为6 100 kg/hm^2，1984～1986年省内生产试验，3年平均干草产量为7 350 kg/hm^2。

适应区域：适宜我国北方寒冷湿润及半干旱地区种植。

11. 公农1号紫花苜蓿

产量表现：1981～1983年在吉林省公主岭市生产试验，播种当年产量较低，第二年和第三年平均干草产量为17 625 kg/hm^2。

适宜地区：适宜东北和华北地区种植。

12. 公农2号紫花苜蓿

产量表现：在旱地栽培条件下，年刈割2～3次，播种当年产量低，第二年和第三年2年平均干草产量为15 518 kg/hm^2。

适应区域：适宜东北和华北地区种植。

13. 公农3号紫花苜蓿

产量表现：1994～1996年在吉林省白城牧场和内蒙古图牧吉牧场区域试验，干草产量平均为3 630 kg/hm^2；1997～1998年生产试验，干草产量平均为2 920 kg/hm^2。

适应区域：适宜东北、西北和华北北纬46°以南，年降水量350～550 mm地区种植。为根蘖型，根蘖率30%～50%，宜与禾本科牧草混播放牧利用。

14. 公农5号紫花苜蓿

产量表现：在吉林省中西部地区无灌溉条件下，年可刈割2～3次，干草产量5 370～13 690 kg/hm^2，种子产量268～485 kg/hm^2。

适应区域：适于我国北方温带地区种植。

10. ᠬᠤᠪᠢᠷᠠᠭᠤᠯᠤᠭᠰᠠᠨ ᠰᠤᠷᠤᠯ

ᠲᠤᠷᠰᠢᠯᠲᠠ ᠶᠢᠨ ᠪᠠᠶᠢᠳᠠᠯ: 1985 ~1986 ᠣᠨ ᠳᠤ ᠬᠣᠷᠢᠨ ᠤ ᠬᠣᠰᠢᠭᠤ ᠳᠤ ᠲᠠᠷᠢᠭᠰᠠᠨ ᠮᠠᠯ ᠤᠨ ᠡᠪᠡᠰᠦ ᠶᠢᠨ ᠦᠷᠡ ᠲᠦᠩ ᠳᠦ · 2 ᠵᠢᠯ ᠦᠨ ᠳᠤᠩᠳᠠᠵ ᠨᠣᠭᠤᠭᠠᠨ ᠤ ᠭᠠᠷᠤᠴᠠ ᠨᠢ
ᠵᠢᠭᠤᠯᠠᠨ ᠡᠪᠡᠰᠦ ᠳᠦ 10 800 kg/hm² · ᠬᠠᠭᠤᠷᠠᠢ ᠡᠪᠡᠰᠦ ᠵᠢᠭᠤᠯᠠᠨ ᠡᠪᠡᠰᠦ ᠳᠦ 7 050 kg/hm² · ᠦᠷᠡ ᠶᠢᠨ ᠨᠣᠭᠤᠭᠠᠨ ᠡᠪᠡᠰᠦ ᠳᠦ 6 100kg/hm² ᠪᠣᠯᠤᠨ · 1984 ~ 1986
ᠣᠨ ᠤ ᠬᠣᠰᠢᠭᠤ ᠳᠤ ᠲᠠᠷᠢᠭᠰᠠᠨ ᠲᠤᠷᠰᠢᠯᠲᠠ ᠳᠤ · 3 ᠵᠢᠯ ᠦᠨ ᠳᠤᠩᠳᠠᠵ ᠨᠣᠭᠤᠭᠠᠨ ᠤ ᠭᠠᠷᠤᠴᠠ ᠨᠢ 7 350 kg/hm² ᠪᠣᠯᠤᠨ᠎ᠠ ᠃

ᠣᠨᠴᠠᠯᠢᠭ ᠴᠢᠨᠠᠷ: ᠬᠠᠭᠤᠷᠠᠢ ᠳᠤ ᠲᠡᠰᠪᠦᠷᠢ ᠲᠠᠢ · ᠬᠠᠢ ᠭᠠᠵᠠᠷ ᠳᠤ ᠲᠣᠬᠢᠷᠠᠮᠵᠢ ᠲᠠᠢ ᠪᠣᠯᠤᠨ᠎ᠠ ᠃

11. ᠰᠢᠨ ᠪᠣᠭᠤᠮᠤᠯ 1 ᠳᠤᠭᠠᠷ ᠲᠡᠷᠡᠭᠦᠨ ᠰᠣᠷᠲ

ᠲᠤᠷᠰᠢᠯᠲᠠ ᠶᠢᠨ ᠪᠠᠶᠢᠳᠠᠯ: 1981 ~ 1983 ᠣᠨ ᠳᠤ ᠬᠣᠷᠢᠨ ᠤ ᠬᠣᠰᠢᠭᠤ ᠳᠤ ᠲᠠᠷᠢᠭᠰᠠᠨ ᠤᠰᠤᠯᠠᠯᠲᠠ ᠲᠠᠢ ᠲᠠᠷᠢᠶᠠᠯᠠᠩ ᠳᠤ · ᠨᠣᠭᠤᠭᠠᠨ ᠤ ᠭᠠᠷᠤᠴᠠ ᠨᠢ ᠳᠤᠩᠳᠠᠵ ᠪᠣᠯᠤᠨ ·
ᠬᠠᠭᠤᠷᠠᠢ ᠪᠡᠷ ᠳᠤᠩᠳᠠᠵ ᠤᠨ ᠲᠠᠷᠢᠶᠠᠯᠠᠩ ᠤᠨ ᠨᠣᠭᠤᠭᠠᠨ ᠤ ᠭᠠᠷᠤᠴᠠ ᠨᠢ 17 625 kg/hm² ᠬᠦᠷᠦᠨ᠎ᠡ ᠃

ᠣᠨᠴᠠᠯᠢᠭ ᠴᠢᠨᠠᠷ: ᠬᠦᠢᠲᠡᠨ ᠳᠦ ᠲᠡᠰᠪᠦᠷᠢ ᠲᠠᠢ ᠪᠠ ᠦᠷᠡ ᠲᠦᠩ ᠡᠨᠡ ᠪᠣᠯᠤᠨ᠎ᠠ ᠃

12. ᠰᠢᠨ ᠪᠣᠭᠤᠮᠤᠯ 2 ᠳᠤᠭᠠᠷ ᠲᠡᠷᠡᠭᠦᠨ ᠰᠣᠷᠲ

ᠲᠤᠷᠰᠢᠯᠲᠠ ᠶᠢᠨ ᠪᠠᠶᠢᠳᠠᠯ: ᠤᠯᠠᠨ ᠨᠣᠭᠤᠭᠠᠨ ᠤᠰᠤᠯᠠᠯᠲᠠ ᠲᠠᠢ ᠲᠠᠷᠢᠶᠠᠯᠠᠩ ᠳᠤ · ᠵᠢᠯ ᠳᠦ 2 ~ 3 ᠤᠳᠠᠭ᠎ᠠ ᠬᠠᠳᠤᠵᠤ · ᠨᠣᠭᠤᠭᠠᠨ ᠤ ᠭᠠᠷᠤᠴᠠ ᠨᠢ ᠳᠤᠩᠳᠠᠵ ᠪᠣᠯᠤᠨ · ᠤᠰᠤᠯᠠᠯᠲᠠ ᠲᠠᠢ
ᠤᠯᠠᠨ ᠨᠣᠭᠤᠭᠠᠨ ᠤ ᠲᠠᠷᠢᠶᠠᠯᠠᠩ ᠤᠨ ᠨᠣᠭᠤᠭᠠᠨ ᠤ ᠭᠠᠷᠤᠴᠠ ᠨᠢ 15 518 kg/hm² ᠬᠦᠷᠦᠨ᠎ᠡ ᠃

ᠣᠨᠴᠠᠯᠢᠭ ᠴᠢᠨᠠᠷ: ᠬᠠᠭᠤᠷᠠᠢ ᠳᠤ ᠲᠡᠰᠪᠦᠷᠢ ᠲᠠᠢ ᠡᠪᠡᠰᠦ ᠶᠢᠨ ᠴᠢᠨᠠᠷ ᠰᠠᠶᠢᠨ ᠃

13. ᠰᠢᠨ ᠪᠣᠭᠤᠮᠤᠯ 3 ᠳᠤᠭᠠᠷ ᠲᠡᠷᠡᠭᠦᠨ ᠰᠣᠷᠲ

ᠲᠤᠷᠰᠢᠯᠲᠠ ᠶᠢᠨ ᠪᠠᠶᠢᠳᠠᠯ: 1994 ~ 1996 ᠣᠨ ᠳᠤ ᠬᠣᠷᠢᠨ ᠤ ᠬᠣᠰᠢᠭᠤ ᠳᠤ ᠬᠠᠭᠤᠷᠠᠢ ᠲᠠᠷᠢᠶᠠᠯᠠᠩ ᠤᠨ ᠪᠠᠶᠢᠳᠠᠯ ᠳᠤ ᠲᠤᠷᠰᠢᠭᠰᠠᠨ ᠳᠦ ᠨᠣᠭᠤᠭᠠᠨ ᠤ ᠭᠠᠷᠤᠴᠠ ᠨᠢ ᠳᠤᠩᠳᠠᠵ
ᠪᠣᠯᠤᠨ · ᠬᠠᠭᠤᠷᠠᠢ ᠡᠪᠡᠰᠦ ᠶᠢᠨ ᠨᠣᠭᠤᠭᠠᠨ ᠤ ᠭᠠᠷᠤᠴᠠ ᠨᠢ 3 630 kg/hm² ᠪᠣᠯᠤᠨ᠎ᠠ ᠃ 1997 ~ 1998 ᠣᠨ ᠤ ᠲᠤᠷᠰᠢᠯᠲᠠ ᠶᠢᠨ ᠲᠠᠷᠢᠶᠠᠯᠠᠩ ᠳᠤ ᠬᠠᠭᠤᠷᠠᠢ ᠡᠪᠡᠰᠦ ᠶᠢᠨ ᠨᠣᠭᠤᠭᠠᠨ ᠤ ᠭᠠᠷᠤᠴᠠ
ᠨᠢ 2 920 kg/hm² ᠪᠣᠯᠤᠨ᠎ᠠ ᠃

ᠣᠨᠴᠠᠯᠢᠭ ᠴᠢᠨᠠᠷ: ᠬᠦᠢᠲᠡᠨ ᠳᠦ ᠲᠡᠰᠪᠦᠷᠢ ᠲᠠᠢ ᠬᠦᠢᠲᠡᠨ ᠡᠪᠡᠰᠦ ᠪᠣᠯᠵᠤ ᠬᠣᠮᠠᠭᠤᠨ ᠤ 46° ᠶᠢᠨ ᠬᠣᠢᠭᠤᠷ · ᠵᠢᠯ ᠦᠨ ᠬᠤᠷ᠎ᠠ ᠶᠢᠨ ᠬᠡᠮᠵᠢᠶ᠎ᠡ ᠨᠢ 350 ~ 550 mm ᠪᠣᠯᠬᠤ ᠭᠠᠵᠠᠷ
ᠲᠤ ᠲᠠᠷᠢᠬᠤ ᠳᠤ ᠲᠣᠬᠢᠷᠠᠮᠵᠢ ᠲᠠᠢ ᠃ ᠬᠠᠭᠤᠷᠠᠢ ᠰᠢᠷᠡᠭᠦ ᠪᠠ ᠬᠠᠭᠤᠷᠠᠢ ᠰᠢᠷᠡᠭᠦ ᠨᠢ 30% ~ 50% ᠪᠣᠯᠤᠨ · ᠬᠠᠭᠤᠷᠠᠢ ᠬᠠᠭᠤᠷᠠᠢ ᠬᠢᠭᠡᠳ ᠬᠦᠢᠲᠡᠨ ᠳᠦ ᠲᠡᠰᠪᠦᠷᠢ · ᠬᠦᠢᠲᠡᠨ ᠳᠦ ᠲᠡᠰᠪᠦᠷᠢ ᠲᠠᠢ ᠃

14. ᠰᠢᠨ ᠪᠣᠭᠤᠮᠤᠯ 5 ᠳᠤᠭᠠᠷ ᠲᠡᠷᠡᠭᠦᠨ ᠰᠣᠷᠲ

ᠲᠤᠷᠰᠢᠯᠲᠠ ᠶᠢᠨ ᠪᠠᠶᠢᠳᠠᠯ: ᠤᠯᠠᠨ ᠴᠠᠪ ᠤᠨ ᠠᠶᠢᠮᠠᠭ ᠤᠨ ᠡᠪᠡᠰᠦ ᠶᠢᠨ ᠲᠤᠷᠰᠢᠯᠲᠠ ᠶᠢᠨ ᠲᠠᠷᠢᠶᠠᠯᠠᠩ ᠤᠨ ᠪᠠᠶᠢᠳᠠᠯ ᠳᠤ · ᠵᠢᠯ ᠳᠦ 2 ~ 3 ᠤᠳᠠᠭ᠎ᠠ ᠬᠠᠳᠤᠵᠤ ᠪᠣᠯᠤᠨ᠎ᠠ ᠃ ᠬᠠᠭᠤᠷᠠᠢ ᠡᠪᠡᠰᠦ ᠶᠢᠨ
ᠨᠣᠭᠤᠭᠠᠨ ᠤ ᠭᠠᠷᠤᠴᠠ ᠨᠢ 5 370 ~ 13 690 kg/hm² · ᠦᠷ᠎ᠡ ᠨᠢ 268 ~ 485 kg/hm² ᠪᠣᠯᠤᠨ᠎ᠠ ᠃

ᠣᠨᠴᠠᠯᠢᠭ ᠴᠢᠨᠠᠷ: ᠬᠦᠢᠲᠡᠨ ᠳᠦ ᠲᠡᠰᠪᠦᠷᠢ ᠲᠠᠢ ᠬᠢᠭᠡᠳ ᠬᠠᠭᠤᠷᠠᠢ ᠳᠤ ᠲᠡᠰᠪᠦᠷᠢ ᠲᠠᠢ ᠪᠣᠯᠤᠨ ᠦᠷᠡ ᠲᠦᠩ ᠡᠨᠡ ᠪᠣᠯᠤᠨ᠎ᠠ ᠃

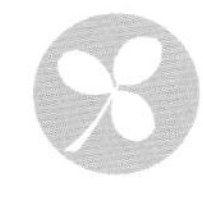

15. 龙牧801紫花苜蓿

产量表现：1989～1991年省内多点区域试验，3年平均干草产量为8 000 kg/hm^2。省内外多点生产试验，3年平均干草产量为8 485 kg/hm^2。在辽宁省辽阳市干草产量为12 390 kg/hm^2。

适应区域：适宜小兴安岭寒冷湿润区和松嫩平原温和半干旱区种植。

16. 龙牧803紫花苜蓿

产量表现：1989～1991年省内多点区域试验，3年平均干草产量为7 620 kg/hm^2。省内外多点生产试验，2年平均干草产量为9 000 kg/hm^2。在辽宁省辽阳市干草产量为15 285 kg/hm^2。

适应区域：适宜小兴安岭寒冷湿润区、松嫩平原温和半干旱区、牡丹江半温凉湿润区种植。

17. 龙牧806紫花苜蓿

产量表现：1997～1999年省内外区域试验，3年平均鲜草产量为34 035 kg/hm^2，干草产量为9 136.5 kg/hm^2；1999～2001年省内外生产试验，3年平均干草产量为9 160.5 kg/hm^2。种子产量为430 kg/hm^2。

适应区域：在东北寒冷气候区、西部半干旱区及盐碱土区均可种植。也可在我国西北、华北等地种植。

18. 龙牧808紫花苜蓿

产量表现：在年降水量300～400 mm地区生长良好，干草产量为10 463.48～12 994.48 kg/hm^2。种子产量261.06～322.32 kg/hm^2。

适应区域：适宜在东北、西北以及内蒙古等地区种植。

19. 图牧1号杂花苜蓿

产量表现：1985～1989年区域试验和生产试验，平均干草产量分别为12 250 kg/hm^{2}和10 500 kg/hm^2。种子产量为150～300 kg/hm^2。

适应区域：适宜在我国北方半干旱气候区种植。

15. ᠵᠢᠩᠬᠤ ᠶᠢᠨ 801 ᠲᠣᠭᠠᠲᠤ ᠮᠡᠯᠢᠭᠡᠰᠦ

ᠦᠷᠭᠤᠴᠠ ᠨᠢ ᠪᠠᠢᠳᠠᠯ: 1989 ~ 1991 ᠣᠨ ᠳᠤ ᠬᠣᠲᠠ ᠶᠢᠨ ᠣᠷᠴᠢᠨ ᠲᠣᠭᠣᠷᠢᠭ ᠳᠤ ᠬᠡᠭᠡᠷᠡ ᠶᠢᠨ ᠲᠠᠷᠢᠶᠠᠨ ᠤ ᠬᠣᠰᠢᠯᠠᠭᠠ ᠲᠤᠷᠰᠢᠯᠲᠠ ᠳᠤ᠂ 3 ᠵᠢᠯ ᠦᠨ ᠬᠠᠭᠤᠷᠠᠢ ᠡᠪᠡᠰᠦ ᠦ ᠳᠤᠮᠳᠠᠵᠢ ᠦᠷᠭᠤᠴᠠ ᠨᠢ 8 485kg/hm² ᠨᠢ 8 000 kg/hm² ᠪᠣᠯᠪᠠ᠃ ᠬᠣᠲᠠ ᠶᠢᠨ ᠣᠷᠴᠢᠨ ᠲᠣᠭᠣᠷᠢᠭ ᠤᠨ ᠬᠡᠭᠡᠷᠡ ᠶᠢᠨ ᠲᠠᠷᠢᠶᠠᠯᠠᠩ ᠳᠤ᠂ 3 ᠵᠢᠯ ᠦᠨ ᠬᠠᠭᠤᠷᠠᠢ ᠡᠪᠡᠰᠦ ᠦ ᠳᠤᠮᠳᠠᠵᠢ ᠦᠷᠭᠤᠴᠠ ᠨᠢ 12 390 kg/hm² ᠪᠣᠯᠪᠠ᠃

ᠲᠣᠬᠢᠷᠠᠬᠤ ᠣᠷᠣᠨ: ᠬᠣᠢᠲᠤ ᠬᠢᠲᠠᠳ ᠤᠨ ᠬᠤᠭᠤᠷᠠᠢ ᠬᠠᠯᠠᠭᠤᠨ ᠤ ᠳᠤᠮᠳᠠ ᠰᠢᠷᠤᠢ ᠲᠠᠢ ᠣᠷᠣᠨ᠂ ᠬᠤᠷ᠎ᠠ ᠲᠤᠨᠠᠯᠭ᠎ᠠ ᠨᠢ 400 ~ 600 ᠮᠢᠯᠢᠮᠧᠲᠷ ᠬᠦᠷᠬᠦ ᠭᠠᠮᠰᠢᠭ ᠤᠨ ᠣᠷᠣᠨ ᠳᠤ ᠲᠠᠷᠢᠵᠤ ᠣᠯᠠᠨ ᠲᠠᠷᠢᠯᠠᠩ ᠳᠤ ᠲᠣᠬᠢᠷᠠᠮᠵᠢᠲᠠᠢ᠃

16. ᠵᠢᠩᠬᠤ ᠶᠢᠨ 803 ᠲᠣᠭᠠᠲᠤ ᠮᠡᠯᠢᠭᠡᠰᠦ

ᠦᠷᠭᠤᠴᠠ ᠨᠢ ᠪᠠᠢᠳᠠᠯ: 1989 ~ 1991 ᠣᠨ ᠳᠤ ᠬᠣᠲᠠ ᠶᠢᠨ ᠣᠷᠴᠢᠨ ᠲᠣᠭᠣᠷᠢᠭ ᠤᠨ ᠬᠡᠭᠡᠷᠡ ᠶᠢᠨ ᠲᠠᠷᠢᠶᠠᠯᠠᠩ ᠳᠤ᠂ 3 ᠵᠢᠯ ᠦᠨ ᠬᠠᠭᠤᠷᠠᠢ ᠡᠪᠡᠰᠦ ᠦ ᠳᠤᠮᠳᠠᠵᠢ ᠦᠷᠭᠤᠴᠠ ᠨᠢ 7 620 kg/hm² ᠪᠣᠯᠪᠠ᠃ ᠬᠣᠲᠠ ᠶᠢᠨ ᠣᠷᠴᠢᠨ ᠲᠣᠭᠣᠷᠢᠭ ᠤᠨ ᠤᠰᠠᠯᠠᠯᠲᠠ ᠲᠠᠢ ᠲᠠᠷᠢᠶᠠᠯᠠᠩ ᠳᠤ᠂ 2 ᠵᠢᠯ ᠦᠨ ᠬᠠᠭᠤᠷᠠᠢ ᠡᠪᠡᠰᠦ ᠦ ᠳᠤᠮᠳᠠᠵᠢ ᠦᠷᠭᠤᠴᠠ ᠨᠢ 15 285 kg/hm² ᠪᠣᠯᠪᠠ᠃

ᠲᠣᠬᠢᠷᠠᠬᠤ ᠣᠷᠣᠨ: ᠬᠣᠢᠲᠤ ᠬᠢᠲᠠᠳ ᠤᠨ ᠬᠤᠭᠤᠷᠠᠢ ᠬᠠᠯᠠᠭᠤᠨ ᠤ ᠳᠤᠮᠳᠠ ᠰᠢᠷᠤᠢ ᠲᠠᠢ ᠣᠷᠣᠨ᠂ ᠬᠤᠷ᠎ᠠ ᠲᠤᠨᠠᠯᠭ᠎ᠠ ᠨᠢ 400 ~ 600 ᠮᠢᠯᠢᠮᠧᠲᠷ ᠬᠦᠷᠬᠦ ᠭᠠᠮᠰᠢᠭ ᠤᠨ ᠣᠷᠣᠨ ᠳᠤ ᠲᠣᠬᠢᠷᠠᠮᠵᠢᠲᠠᠢ᠃

17. ᠵᠢᠩᠬᠤ ᠶᠢᠨ 806 ᠲᠣᠭᠠᠲᠤ ᠮᠡᠯᠢᠭᠡᠰᠦ

ᠦᠷᠭᠤᠴᠠ ᠨᠢ ᠪᠠᠢᠳᠠᠯ: 1997 ~ 1999 ᠣᠨ ᠳᠤ᠂ ᠬᠣᠲᠠ ᠶᠢᠨ ᠣᠷᠴᠢᠨ ᠲᠣᠭᠣᠷᠢᠭ ᠤᠨ ᠤᠰᠠᠯᠠᠯᠲᠠ ᠲᠠᠢ ᠲᠠᠷᠢᠶᠠᠯᠠᠩ ᠳᠤ᠂ 3 ᠵᠢᠯ ᠦᠨ ᠨᠡᠢᠲᠡ ᠡᠪᠡᠰᠦ ᠦ ᠦᠷᠭᠤᠴᠠ ᠨᠢ 34 035 kg/hm²᠂ ᠬᠠᠭᠤᠷᠠᠢ ᠡᠪᠡᠰᠦ ᠦ ᠳᠤᠮᠳᠠᠵᠢ ᠦᠷᠭᠤᠴᠠ ᠨᠢ 9 136.5 kg/hm² ᠪᠣᠯᠪᠠ᠃ 1999 ~ 2001 ᠣᠨ ᠳᠤ ᠬᠣᠲᠠ ᠶᠢᠨ ᠣᠷᠴᠢᠨ ᠲᠣᠭᠣᠷᠢᠭ ᠤᠨ ᠲᠠᠷᠢᠶᠠᠯᠠᠩ ᠳᠤ᠂ 3 ᠵᠢᠯ ᠦᠨ ᠬᠠᠭᠤᠷᠠᠢ ᠡᠪᠡᠰᠦ ᠦ ᠳᠤᠮᠳᠠᠵᠢ ᠦᠷᠭᠤᠴᠠ ᠨᠢ 9 160.5 kg/hm²᠂ ᠦᠷ᠎ᠡ ᠶᠢᠨ ᠦᠷᠭᠤᠴᠠ ᠨᠢ 430 kg/hm² ᠪᠣᠯᠪᠠ᠃

ᠲᠣᠬᠢᠷᠠᠬᠤ ᠣᠷᠣᠨ: ᠬᠣᠢᠲᠤ ᠬᠢᠲᠠᠳ ᠤᠨ ᠬᠤᠭᠤᠷᠠᠢ ᠬᠠᠯᠠᠭᠤᠨ ᠤ ᠳᠤᠮᠳᠠ ᠰᠢᠷᠤᠢ ᠲᠠᠢ ᠣᠷᠣᠨ᠂ ᠬᠤᠷ᠎ᠠ ᠲᠤᠨᠠᠯᠭ᠎ᠠ ᠪᠠᠭ᠎ᠠ ᠭᠠᠮᠰᠢᠭ ᠤᠨ ᠣᠷᠣᠨ ᠳᠤ ᠲᠣᠬᠢᠷᠠᠮᠵᠢᠲᠠᠢ᠃ ᠬᠤᠷ᠎ᠠ ᠲᠤᠨᠠᠯᠭ᠎ᠠ ᠶᠢᠨ ᠲᠠᠷᠢᠶᠠᠯᠠᠩ ᠳᠤ ᠲᠠᠷᠢᠵᠤ ᠣᠯᠠᠨ ᠲᠠᠷᠢᠯᠠᠩ ᠳᠤ ᠲᠣᠬᠢᠷᠠᠮᠵᠢᠲᠠᠢ᠃

18. ᠵᠢᠩᠬᠤ ᠶᠢᠨ 808 ᠲᠣᠭᠠᠲᠤ ᠮᠡᠯᠢᠭᠡᠰᠦ

ᠦᠷᠭᠤᠴᠠ ᠨᠢ ᠪᠠᠢᠳᠠᠯ: ᠵᠢᠯ ᠦᠨ ᠬᠤᠷ᠎ᠠ ᠶᠢᠨ ᠬᠡᠮᠵᠢᠶ᠎ᠡ ᠨᠢ 300 ~ 400 mm ᠪᠣᠯᠬᠤ ᠭᠠᠮᠰᠢᠭ ᠤᠨ ᠣᠷᠣᠨ ᠳᠤ ᠲᠠᠷᠢᠪᠠᠯ᠂ ᠬᠠᠭᠤᠷᠠᠢ ᠡᠪᠡᠰᠦ ᠦ ᠦᠷᠭᠤᠴᠠ ᠨᠢ 10 463.48 ~12 994.48 kg/hm² ᠪᠣᠯᠬᠤ᠂ ᠦᠷ᠎ᠡ ᠶᠢᠨ ᠦᠷᠭᠤᠴᠠ ᠨᠢ 261.06 ~ 322.32 kg/hm² ᠪᠣᠯᠪᠠ᠃

ᠲᠣᠬᠢᠷᠠᠬᠤ ᠣᠷᠣᠨ: ᠬᠣᠢᠲᠤ ᠬᠢᠲᠠᠳ ᠤᠨ ᠭᠠᠮᠰᠢᠭ ᠣᠷᠣᠨ᠂ ᠬᠠᠭᠠᠰ ᠭᠠᠮᠰᠢᠭ ᠣᠷᠣᠨ᠂ ᠲᠤᠷᠰᠢᠯᠲᠠ ᠶᠢᠨ ᠭᠠᠵᠠᠷ ᠲᠣᠭᠣᠷᠢᠭ ᠤᠨ ᠲᠠᠷᠢᠯᠠᠩ ᠳᠤ ᠲᠠᠷᠢᠬᠤ ᠳᠤ ᠲᠣᠬᠢᠷᠠᠮᠵᠢᠲᠠᠢ᠃

19. ᠠᠯᠲᠠᠨ 1 ᠲᠣᠭᠠᠲᠤ ᠮᠡᠯᠢᠭᠡᠰᠦ

ᠦᠷᠭᠤᠴᠠ ᠨᠢ ᠪᠠᠢᠳᠠᠯ: 1985 ~1989 ᠣᠨ ᠳᠤ ᠬᠣᠲᠠ ᠶᠢᠨ ᠣᠷᠴᠢᠨ ᠲᠣᠭᠣᠷᠢᠭ ᠤᠨ ᠲᠤᠷᠰᠢᠯᠲᠠ ᠶᠢᠨ ᠲᠠᠷᠢᠶᠠᠯᠠᠩ ᠳᠤ ᠬᠠᠭᠤᠷᠠᠢ ᠡᠪᠡᠰᠦ ᠦ ᠳᠤᠮᠳᠠᠵᠢ ᠦᠷᠭᠤᠴᠠ ᠨᠢ ᠬᠠᠮᠤᠭ ᠤᠨ ᠢᠯᠡᠭᠦ 12 250 kg/hm² ᠬᠦᠷᠴᠦ 10 500 kg/hm² ᠪᠣᠯᠬᠤ᠂ ᠦᠷ᠎ᠡ ᠶᠢᠨ ᠦᠷᠭᠤᠴᠠ ᠨᠢ 150 ~ 300 kg/hm² ᠪᠣᠯᠪᠠ᠃

ᠲᠣᠬᠢᠷᠠᠬᠤ ᠣᠷᠣᠨ: ᠬᠣᠢᠲᠤ ᠬᠢᠲᠠᠳ ᠤᠨ ᠬᠤᠭᠤᠷᠠᠢ ᠬᠠᠯᠠᠭᠤᠨ ᠤ ᠭᠠᠮᠰᠢᠭ ᠬᠠᠭᠠᠰ ᠭᠠᠮᠰᠢᠭ ᠣᠷᠣᠨ ᠳᠤ ᠲᠣᠬᠢᠷᠠᠮᠵᠢᠲᠠᠢ᠃

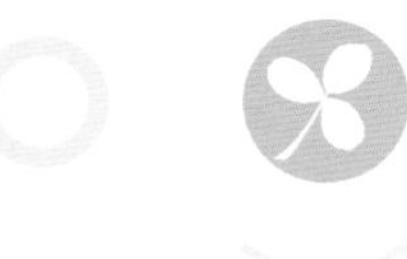

20. 图牧2号紫花苜蓿

产量表现：1985 ～ 1989年在吉林省白城地区、内蒙古扎赉特旗、甘肃省榆中县等地区域试验，5年平均干草产量为12 910 kg/hm^2。1985 ～ 1989年在吉林省白城市、通榆县生产试验，5年平均干草产量为11 258 kg/hm^2。

适应区域：适宜内蒙古中东部、吉林省和黑龙江省种植。

21. 赤草1号杂花苜蓿

产量表现：在年降水量300 ～ 500 mm的地区，在旱作条件下干草产量为5 000 ～ 8 000 kg/hm^2。种子产量为300 ～ 400 kg/hm^2。

适应区域：适宜在我国北方300 ～ 500 mm的干旱和半干旱地区。

22. 润布勒杂花苜蓿

产量表现：1980 ～ 1982年区域试验，3年平均干草产量在内蒙古自治区海拉尔市为8 291 kg/hm^2、锡林浩特市为5 200 kg/hm^2，在黑龙江省齐齐哈尔市为3 000 kg/hm^2。1983 ～ 1985年生产试验，3年平均干草产量在内蒙古海拉尔区为4 900 kg/hm^2、锡林浩特市为5 165 kg/hm^2，甘肃榆中县为10 028 kg/hm^2。

适应区域：适宜在黑龙江省、吉林省东北部、内蒙古自治区东部、山西省雁北地区、甘肃省、青海省等高寒地区种植。

23. 中草3号紫花苜蓿

产量表现：在呼和浩特地区生育期约104天。适宜旱作栽培，正常年份可刈割3次，干草产量达16 176 kg/hm^2，种子产量为296.5 kg/hm^2。

适应区域：适宜在我国北方干旱寒冷地区，尤其适宜内蒙古及周边地区种植。

24. 中草13号紫花苜蓿

产量表现：在河套灌区生长2年后干草产量为6 090 ～ 15 065 kg/hm^2；种子产量为260 ～ 653 kg/hm^2。

适应区域：适宜在我国华北和西北干旱、半干旱地区种植，或海拔1 500 ～ 2 600 m的寒旱区栽培及干旱山坡草地、改良退化或沙化草地进行补播。

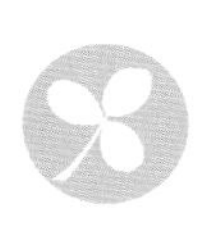

20. ᠠᠯᠲᠠᠢ 2 ᠳ᠋ᠤᠭᠠᠷᠲᠤ ᠪᠣᠷᠣ ᠴᠠᠷᠢᠭᠠᠯᠵᠢ

ᠦᠷᠡᠵᠢᠯ ᠦᠨ ᠪᠠᠢᠳᠠᠯ: 1985 ~ 1989 ᠣᠨ ᠳᠤ ᠬᠣᠶᠠᠷ ᠵᠢᠯ ᠦᠨ ᠪᠠᠢᠴᠠᠭᠠᠯᠲᠠ ᠲᠤᠷᠰᠢᠯᠲᠠ᠂ ᠲᠥᠷᠥᠯ ᠵᠦᠢᠯ ᠦᠨ ᠬᠠᠷᠢᠴᠠᠭᠤᠯᠬᠤ ᠲᠤᠷᠰᠢᠯᠲᠠ᠂ ᠪᠦᠰᠡ ᠨᠤᠲᠤᠭ ᠤᠨ ᠲᠤᠷᠰᠢᠯᠲᠠ ᠳᠤ ᠬᠣᠶᠠᠷ ᠵᠢᠯ ᠦᠨ ᠪᠠᠢᠴᠠᠭᠠᠯᠲᠠ ᠲᠤᠷᠰᠢᠯᠲᠠ᠂ ᠬᠣᠶᠠᠷ ᠵᠢᠯ ᠦᠨ ᠵᠢᠷᠤᠮ ᠳᠤ ᠤᠷᠤᠰᠬᠠᠯ ᠲᠠᠢ ᠬᠣᠷᠢᠶ᠎ᠠ ᠳᠤ · 5 ᠤᠳᠠᠭ᠎ᠠ ᠶᠢᠨ ᠬᠠᠳᠤᠯᠤᠭᠰᠠᠨ ᠨᠣᠭᠣᠭᠠᠨ ᠢ ᠬᠤᠪᠢᠶᠠᠷᠢᠴᠠᠭᠤᠯᠪᠠᠯ ᠦᠷᠡᠵᠢᠯ ᠨᠢ 12 910 kg/hm² ᠃ 1985 ~ 1989 ᠣᠨ ᠳᠤ ᠬᠣᠶᠠᠷ ᠵᠢᠯ ᠦᠨ ᠪᠠᠢᠴᠠᠭᠠᠯᠲᠠ ᠲᠤᠷᠰᠢᠯᠲᠠ᠂ ᠣᠯᠠᠨ ᠵᠢᠯ ᠦᠨ ᠬᠠᠳᠤᠯᠤᠭᠰᠠᠨ ᠤᠷᠤᠰᠬᠠᠯ ᠲᠠᠢ ᠬᠣᠷᠢᠶ᠎ᠠ ᠳᠤ 5 ᠤᠳᠠᠭ᠎ᠠ ᠶᠢᠨ ᠬᠠᠳᠤᠯᠤᠭᠰᠠᠨ ᠨᠣᠭᠣᠭᠠᠨ ᠢ ᠬᠤᠪᠢᠶᠠᠷᠢᠴᠠᠭᠤᠯᠪᠠᠯ ᠦᠷᠡᠵᠢᠯ ᠨᠢ 11 258 kg/hm² ᠪᠣᠯᠵᠠᠢ ᠃

ᠲᠣᠬᠢᠷᠠᠮᠵᠢᠲᠠᠢ ᠣᠷᠣᠨ: ᠬᠤᠸᠠᠩᠬᠧ ᠮᠥᠷᠡᠨ ᠦ ᠠᠷᠤ ᠲᠠᠯ᠎ᠠ ᠶᠢᠨ᠂ ᠬᠣᠢᠲᠤ ᠬᠡᠰᠡᠭ ᠦᠨ ᠬᠠᠭᠤᠷᠠᠢ ᠬᠡᠰᠡᠭ ᠲᠦ ᠲᠠᠷᠢᠬᠤ ᠳᠤ ᠲᠣᠬᠢᠷᠠᠮᠵᠢᠲᠠᠢ ᠃

21. ᠲᠦ ᠮᠦ 1 ᠳ᠋ᠤᠭᠠᠷᠲᠤ ᠰᠢᠷ᠎ᠠ ᠴᠠᠷᠢᠭᠠᠯᠵᠢ

ᠦᠷᠡᠵᠢᠯ ᠦᠨ ᠪᠠᠢᠳᠠᠯ: ᠵᠢᠯ ᠦᠨ ᠬᠤᠷ᠎ᠠ ᠤᠷᠤᠰᠬᠠᠯ ᠤᠨ ᠬᠡᠮᠵᠢᠶ᠎ᠡ ᠨᠢ 300 ~ 500 mm ᠪᠠᠢᠬᠤ ᠭᠠᠵᠠᠷ ᠲᠤ ᠤᠰᠤᠯᠠᠯᠲᠠ ᠦᠭᠡᠢ ᠨᠥᠬᠥᠴᠡᠯ ᠳᠦ ᠨᠣᠭᠣᠭᠠᠨ ᠢ ᠦᠷᠡᠵᠢᠯ ᠨᠢ 5 000 ~ 8 000 kg/hm² ᠪᠣᠯᠬᠤ ᠂ ᠦᠷ᠎ᠡ ᠶᠢᠨ ᠦᠷᠡᠵᠢᠯ ᠨᠢ 300 ~ 400 kg/hm² ᠪᠣᠯᠤᠨ᠎ᠠ ᠃

ᠲᠣᠬᠢᠷᠠᠮᠵᠢᠲᠠᠢ ᠣᠷᠣᠨ: ᠵᠢᠯ ᠦᠨ ᠬᠤᠷ᠎ᠠ ᠤᠷᠤᠰᠬᠠᠯ ᠤᠨ ᠬᠡᠮᠵᠢᠶ᠎ᠡ ᠨᠢ 300 ~ 500 mm ᠪᠠᠢᠬᠤ ᠬᠠᠭᠤᠷᠠᠢ ᠬᠡᠰᠡᠭ ᠦᠨ ᠤᠰᠤᠯᠠᠯᠲᠠ ᠦᠭᠡᠢ ᠭᠠᠵᠠᠷ ᠲᠤ ᠲᠠᠷᠢᠬᠤ ᠳᠤ ᠲᠣᠬᠢᠷᠠᠮᠵᠢᠲᠠᠢ ᠃

22. ᠵᠣᠩᠭᠤᠷ ᠰᠢᠷ᠎ᠠ ᠴᠠᠷᠢᠭᠠᠯᠵᠢ

ᠦᠷᠡᠵᠢᠯ ᠦᠨ ᠪᠠᠢᠳᠠᠯ: 1980 ~ 1982 ᠣᠨ ᠳᠤ ᠬᠣᠶᠠᠷ ᠵᠢᠯ ᠦᠨ ᠤᠷᠤᠰᠬᠠᠯ ᠲᠠᠢ ᠬᠣᠷᠢᠶ᠎ᠠ ᠳᠤ 3 ᠤᠳᠠᠭ᠎ᠠ ᠶᠢᠨ ᠬᠠᠳᠤᠯᠤᠭᠰᠠᠨ ᠨᠣᠭᠣᠭᠠᠨ ᠢ ᠬᠤᠪᠢᠶᠠᠷᠢᠴᠠᠭᠤᠯᠪᠠᠯ ᠦᠷᠡᠵᠢᠯ ᠨᠢ ᠬᠣᠶᠠᠷ ᠵᠢᠯ ᠦᠨ ᠳᠤᠮᠳᠠᠭᠠᠳᠤ ᠪᠠᠷ ᠢᠶᠠᠨ 8 291 kg/hm²᠂ ᠬᠠᠮᠤᠭ ᠶᠡᠬᠡ ᠨᠢ 5 200 kg/hm²᠂ ᠬᠠᠮᠤᠭ ᠪᠠᠭ᠎ᠠ ᠨᠢ 3 000 kg/hm² ᠪᠣᠯᠵᠠᠢ ᠃ 1983 ~1985 ᠣᠨ ᠳᠤ ᠬᠣᠶᠠᠷ ᠵᠢᠯ ᠦᠨ ᠤᠷᠤᠰᠬᠠᠯ ᠲᠠᠢ ᠬᠣᠷᠢᠶ᠎ᠠ ᠳᠤ 3 ᠤᠳᠠᠭ᠎ᠠ ᠶᠢᠨ ᠬᠠᠳᠤᠯᠤᠭᠰᠠᠨ ᠨᠣᠭᠣᠭᠠᠨ ᠢ ᠬᠤᠪᠢᠶᠠᠷᠢᠴᠠᠭᠤᠯᠪᠠᠯ ᠦᠷᠡᠵᠢᠯ ᠨᠢ ᠳᠤᠮᠳᠠᠭᠠᠳᠤ ᠪᠠᠷ ᠢᠶᠠᠨ 4 900 kg/hm²᠂ ᠬᠠᠮᠤᠭ ᠶᠡᠬᠡ ᠨᠢ 5 165 kg/hm²᠂ ᠦᠷ᠎ᠡ ᠶᠢᠨ ᠦᠷᠡᠵᠢᠯ ᠨᠢ 10 028 kg/hm² ᠪᠣᠯᠵᠠᠢ ᠃

ᠲᠣᠬᠢᠷᠠᠮᠵᠢᠲᠠᠢ ᠣᠷᠣᠨ: ᠰᠢᠨᠵᠢᠶᠠᠩ ᠤᠨ ᠬᠣᠢᠲᠤ ᠬᠡᠰᠡᠭ᠂ ᠬᠠᠷ᠎ᠠ ᠣᠷᠣᠨ ᠤ ᠵᠡᠭᠦᠨ ᠬᠣᠢᠲᠤ᠂ ᠵᠢᠯ ᠪᠦᠷᠢ ᠬᠤᠷ᠎ᠠ ᠤᠷᠤᠰᠬᠠᠯ ᠬᠠᠭᠤᠷᠠᠢ ᠬᠡᠰᠡᠭ᠂ ᠳᠤᠮᠳᠠᠳᠤ ᠬᠡᠰᠡᠭ ᠦᠨ ᠰᠡᠷᠢᠭᠦᠨ ᠬᠠᠭᠤᠷᠠᠢ ᠭᠠᠵᠠᠷ ᠲᠤ ᠲᠠᠷᠢᠬᠤ ᠳᠤ ᠲᠣᠬᠢᠷᠠᠮᠵᠢᠲᠠᠢ ᠃

23. ᠭᠠᠩ ᠨᠦᠩ 3 ᠳ᠋ᠤᠭᠠᠷᠲᠤ ᠴᠠᠷᠢᠭᠠᠯᠵᠢ

ᠦᠷᠡᠵᠢᠯ ᠦᠨ ᠪᠠᠢᠳᠠᠯ: ᠤᠰᠤᠯᠠᠯᠲᠠ ᠲᠠᠢ ᠨᠥᠬᠥᠴᠡᠯ ᠳᠦ ᠲᠠᠷᠢᠮᠠᠯ ᠤᠨ ᠬᠡᠮᠵᠢᠶ᠎ᠡ ᠨᠢ ᠵᠢᠷᠤᠮ ᠤᠨ 104 ᠬᠤᠪᠢ ᠃ ᠨᠣᠭᠣᠭᠠᠨ ᠬᠠᠳᠤᠯᠠᠬᠤ ᠳᠤ ᠲᠣᠬᠢᠷᠠᠮᠵᠢᠲᠠᠢ᠂ ᠵᠢᠯ ᠳᠤ 3 ᠤᠳᠠᠭ᠎ᠠ ᠬᠠᠳᠤᠯᠵᠤ ᠪᠣᠯᠤᠨ᠎ᠠ ᠃ ᠨᠣᠭᠣᠭᠠᠨ ᠦᠷᠡᠵᠢᠯ ᠨᠢ 16 176 kg/hm²᠂ ᠦᠷ᠎ᠡ ᠶᠢᠨ ᠦᠷᠡᠵᠢᠯ ᠨᠢ 296.5 kg/hm² ᠪᠣᠯᠤᠨ᠎ᠠ ᠃

ᠲᠣᠬᠢᠷᠠᠮᠵᠢᠲᠠᠢ ᠣᠷᠣᠨ: ᠲᠠᠯ᠎ᠠ ᠶᠢᠨ ᠬᠠᠭᠤᠷᠠᠢ ᠬᠡᠰᠡᠭ ᠦᠨ ᠬᠦᠢᠲᠡᠨ ᠳᠤᠯᠠᠭᠠᠨ ᠪᠦᠰᠡ ᠶᠢᠨ ᠤᠰᠤᠯᠠᠯᠲᠠ ᠲᠠᠢ ᠭᠠᠵᠠᠷ᠂ ᠬᠤᠸᠠᠩᠬᠧ ᠮᠥᠷᠡᠨ ᠦ ᠰᠤᠷᠪᠤᠯᠵᠢᠲᠤ ᠣᠷᠣᠨ ᠳᠤ ᠲᠠᠷᠢᠬᠤ ᠳᠤ ᠲᠣᠬᠢᠷᠠᠮᠵᠢᠲᠠᠢ ᠃

24. ᠭᠠᠩ ᠨᠦᠩ 13 ᠳ᠋ᠤᠭᠠᠷᠲᠤ ᠪᠣᠷᠣ ᠴᠠᠷᠢᠭᠠᠯᠵᠢ

ᠦᠷᠡᠵᠢᠯ ᠦᠨ ᠪᠠᠢᠳᠠᠯ: ᠣᠯᠠᠨ ᠵᠢᠯ ᠦᠨ ᠲᠤᠷᠰᠢᠯᠲᠠ ᠶᠢᠨ ᠳᠦᠩ ᠳᠤ 2 ᠵᠢᠯ ᠦᠨ ᠳᠤᠮᠳᠠᠭᠠᠳᠤ ᠨᠣᠭᠣᠭᠠᠨ ᠦᠷᠡᠵᠢᠯ ᠨᠢ 6 090 ~ 15 065 kg/hm²᠂ ᠦᠷ᠎ᠡ ᠶᠢᠨ ᠦᠷᠡᠵᠢᠯ ᠨᠢ 260 ~ 653 kg/hm² ᠃

ᠲᠣᠬᠢᠷᠠᠮᠵᠢᠲᠠᠢ ᠣᠷᠣᠨ: ᠵᠢᠯ ᠦᠨ ᠬᠤᠷ᠎ᠠ ᠤᠷᠤᠰᠬᠠᠯ ᠪᠠᠭ᠎ᠠ ᠤᠰᠤᠯᠠᠯᠲᠠ ᠲᠠᠢ ᠪᠤᠶᠤ ᠤᠰᠤᠯᠠᠯᠲᠠ ᠦᠭᠡᠢ ᠨᠥᠬᠥᠴᠡᠯ᠂ ᠳᠠᠯᠠᠢ ᠶᠢᠨ ᠲᠡᠪᠰᠢ ᠡᠴᠡ ᠥᠨᠳᠥᠷ ᠨᠢ 1 500 ~ 2 600m ᠪᠠᠢᠬᠤ ᠠᠭᠤᠯᠠ ᠶᠢᠨ ᠬᠠᠭᠤᠷᠠᠢ ᠬᠡᠰᠡᠭ ᠦᠨ ᠤᠰᠤᠯᠠᠯᠲᠠ ᠲᠠᠢ ᠲᠠᠷᠢᠶᠠᠯᠠᠩ ᠤ ᠭᠠᠵᠠᠷ ᠲᠤ ᠲᠠᠷᠢᠬᠤ ᠳᠤ ᠲᠣᠬᠢᠷᠠᠮᠵᠢᠲᠠᠢ᠂ ᠮᠥᠨ ᠬᠠᠭᠤᠷᠠᠢ ᠬᠡᠰᠡᠭ ᠦᠨ ᠤᠰᠤᠯᠠᠯᠲᠠ ᠦᠭᠡᠢ ᠭᠠᠵᠠᠷ ᠲᠤ ᠲᠠᠷᠢᠵᠤ ᠪᠣᠯᠤᠨ᠎ᠠ ᠃

二、草木樨

草木樨属（*Melilotus* Mill.）俗名野苜蓿，为豆科草本直立型一年生和二年生植物。有白花和黄花两品种。草木樨的耐旱能力很强，当土壤含水率为9%时即可发芽，耐寒、耐瘠性也强，也有一定的耐盐能力，对土壤要求不严格。

（一）播前准备

1. 种床准备

草木樨种子细小，在正规大田种植时，要求深翻、耙耱、整地精细有利于出苗整齐和提高产草量。管理可参照紫花苜蓿技术进行。草木樨，适应性很广，在耕地、弃耕地和退化、荒漠化的草地上均能种植，可因地制宜地采用各种耕作和地面处理措施。

2. 品种选择

因地制宜选择品种，如白花草木樨（*M.albus* Desr.）、黄花草木樨［*M. officinalis* (L.) Pall.］、细齿草木樨［*M. dentatus* (Wald. et kt.) Pers.］等。

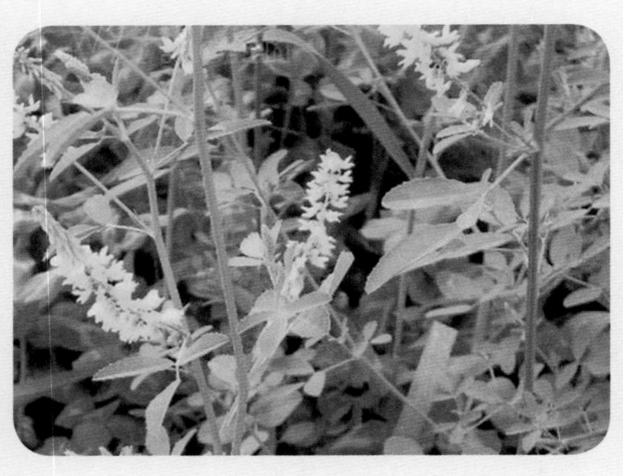

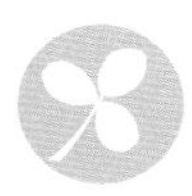

ᠬᠣᠶᠠᠷ • ᠪᠣᠳᠣᠷᠭᠠᠨ᠎ᠠ

ᠪᠣᠳᠣᠷᠭᠠᠨ᠎ᠠ ᠶᠢᠨ ᠲᠥᠷᠥᠯ (*Melilotus* Mill.) ᠪᠤᠷᠴᠠᠭ ᠤᠨ ᠪᠠᠶᠢᠭᠤᠯᠤᠮᠵᠢ ᠨᠢᠭᠡ ᠨᠠᠰᠤᠲᠤ ᠪᠤᠶᠤ ᠬᠣᠶᠠᠷ ᠨᠠᠰᠤᠲᠤ ᠡᠪᠡᠰᠦᠨ ᠤᠷᠭᠤᠮᠠᠯ ᠪᠣᠯᠤᠨ᠎ᠠ᠃ ᠳᠡᠯᠡᠬᠡᠢ ᠳᠠᠶᠠᠷ ᠪᠠᠷ ᠬᠣᠷᠢ ᠭᠠᠷᠤᠢ ᠵᠦᠢᠯ ᠪᠠᠶᠢᠳᠠᠭ᠃ ᠮᠠᠨ ᠤ ᠣᠷᠣᠨ ᠳᠤ ᠶᠢᠰᠦᠨ ᠵᠦᠢᠯ ᠪᠠᠶᠢᠬᠤ ᠪᠠ ᠳᠡᠯᠡᠬᠡᠢ ᠶᠢᠨ ᠨᠡᠢᠲᠡ ᠵᠦᠢᠯ ᠦᠨ 9% ᠢ ᠡᠵᠡᠯᠡᠵᠦ ᠪᠠᠶᠢᠨ᠎ᠠ᠃ ᠬᠣᠶᠠᠷ ᠵᠦᠢᠯ ᠢ ᠰᠣᠶᠤᠯᠵᠢᠭᠤᠯᠤᠨ ᠲᠠᠷᠢᠵᠤ ᠪᠠᠶᠢᠭ᠎ᠠ ᠨᠢ ᠴᠠᠭᠠᠨ ᠴᠡᠴᠡᠭᠲᠦ ᠪᠣᠳᠣᠷᠭᠠᠨ᠎ᠠ᠂ ᠰᠢᠷ᠎ᠠ ᠴᠡᠴᠡᠭᠲᠦ ᠪᠣᠳᠣᠷᠭᠠᠨ᠎ᠠ ᠪᠤᠶᠤ᠃

(ᠨᠢᠭᠡ) ᠤᠭ ᠭᠠᠷᠤᠯ ᠪᠠ ᠲᠠᠷᠬᠠᠯᠲᠠ

1. ᠳᠡᠯᠡᠬᠡᠢ ᠶᠢᠨ ᠲᠠᠷᠬᠠᠯᠲᠠ

ᠪᠣᠳᠣᠷᠭᠠᠨ᠎ᠠ ᠶᠢᠨ ᠤᠭ ᠭᠠᠷᠤᠯ ᠢ ᠠᠰᠢᠶ᠎ᠠ ᠶᠢᠨ ᠪᠠᠭ᠎ᠠ ᠭᠠᠵᠠᠷ᠂ ᠲᠥᠪ ᠠᠰᠢᠶ᠎ᠠ᠂ ᠡᠸᠦᠷᠤᠫᠠ ᠶᠢᠨ ᠡᠮᠦᠨ᠎ᠡ ᠬᠡᠰᠡᠭ ᠲᠦ ᠬᠠᠷᠢᠶᠠᠯᠠᠭᠳᠠᠬᠤ ᠭᠡᠵᠦ ᠦᠵᠡᠳᠡᠭ᠃ ᠣᠳᠣ ᠳᠡᠯᠡᠬᠡᠢ ᠶᠢᠨ ᠣᠯᠠᠨ ᠣᠷᠣᠨ ᠳᠤ ᠲᠠᠷᠢᠵᠤ ᠪᠠᠶᠢᠨ᠎ᠠ᠃ ᠬᠠᠮᠤᠭ ᠡᠷᠲᠡ ᠡᠸᠦᠷᠤᠫᠠ᠂ ᠲᠥᠪ ᠠᠰᠢᠶ᠎ᠠ᠂ ᠡᠮᠦᠨ᠎ᠡ ᠠᠰᠢᠶ᠎ᠠ ᠠᠴᠠ ᠬᠠᠮᠢᠶᠠᠷᠤᠯᠬᠤ ᠵᠦᠢᠯ ᠪᠣᠯᠤᠨ᠎ᠠ᠃ ᠴᠠᠭᠠᠨ ᠴᠡᠴᠡᠭᠲᠦ ᠪᠣᠳᠣᠷᠭᠠᠨ᠎ᠠ ᠪᠠ ᠰᠢᠷ᠎ᠠ ᠴᠡᠴᠡᠭᠲᠦ ᠪᠣᠳᠣᠷᠭᠠᠨ᠎ᠠ ᠶᠢ ᠡᠷᠲᠡ ᠦᠶ᠎ᠡ ᠡᠴᠡ ᠲᠠᠷᠢᠵᠤ ᠡᠬᠢᠯᠡᠭᠰᠡᠨ ᠪᠠᠶᠢᠨ᠎ᠠ᠃ ᠪᠣᠳᠣᠷᠭᠠᠨ᠎ᠠ ᠨᠢ ᠰᠢᠯᠢ ᠲᠠᠯ᠎ᠠ ᠳᠤ ᠬᠦᠴᠦᠳᠡᠯ ᠪᠠᠶᠢᠨ᠎ᠠ᠃

2. ᠮᠠᠨ ᠤ ᠣᠷᠣᠨ ᠳᠠᠬᠢ

ᠮᠠᠨ ᠤ ᠣᠷᠣᠨ ᠳᠤ ᠲᠠᠷᠢᠵᠤ ᠪᠠᠶᠢᠭ᠎ᠠ ᠪᠣᠳᠣᠷᠭᠠᠨ᠎ᠠ ᠶᠢᠨ ᠭᠣᠣᠯ ᠵᠦᠢᠯ ᠨᠢ ᠴᠠᠭᠠᠨ ᠴᠡᠴᠡᠭᠲᠦ ᠪᠣᠳᠣᠷᠭᠠᠨ᠎ᠠ (*M.albus* Desr.)᠂ ᠰᠢᠷ᠎ᠠ ᠴᠡᠴᠡᠭᠲᠦ ᠪᠣᠳᠣᠷᠭᠠᠨ᠎ᠠ [*M. officinalis* (L.) Pall.]᠂ ᠰᠢᠳᠦᠲᠦ ᠪᠣᠳᠣᠷᠭᠠᠨ᠎ᠠ [*M. dentatus* (Wald. et kt.) Pers.] ᠵᠡᠷᠭᠡ ᠶᠢ ᠣᠯᠠᠨ ᠪᠠᠶᠢᠨ᠎ᠠ᠃

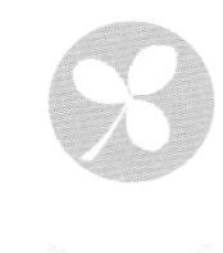

3. 种子处理

草木樨种子的硬实率高，特别是新鲜种子可高达40% ～ 60%，故播前要进行种子处理。处理方法有：

（1）擦破种皮法：可先把种子晒干，掺适量粗砂，铺在水泥地上用砖或鞋底反复摩擦，也可放在碾子上碾至种皮发毛为止。

（2）硫酸处理法：用10%稀硫酸溶液浸泡种子0.5 ～ 1 h后捞出，洗净，晾干。

（3）变温处理法：先用温水浸泡，然后捞出，白天暴晒，夜间放凉处，常浇水保持湿润，经过2 ～ 3天后即可播种。

（二）播种技术

1. 播种时期

春播即土壤解冻后与春播作物同时播种，不得晚于5月底。夏播可在夏季雨后抢墒播种，但不应晚于7月1日。

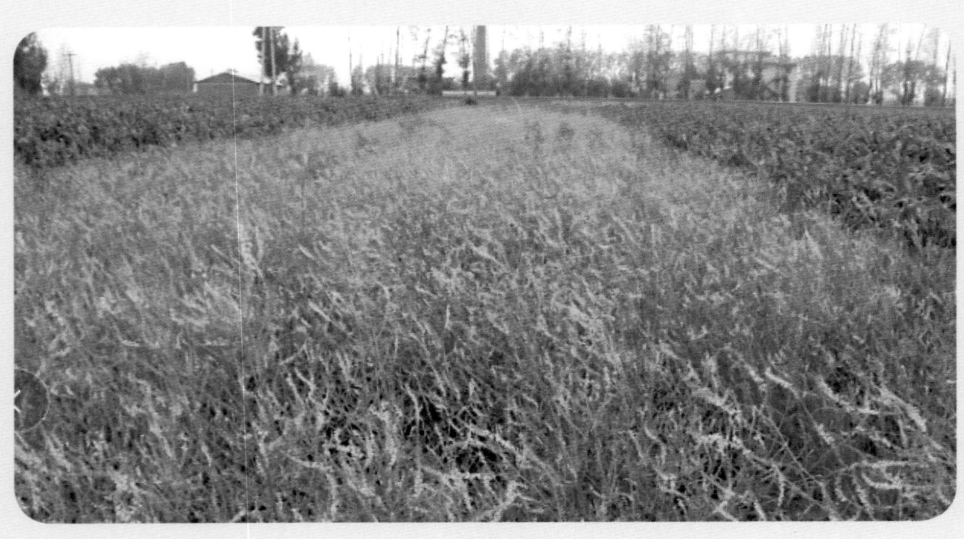

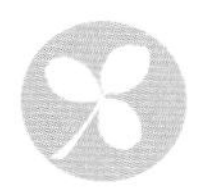

3. ᠦᠷ᠎ᠡ ᠪᠣᠯᠪᠠᠰᠤᠷᠠᠭᠤᠯᠬᠤ

ᠳᠡᠭᠡᠭᠰᠢ ᠨᠢ ᠦᠷ᠎ᠡ ᠶᠢᠨ ᠬᠠᠳᠠᠭᠠᠯᠠᠬᠤ ᠦᠶ᠎ᠡ ᠳᠦ ᠦᠷ᠎ᠡ ᠶᠢᠨ 40% ~ 60% ᠶᠢ ᠪᠣᠯᠪᠠᠰᠤᠷᠠᠭᠤᠯᠬᠤ ᠬᠡᠷᠡᠭᠲᠡᠢ ᠃ ᠦᠷ᠎ᠡ ᠪᠣᠯᠪᠠᠰᠤᠷᠠᠭᠤᠯᠬᠤ ᠠᠷᠭ᠎ᠠ ᠨᠢ ᠄

(1) ᠦᠷ᠎ᠡ ᠶᠢᠨ ᠭᠠᠳᠠᠷᠭᠤ ᠶᠢ ᠨᠢᠭᠤᠯᠵᠤ ᠠᠷᠢᠯᠭᠠᠬᠤ ᠄ ᠦᠷ᠎ᠡ ᠪᠡᠨ ᠬᠣᠯᠢᠮᠠᠭ ᠰᠢᠷᠣᠢ ᠪ ᠬᠤᠯᠢᠬᠤ ᠪᠤᠶᠤ ᠦᠷ᠎ᠡ ᠶᠢᠨ ᠭᠠᠳᠠᠷᠭᠤ ᠶᠢ ᠨᠢᠭᠤᠯᠵᠤ ᠠᠷᠢᠯᠭᠠᠭᠰᠠᠨ ᠦ ᠳᠠᠷᠠᠭ᠎ᠠ ᠲᠠᠷᠢᠨ᠎ᠠ ᠃

(2) ᠬᠠᠯᠠᠭᠤᠨ ᠤᠰᠤᠨ ᠳᠤ ᠨᠡᠪᠳᠡᠷᠡᠭᠦᠯᠬᠦ ᠄ 10% ᠤᠨ ᠬᠠᠯᠠᠭᠤᠨ ᠤᠰᠤᠨ ᠳᠤ 0.5 ~ 1 ᠴᠠᠭ ᠨᠡᠪᠳᠡᠷᠡᠭᠦᠯᠦᠨ ᠬᠠᠳᠠᠭᠠᠯᠠᠭᠰᠠᠨ ᠤ ᠳᠠᠷᠠᠭ᠎ᠠ ᠲᠠᠷᠢᠨ᠎ᠠ ᠃

(3) ᠭᠡᠷᠡᠯ ᠦᠨ ᠪᠣᠯᠪᠠᠰᠤᠷᠠᠭᠤᠯᠤᠯᠲᠠ ᠄ ᠨᠠᠷᠠᠨ ᠤ ᠭᠡᠷᠡᠯ ᠳᠦ ᠦᠷ᠎ᠡ ᠪᠡᠨ ᠳᠡᠯᠭᠡᠵᠦ ᠂ ᠰᠢᠷᠣᠢ ᠪᠡᠷ ᠬᠤᠯᠢᠬᠤ ᠬᠡᠷᠡᠭᠲᠡᠢ ᠂ ᠦᠳᠦᠷ ᠲᠤ ᠬᠣᠶᠠᠷ ᠤᠳᠠᠭ᠎ᠠ ᠡᠷᠭᠢᠭᠦᠯᠦᠨ ᠬᠤᠯᠢᠵᠤ ᠂ 2 ~ 3 ᠡᠳᠦᠷ ᠦᠨ ᠳᠠᠷᠠᠭ᠎ᠠ ᠲᠠᠷᠢᠵᠤ ᠪᠣᠯᠤᠨ᠎ᠠ ᠃

(ᠨᠢᠭᠡ) ᠲᠠᠷᠢᠬᠤ ᠠᠷᠭ᠎ᠠ

1. ᠲᠠᠷᠢᠬᠤ ᠴᠠᠭ

ᠰᠢᠭᠤᠳ ᠢᠶᠠᠷ ᠲᠠᠷᠢᠬᠤ ᠳᠤ ᠬᠠᠪᠤᠷ ᠤᠨ ᠲᠠᠷᠢᠮᠠᠯ ᠤᠨ ᠳᠠᠷᠠᠭ᠎ᠠ ᠬᠠᠪᠤᠷ ᠲᠠᠷᠢᠬᠤ ᠪᠤᠶᠤ ᠵᠤᠨ ᠤ ᠲᠠᠷᠢᠮᠠᠯ ᠲᠠᠷᠢᠬᠤ ᠄ 5 ᠰᠠᠷ᠎ᠠ ᠳᠤ ᠪᠤᠯᠵᠤ ᠪᠣᠯᠤᠨ᠎ᠠ ᠃ ᠲᠡᠷᠡ ᠪ

ᠰᠠᠯᠠᠭᠠᠯᠠᠭᠰᠠᠨ ᠂ ᠲᠡᠷᠡ ᠴᠢᠭᠢᠭ ᠲᠡᠶ ᠲᠠᠷᠢᠮᠠᠯ ᠤᠨ ᠬᠦᠷᠦᠰᠦ ᠶᠢ ᠬᠠᠳᠠᠭᠠᠯᠠᠬᠤ ᠳᠤ 7 ᠰᠠᠷ᠎ᠠ ᠶᠢᠨ 1 ᠡᠴᠡ ᠬᠣᠶᠢᠰᠢ ᠲᠠᠷᠢᠬᠤ ᠪᠡᠯᠡᠳᠬᠡᠯ ᠪᠡᠯᠡᠳᠬᠡᠬᠦ ᠬᠡᠷᠡᠭᠲᠡᠢ ᠃ ᠲᠡᠷᠡ ᠪ

2. 播种方式

在20 m以上的浅山地区、坡地，以及草山、草坡上种植时，应沿等高线进行整地播种（绝不可顺坡向开沟），沟距40 ～ 120 cm，沟宽10 ～ 20 cm，或平整成1 ～ 2 m宽的反坡梯田；在地形破碎的地方，可挖一定间距的小穴点播，10 ～ 20穴/m^2，或平整成鱼鳞坑播种。采用飞播的，应根据地形、原生植被的盖度和当地气候条件等综合因素进行地面处理（如耙耱）后再播种。

3. 播种量

一般为15 kg/hm^2，在寒冷、干旱等保苗困难的地区可适当加大到30 kg/hm^2。条播时行距40 ～ 60 cm（收种子用）或20 ～ 30 cm（收草用），播深2 ～ 3 cm（湿润地区可1 ～ 2 cm），播后镇压保墒。

4. 覆土镇压

覆土2 cm，后镇压。

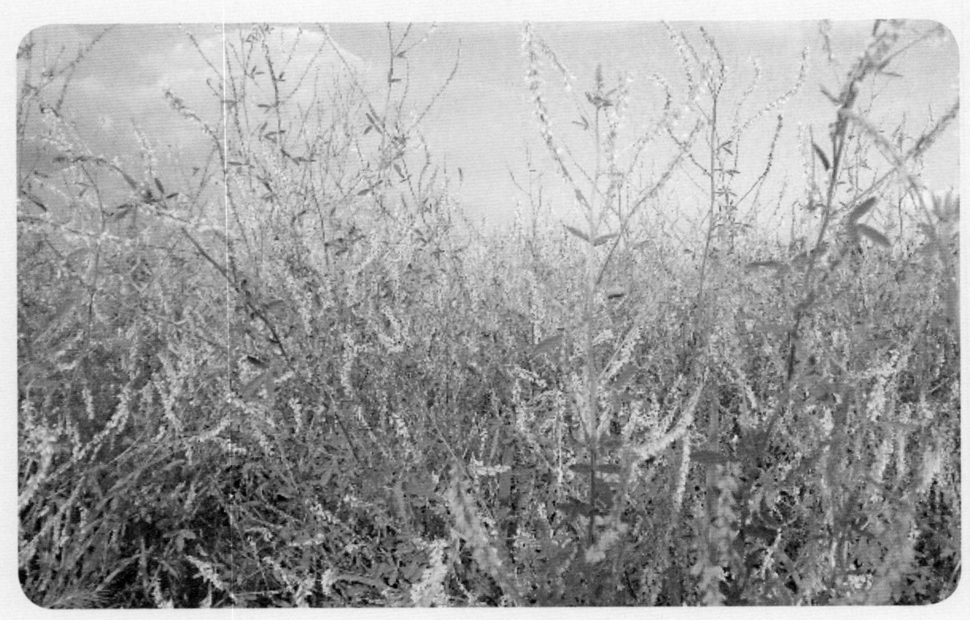

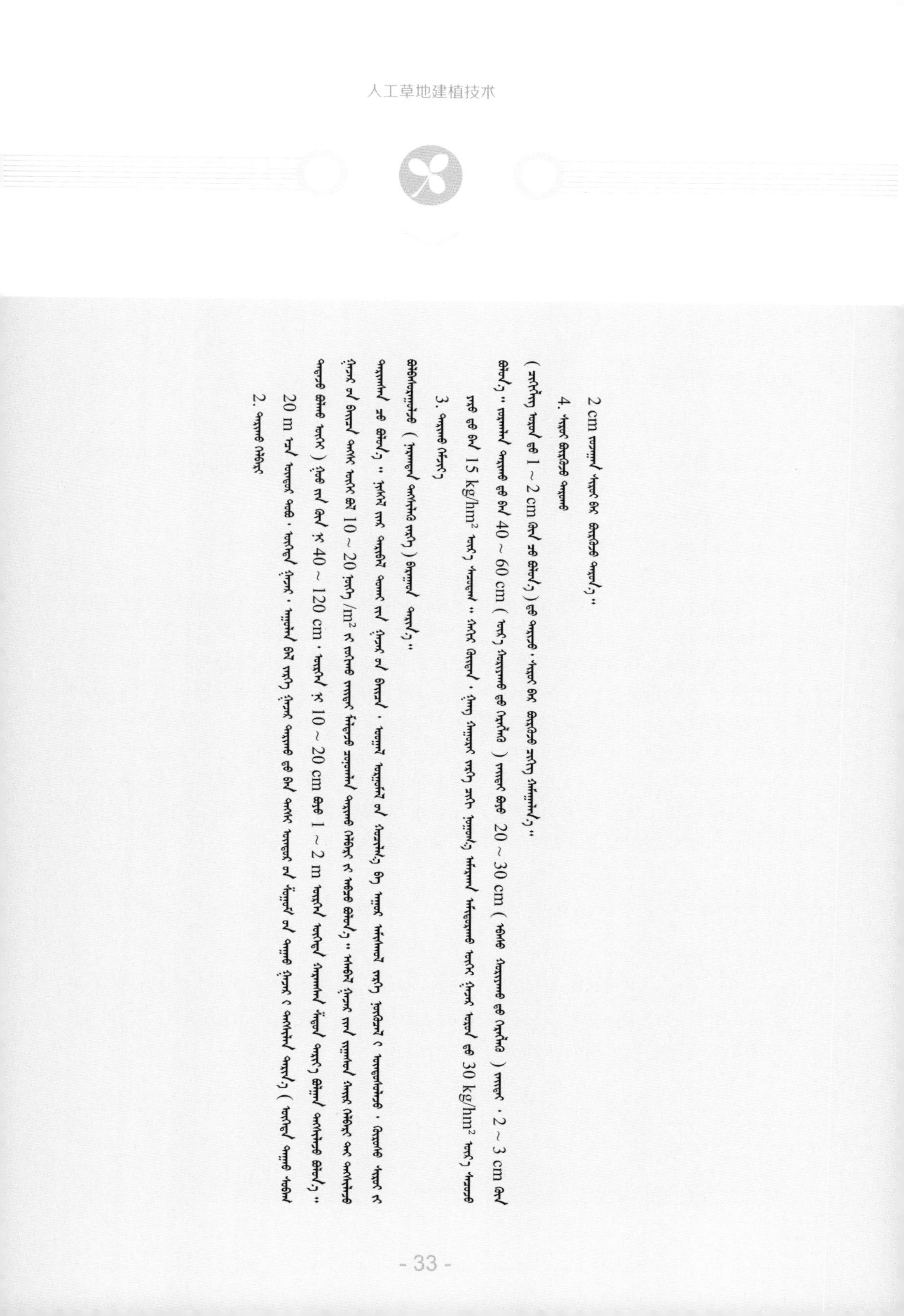

2. [illegible]

20 m [illegible] 40 ~ 120 cm [illegible] 10 ~ 20 cm [illegible] 1 ~ 2 m [illegible]

[illegible] 10 ~ 20 [illegible] /m^2 [illegible]

[illegible]

3. [illegible]

[illegible] 15 kg/hm^2 [illegible] 30 kg/hm^2 [illegible]

[illegible] 40 ~ 60 cm ([illegible]) [illegible] 20 ~ 30 cm ([illegible]) [illegible] 2 ~ 3 cm [illegible]

([illegible] 1 ~ 2 cm [illegible]) [illegible]

4. [illegible]

2 cm [illegible]

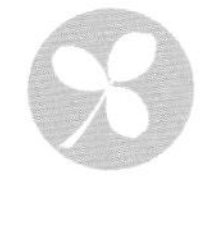

（三）田间管理

1. 水肥管理

草木樨耐贫瘠，一般不种在好地上，也不必施肥。有条件时，可施有机肥或磷肥作基肥。

2. 杂草防除

草木樨的田间管理较粗放，播种当年注意中耕除草、松土保墒。

3. 病虫害防治

出苗后1个月内注意防治金龟子等虫害和杂草，同时注意防治草木樨白粉病和镰孢根腐病。白粉病主要为害叶片，开始在叶片上出现白色粉状病斑，病斑扩展后融合成片，严重时覆满整个叶面，后期在白色霉层中产生黄褐色至黑色小点。防治方法为选用抗白粉病品种，采用配方施肥技术，加强管理，收获后及时清除病残体，集中深埋或烧毁，发病初期可喷施药剂，采收前7天停止用药。镰孢根腐病造成幼苗根部变红褐色，逐渐腐烂，地上部枯萎死亡。成株期根部受侵染，出现褐色病斑，地上部生长受到影响，叶片发黄，随着病斑扩大，皮层腐烂，植株枯死。防治方法为使用抗病品种，加强管理，刈割时间要适当，不宜频繁刈割，保持适当的土壤肥力，特别注意钾肥的水平等。

（四）收获

1. 刈割期

寒冷干旱地区当年秋冬不利用，待土壤结冻前覆土或冬灌保护根茎。来年返青后不宜放牧利用或割草，调制干草时，最适收割时期为现蕾期前后，不可迟于初花期。要注意再生新枝从基部茎节发出。

2. 留茬高度

留茬宜高，以10 ～ 15 cm为宜。

3. 刈割次数

播种当年不建议收获，两年后每年可刈割1 ～ 2次。第一次刈割在现蕾至初花期，最后一次刈割在初霜期20天左右。留茬高度不低于8 cm为宜。

（五）主要品种介绍

1. 白花草木樨

产量表现：春播当年产青草900 kg/hm^2，第二年为30 000 ～ 52 500 kg/hm^2，西北地区高产者可达67 500 kg/hm^2。种子产量可达750 ～ 1 500 kg/hm^2。

适应区域：我国西北、东北、华北地区均有栽培历史，近年来种植较多的是甘肃、陕西、吉林、辽宁等地。

2. 黄花草木樨

产量表现：在东北地区干草可产46 275 ～ 75 000 kg/hm^2。

适应区域：适宜在东北、华北、西南等地。

3. 细齿草木樨

产量表现：产青草15 000 ～ 30 000 kg/hm^2。

适应区域：在我国陕西、河北、内蒙古、山东等地均有野生种。适宜在东北、华北、西北等地种植。

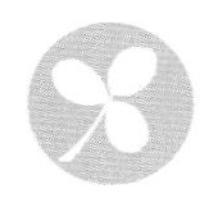

ᠠᠰᠢᠭᠯᠠᠬᠤ ᠬᠠᠳᠠᠯᠠᠩ : ᠮᠠᠯ ᠤᠨ ᠲᠡᠵᠢᠭᠡᠯ ᠦᠨ ᠰᠢᠭᠦᠷᠡ᠂ ᠨᠣᠭᠣᠭᠠᠨ ᠲᠡᠵᠢᠭᠡᠯ᠂ ᠲᠠᠷᠢᠮᠠᠯ ᠪᠣᠷᠣᠭᠣ᠂ ᠰᠢᠷᠢᠭᠢᠨ ᠪᠠᠭ᠎ᠠ ᠬᠡᠯᠪᠡᠷᠢ (ᠬᠠᠳᠠᠯᠠᠩ) ᠤᠨ ᠦᠨᠳᠦᠷ ᠦᠷᠭᠦᠴᠡ ᠲᠠᠢ ᠪᠠᠢᠨ᠎ᠠ ᠃ ᠨᠣᠭᠣᠭᠠᠨ ᠪᠣᠯᠭᠠᠬᠤ᠂ ᠲᠠᠷᠢᠮᠠᠯ ᠪᠣᠯᠭᠠᠬᠤ᠂ ᠪᠣᠷᠣᠭᠣᠯ ᠬᠠᠳᠠᠯᠠᠩ ᠤᠨ ᠦᠷᠭᠦᠴᠡ : ᠨᠢᠭᠡ ᠭᠡᠺᠲ᠋ᠠᠷ ᠲᠤ 15 000 ~ 30 000 kg/hm^2 ᠬᠦᠷᠦᠨ᠎ᠡ ᠃

ᠬᠠᠳᠠᠯᠠᠩ ᠤᠨ ᠦᠷᠭᠦᠴᠡ : ᠬᠤᠪᠢᠶᠠᠷᠢ ᠰᠢᠭᠦᠷᠡ ᠪᠠᠨ ᠬᠠᠳᠠᠯᠠᠩ ᠳᠤ ᠨᠣᠭᠣᠭᠠᠨ ᠪᠣᠯᠭᠠᠬᠤ ᠬᠠᠳᠠᠯᠠᠩ ᠤᠨ 46 275 ~ 75 000 kg/hm^2 ᠬᠦᠷᠲᠡᠯ᠎ᠡ ᠪᠣᠯᠣᠨ᠎ᠠ ᠃

ᠠᠰᠢᠭᠯᠠᠬᠤ ᠬᠠᠳᠠᠯᠠᠩ : ᠮᠠᠯ ᠤᠨ ᠲᠡᠵᠢᠭᠡᠯ ᠦᠨ ᠪᠣᠷᠣᠭᠣᠯ ᠪᠣᠯᠭᠠᠬᠤ᠂ ᠨᠣᠭᠣᠭᠠᠨ ᠪᠣᠯᠭᠠᠬᠤ᠂ ᠲᠠᠷᠢᠮᠠᠯ ᠳᠡᠭᠡᠵᠢ ᠬᠠᠳᠠᠯᠠᠩ ᠤᠨ ᠵᠠᠭᠤᠨ ᠬᠠᠳᠠᠬᠤ ᠬᠡᠮᠵᠢᠶ᠎ᠡ ᠳᠡᠭᠡᠵᠢ ᠪᠠᠢᠭ᠎ᠠ᠂ ᠲᠠᠷᠢᠶᠠ ᠶᠢᠨ ᠦᠷ᠎ᠡ ᠶᠢᠨ ᠦᠨᠳᠦᠷ᠂ ᠮᠠᠯ ᠤᠨ᠂ ᠭᠠᠬᠠᠢ᠂ ᠪᠣᠷᠣᠭᠣᠯ ᠪᠣᠯᠭᠠᠬᠤ ᠬᠠᠳᠠᠯᠠᠩ ᠤᠨ ᠪᠣᠯᠪᠠᠰᠤᠷᠠᠭᠤᠯᠬᠤ ᠬᠡᠮᠵᠢᠶ᠎ᠡ 67 500 kg/hm^2 ᠬᠦᠷᠦᠨ᠎ᠡ ᠃ ᠬᠠᠷᠢᠨ 750 ~ 1 500 kg/hm^2 ᠬᠦᠷᠦᠨ᠎ᠡ ᠃

ᠬᠠᠳᠠᠯᠠᠩ ᠤᠨ ᠦᠷᠭᠦᠴᠡ : ᠬᠠᠮᠤᠭ ᠠᠷᠪᠢᠨ ᠦᠷ᠎ᠡ ᠶᠢᠨ ᠦᠷᠭᠦᠴᠡ ᠨᠢᠭᠡ ᠭᠡᠺᠲ᠋ᠠᠷ ᠲᠤ 900 kg/hm^2 ᠬᠦᠷᠲᠡᠯ᠎ᠡ᠂ ᠬᠤᠪᠢᠶᠠᠷᠢ ᠶᠢᠨ ᠦᠷᠭᠦᠴᠡ 30 000 ~ 52 500 kg/hm^2 ᠬᠦᠷᠲᠡᠯ᠎ᠡ ᠪᠠᠢᠨ᠎ᠠ ᠃

ᠭᠠᠵᠠᠷ ᠬᠠᠭᠤᠯᠬᠤ᠂ ᠬᠠᠭᠤᠯᠬᠤ ᠬᠠᠭᠤᠷ ᠤᠨ ᠭᠦᠨ ᠢ ᠬᠠᠭᠤᠯᠬᠤ ᠪᠠᠷ ᠬᠣᠶᠠᠷ ᠭᠦᠨ ᠬᠠᠭᠤᠯᠬᠤ 20 ᠰᠠᠨᠲ᠋ᠢᠮᠧᠲ᠋ᠷ ᠤᠨ ᠭᠦᠨ ᠳᠦ ᠬᠠᠭᠤᠯᠬᠤ᠂ ᠲᠠᠷᠢᠬᠤ ᠭᠦᠨ ᠢ 8 cm ᠡᠴᠡ ᠳᠣᠣᠷ᠎ᠠ ᠪᠠᠢᠯᠭᠠᠬᠤ ᠬᠡᠷᠡᠭᠲᠡᠢ ᠃

ᠲᠠᠷᠢᠬᠤ ᠭᠦᠨ ᠢ 10 ~ 15 cm ᠬᠡᠮᠵᠢᠶᠡᠨ ᠳᠦ ᠠᠰᠢᠭᠯᠠᠨ᠎ᠠ ᠃

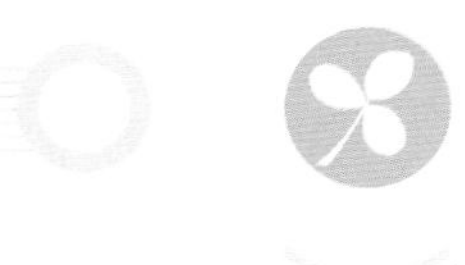

三、沙打旺

沙打旺（别称直立黄耆）（*Astragalus adsurgens*）适应性较强；根系发达，能吸收土壤深层水分，故抗盐、抗旱。在风沙地区，特别在黄河故道上种植，一年后即可成苗，生长迅速，并超过杂草，还能固定流沙。适宜生长在≥10℃积温2 800℃以上、无霜期150 天以上的地区。适宜年降水量300 ～ 400 mm，低于300 mm的地区，应有灌溉条件。成熟期的天气应昼夜温差大且风小，天气应晴朗、干燥。宜在中性或微碱性的土壤中生长，喜栗钙土、砂壤土。应有充足的长日照条件，生育期日照时间应在2 200 h以上。

（一）播前准备

1. 种床准备

应选择地势开阔、通风、光照充足、土地平整、土层深厚、肥力适中、排灌水方便、杂草少，病、虫、鼠、雀为害轻的地块。

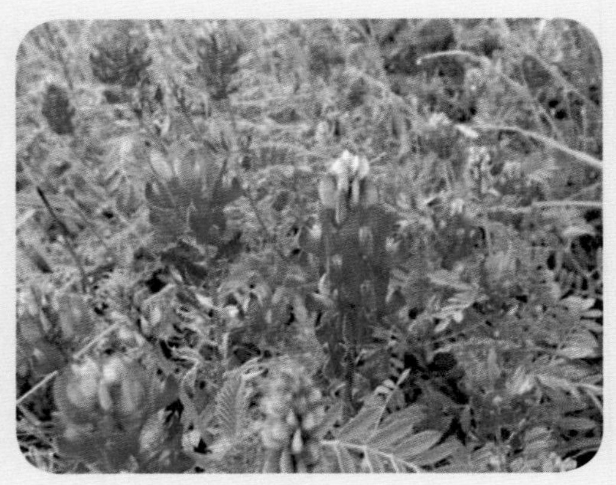

播前应精细整地，抓好深耕、浅耙、轻耱、保墒等环节。深耕在秋季进行，深度30 cm。播种前以疏松表土和平整地面为主，用轻型钉齿耙地，耙深不超过播种深度。耙后进行镇压或轻耱。

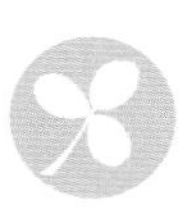

[illegible]

[illegible] cm [illegible]

[illegible] 30 [illegible]

[illegible]

[illegible]

1. [illegible]

([illegible]) [illegible]

[illegible] 2 200 h [illegible]

[illegible]

[illegible] 300 mm [illegible]

[illegible] 150 [illegible] 300 ~ 400 mm [illegible]

[illegible] ≥ 10℃ [illegible] 2 800℃ [illegible]

[illegible]

[illegible] (*Astragalus adsurgens*) [illegible]

[illegible]

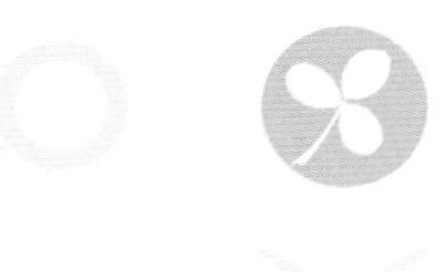

2. 品种选择

应不含检疫性有害生物，净度不低于98%，发芽率不低于80%，其他植物种子数不多于1 000粒/kg，水分不高于12%。

3. 种子处理

播种前可对种子进行根瘤菌接种。接种方式可用沙打旺根瘤菌剂进行拌种，或对种子进行含根瘤菌剂的丸衣化处理，还可采集沙打旺的根瘤风干后压碎拌种。

（二）播种技术

1. 播种时期

宜秋播，也可春播、夏播。秋播应掌握在播种后至早霜来临之前进行，保证牧草有60 天以上的出苗及生长期。土壤含水量达15% ～ 20%的地区可春播；干旱、风沙大的地区可在雨季来临时夏播。

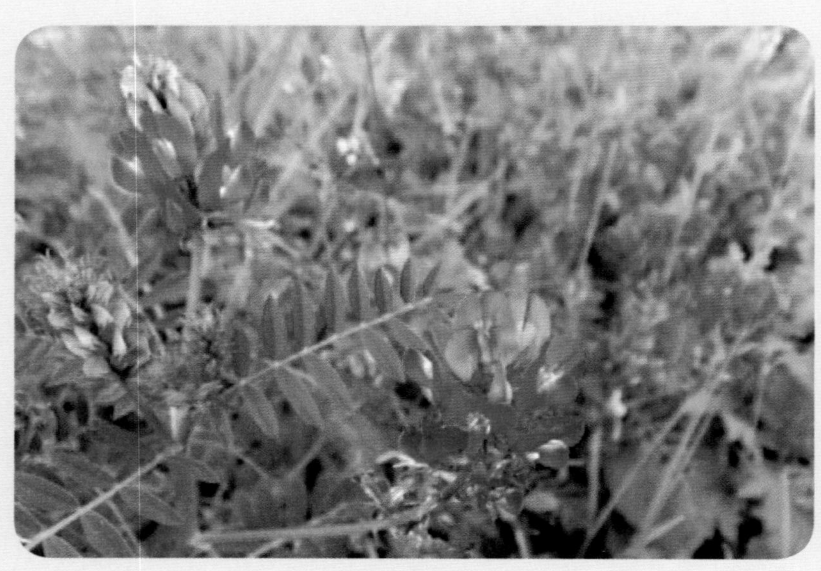

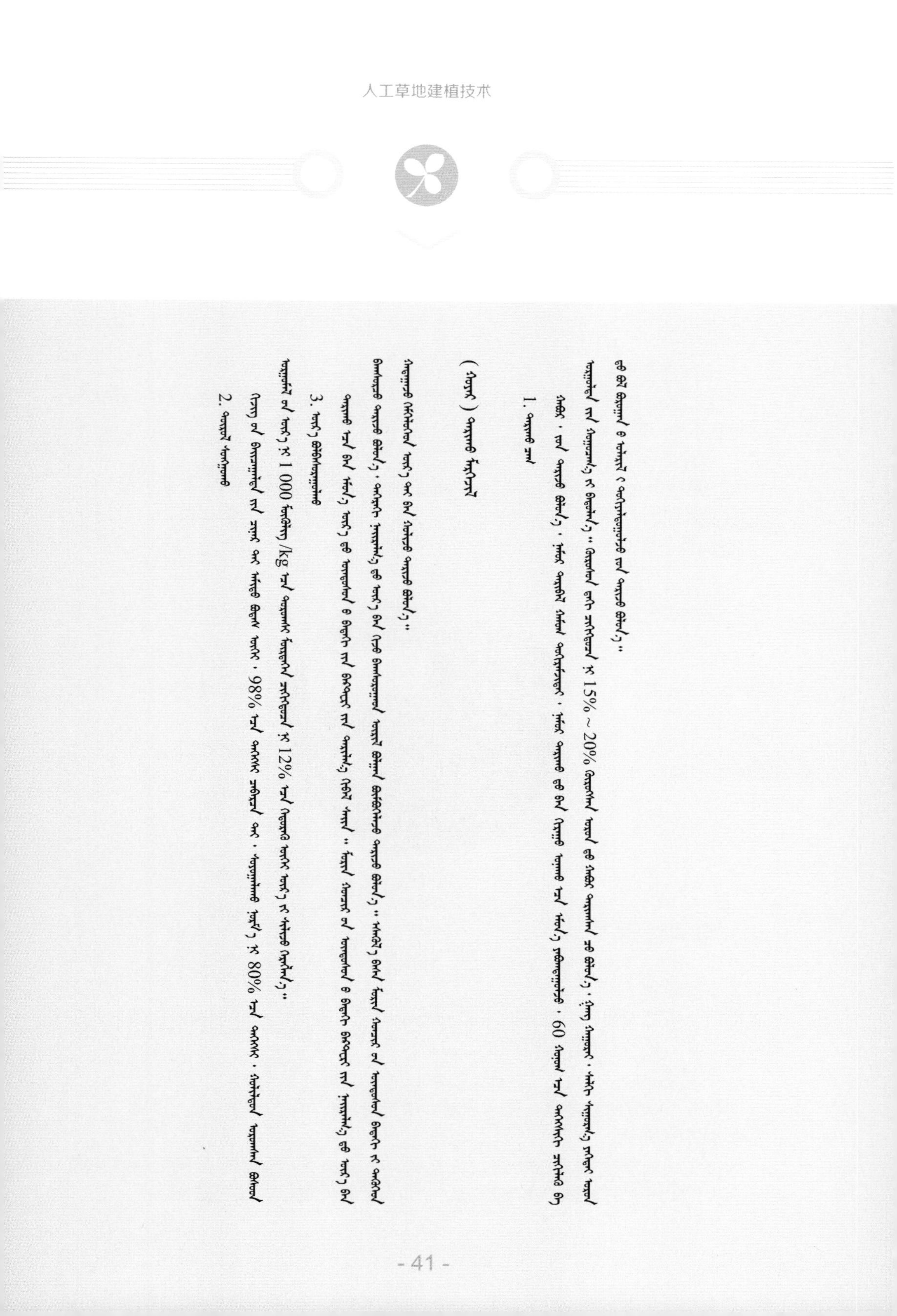

[illegible]

[illegible] 15% ~ 20% [illegible] 60 [illegible]

1. [illegible]

([illegible]) [illegible]

[illegible]

3. [illegible]

[illegible] 1 000 [illegible] /kg [illegible] 12% [illegible]

[illegible] 98% [illegible] 80% [illegible]

2. [illegible]

2. 播种方式

条播、撒播均可，平整地块以条播为主，山坡地以飞播或撒播为主。条播行距一般在20 ～ 30 cm。

3. 播种量

人工条播播种量为3.75 ～ 7.5 kg/hm^2，飞播播种量7.5 kg/hm^2。

4. 覆土镇压

播种后镇压。

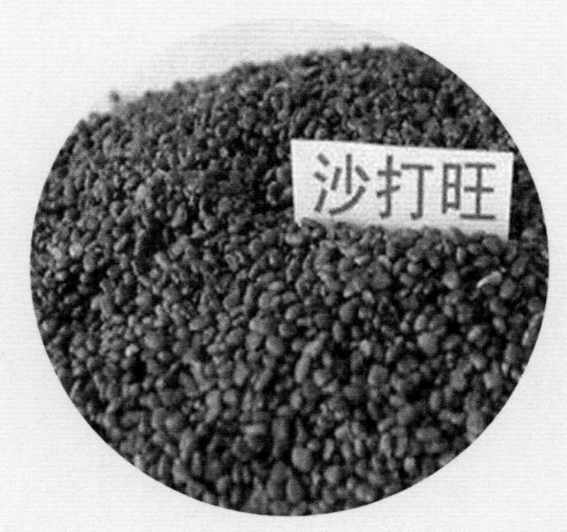

（三）田间管理

1. 水肥管理

根据土壤肥力情况，播种时可追施适量磷肥、氮肥。返青期、开花期、入冬前适时灌水，夏季雨多积水时应及时排水。

2. 杂草防除

播种当年注意防除杂草，在苗期结合中耕进行除草。

3. 病虫害防治

病害主要有根腐病、白粉病、黄萎病、叶斑病等，有病害侵染的植株应拔除，病害侵染严重时应进行化学防治。

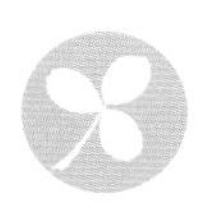

ᠬᠠᠮᠠᠭᠠᠯᠠᠬᠤ ᠂ ᠭᠠᠵᠠᠷ ᠢ ᠪᠡᠯᠡᠳᠬᠡᠬᠦ ᠵᠡᠷᠭᠡ ᠪᠡᠷ ᠳᠠᠮᠵᠢᠭᠤᠯᠤᠨ ᠰᠠᠶᠢᠵᠢᠷᠠᠭᠤᠯᠬᠤ ᠬᠡᠷᠡᠭᠲᠡᠢ ᠃

3. ᠲᠠᠷᠢᠯᠭ᠎ᠠ ᠶᠢᠨ ᠦᠷ᠎ᠡ ᠶᠢ ᠪᠡᠯᠡᠳᠬᠡᠬᠦ

2. ᠲᠠᠷᠢᠬᠤ ᠴᠠᠭ

1. ᠲᠠᠷᠢᠬᠤ ᠦᠷ᠎ᠡ ᠶᠢᠨ ᠰᠣᠩᠭᠣᠯᠲᠠ

(ᠳᠦᠷᠪᠡ) ᠲᠠᠷᠢᠯᠭ᠎ᠠ ᠶᠢᠨ ᠠᠷᠭ᠎ᠠ ᠬᠡᠮᠵᠢᠶ᠎ᠡ

4. ᠲᠠᠷᠢᠬᠤ ᠭᠦᠨ ᠦ ᠬᠡᠮᠵᠢᠶ᠎ᠡ

3. ᠲᠠᠷᠢᠬᠤ ᠬᠡᠮᠵᠢᠶ᠎ᠡ

ᠳᠠᠩ ᠢ ᠲᠠᠷᠢᠬᠤ ᠳᠤ ᠴᠠᠴᠤᠯᠠᠨ ᠲᠠᠷᠢᠬᠤ ᠳᠤ 3.75 ~ 7.5 kg/hm^2 ᠪᠣᠯᠭᠠᠨ ᠬᠡᠷᠡᠭᠯᠡᠬᠦ ᠂ ᠬᠣᠯᠢᠮᠠᠭ ᠲᠠᠷᠢᠬᠤ ᠳᠤ 7.5 kg/hm^2 ᠪᠣᠯᠭᠠᠨ ᠬᠡᠷᠡᠭᠯᠡᠨ᠎ᠡ ᠃

ᠲᠠᠷᠢᠬᠤ ᠳᠤ ᠮᠥᠷ ᠬᠣᠭᠣᠷᠣᠨᠳᠣ ᠶᠢᠨ ᠵᠠᠢ ᠢ 20 ~ 30 cm ᠪᠣᠯᠭᠠᠨ᠎ᠠ ᠃

ᠴᠠᠴᠤᠯᠠᠨ ᠲᠠᠷᠢᠬᠤ ᠪᠤᠶᠤ ᠮᠥᠷᠯᠡᠨ ᠲᠠᠷᠢᠬᠤ ᠪᠠᠷ ᠪᠣᠯᠤᠨ᠎ᠠ ᠃ ᠬᠣᠯᠢᠮᠠᠭ ᠲᠠᠷᠢᠯᠭ᠎ᠠ ᠳᠤ ᠴᠠᠴᠤᠯᠠᠨ ᠲᠠᠷᠢᠬᠤ ᠂ ᠨᠢᠭᠡᠨ ᠲᠠᠷᠢᠯᠭ᠎ᠠ ᠳᠤ ᠮᠥᠷᠯᠡᠨ ᠲᠠᠷᠢᠬᠤ ᠪᠣᠯᠤᠨ᠎ᠠ ᠃ ᠴᠠᠴᠤᠯᠠᠨ

2. ᠲᠠᠷᠢᠬᠤ ᠠᠷᠭ᠎ᠠ

（四）收获

1. 刈割期

青贮时在现蕾期收割，调制干草时在现蕾至开化初期收割。

2. 留茬高度

采用机械化收割，留茬高度宜为5 cm。

3. 刈割次数

北方地区种植当年不建议收获。第二年以后每年2～3次。

（五）主要品种介绍

1. 早熟沙打旺

产量表现：1982～1983年辽宁省内外多点区域试验，播种当年干草产量6 275 kg/hm^2，第二年干草产量11 655 kg/hm^2。1983～1984年省内外多点生产试验，播种当年干草产量5 865 kg/hm^2，第二年干草产量10 508 kg/hm^2。

适应区域：无霜期120天以上、≥10℃活动积温2 500℃以上地区均可繁衍后代。适宜我国东北、华北、西北地区（部分高寒山区除外）种植。

2. 彭阳早熟沙打旺

产量表现：1989～1990年区域试验，播种当年干草产量655 kg/hm^2，第二年干草产量6 471 kg/hm^2。1987～1990年陕西省内外多点生产试验，播种当年干草产量1 290 kg/hm^2，第二年至第四年3年平均干草产量8 250 kg/hm^2。种子产量150～225 kg/hm^2。

适应区域：适宜≥10℃活动积温1 847℃、年均温5.2℃等值线以北的地区种植。

ᠤᠷᠭᠤᠮᠠᠯ ᠲᠠᠷᠢᠯᠠᠩ᠄ ≥10°C ᠳᠤᠯᠠᠭᠠᠴᠠ ᠶᠢᠨ ᠨᠡᠶᠢᠯᠡᠪᠦᠷᠢ ᠨᠢ 1 847°C ᠲᠠᠢ ᠪᠠᠢᠵᠤ᠂ ᠵᠢᠯ ᠦᠨ ᠳᠤᠮᠳᠠᠭᠤᠷ ᠳᠤᠯᠠᠭᠠᠴᠠ ᠨᠢ 5.2°C ᠪᠠᠢᠬᠤ ᠨᠥᠬᠦᠴᠡᠯ ᠳᠦ ᠲᠠᠷᠢᠬᠤ ᠲᠤᠭ᠎ᠠ ᠨᠢ 150～225 kg/hm² ᠪᠠᠢᠨ᠎ᠠ᠃

ᠲᠠᠷᠢᠬᠤ ᠨᠢ ᠤᠭᠤᠯᠵᠤ ᠵᠢᠯ ᠳᠦ ᠪᠡᠨ 1 290 kg/hm²᠂ ᠲᠠᠷᠢᠭᠰᠠᠨ ᠵᠢᠯ ᠡᠴᠡ ᠬᠣᠶᠢᠰᠢ 3 ᠵᠢᠯ ᠦᠨ ᠳᠤᠮᠳᠠᠭᠤᠷ ᠬᠠᠭᠤᠷᠰᠤᠨ ᠡᠪᠡᠰᠦᠨ ᠦ ᠦᠷᠭᠦᠴᠡ ᠨᠢ 8 250 kg/hm²᠂ ᠬᠠᠭᠤᠷᠰᠤᠨ ᠡᠪᠡᠰᠦᠨ ᠦ ᠦᠷᠭᠦᠴᠡ ᠨᠢ 6 471 kg/hm² ᠪᠣᠯᠤᠨ᠎ᠠ᠃ 1987～1990 ᠣᠨ ᠤ ᠳᠥᠷᠪᠡᠨ ᠵᠢᠯ ᠦᠨ ᠳᠤᠮᠳᠠᠭᠤᠷ ᠦᠷ᠎ᠡ ᠶᠢᠨ ᠦᠷᠭᠦᠴᠡ ᠨᠢ 665 kg/hm²᠂ ᠲᠠᠷᠢᠭᠰᠠᠨ ᠵᠢᠯ ᠦᠨ ᠦᠷᠭᠦᠴᠡ ᠨᠢ 1989～1990 ᠣᠨ ᠤ ᠬᠣᠶᠠᠷ ᠵᠢᠯ ᠦᠨ ᠳᠤᠮᠳᠠᠭᠤᠷ ᠬᠠᠭᠤᠷᠰᠤᠨ ᠡᠪᠡᠰᠦᠨ ᠦ ᠦᠷᠭᠦᠴᠡ ᠨᠢ

ᠤᠷᠭᠤᠮᠠᠯ ᠲᠠᠷᠢᠯᠠᠩ᠄ ᠬᠦᠢᠲᠡᠨ ᠦ ᠦᠭᠡᠢ ᠬᠤᠭᠤᠴᠠᠭ᠎ᠠ ᠨᠢ ≥120 ᠡᠳᠦᠷ᠂ ≥10°C ᠳᠤᠯᠠᠭᠠᠴᠠ ᠶᠢᠨ ᠨᠡᠶᠢᠯᠡᠪᠦᠷᠢ ᠨᠢ 2 500°C ᠲᠠᠢ ᠪᠠᠢᠬᠤ ᠲᠠᠷᠢᠯᠠᠩ ᠤᠨ ᠵᠢᠯ ᠦᠨ ᠬᠠᠭᠤᠷᠰᠤᠨ ᠡᠪᠡᠰᠦᠨ ᠦ ᠦᠷᠭᠦᠴᠡ ᠨᠢ 10 508 kg/hm² ᠪᠣᠯᠤᠨ᠎ᠠ᠃

ᠬᠣᠶᠠᠳᠤᠭᠠᠷ ᠵᠢᠯ ᠡᠴᠡ ᠡᠬᠢᠯᠡᠨ ᠲᠠᠷᠢᠯᠠᠩ ᠤᠨ ᠬᠠᠭᠤᠷᠰᠤᠨ ᠡᠪᠡᠰᠦᠨ ᠦ ᠦᠷᠭᠦᠴᠡ ᠨᠢ ᠤᠭᠤᠯᠵᠤ ᠵᠢᠯ ᠳᠦ ᠪᠡᠨ 5 865 kg/hm²᠂ ᠲᠠᠷᠢᠭᠰᠠᠨ ᠵᠢᠯ ᠳᠦ ᠪᠡᠨ ᠬᠠᠭᠤᠷᠰᠤᠨ ᠡᠪᠡᠰᠦᠨ ᠦ ᠦᠷᠭᠦᠴᠡ ᠨᠢ 6 275 kg/hm²᠂ ᠲᠠᠷᠢᠭᠰᠠᠨ ᠵᠢᠯ ᠳᠦ ᠪᠡᠨ ᠬᠠᠭᠤᠷᠰᠤᠨ ᠡᠪᠡᠰᠦᠨ ᠦ ᠦᠷᠭᠦᠴᠡ ᠨᠢ 11 655 kg/hm² ᠪᠣᠯᠤᠨ᠎ᠠ᠃ 1983～1984 ᠣᠨ ᠤ ᠬᠣᠶᠠᠷ ᠵᠢᠯ ᠦᠨ ᠳᠤᠮᠳᠠᠭᠤᠷ ᠲᠠᠷᠢᠯᠠᠩ ᠤᠨ ᠦᠷᠭᠦᠴᠡ ᠨᠢ 1982～1983 ᠣᠨ ᠤ ᠬᠣᠶᠠᠷ ᠵᠢᠯ ᠦᠨ ᠳᠤᠮᠳᠠᠭᠤᠷ ᠬᠣᠶᠠᠳᠤᠭᠠᠷ ᠵᠢᠯ ᠡᠴᠡ ᠡᠬᠢᠯᠡᠨ ᠦᠷ᠎ᠡ ᠶᠢᠨ ᠦᠷᠭᠦᠴᠡ ᠨᠢ

ᠦᠯᠡᠳᠡᠭᠡᠬᠦ ᠥᠨᠳᠥᠷ ᠨᠢ 5 cm ᠪᠣᠯᠬᠤ ᠳᠤᠰᠬᠠᠯ ᠳᠤ᠂ ᠲᠡᠷᠡ ᠴᠠᠭ ᠲᠤ ᠬᠠᠳᠤᠯᠠᠨ᠎ᠠ᠃

3. 龙牧2号沙打旺

产量表现：1985～1987年区域试验和生产试验，播种当年干草产量3 060 kg/hm²，第二年干草产量5 700 kg/hm²。种子产量播种当年78 kg/hm²，第二年345 kg/hm²。

适应区域：无霜期120～130天的黑龙江省中、西部地区均可种植。

4. 黄河2号沙打旺

产量表现：1987～1988年区域试验和生产试验，播种当年干草产量分别为4 330 kg/hm²和4 725 kg/hm²，第二年干草产量分别为13 170 kg/hm²和14 415 kg/hm²。种子产量播种当年280 kg/hm²，以后每年375 kg/hm²。

适应区域：适宜甘肃省及相邻省区，无霜期150天以上、≥10℃活动积温2 000℃以上、海拔2 000 m以下的广大地区种植。

5. 杂花沙打旺

产量表现：1985～1987年区域试验和生产试验，干草产量分别为4 078 kg/hm²和5 700 kg/hm²。种子产量380～750 kg/hm²。

适应区域：无霜期120天左右、≥10℃活动积温2 500℃以上地区种植，如内蒙古通辽市、赤峰市、乌兰察布市。

6. 中沙1号沙打旺

产量表现：北京地区干草产量7 000～8 000 kg/hm²。种子产量300～450 kg/hm²。

适应区域：北方无霜期120天以上的地区作为饲草种植，无霜期150天以上的地区可作为种子生产区。

3. ᠲᠤᠩᠭᠤ ᠬᠣ 2 ᠳ᠋ᠤᠭᠠᠷ ᠰᠣᠷᠲ ᠰᠣᠷᠳᠠᠭ

ᠲᠠᠷᠢᠶᠠᠨ ᠤ ᠦᠷᠡᠳᠦᠯ : 1985 ~ 1987 ᠣᠨ ᠤ ᠰᠢᠷᠭᠠᠭ ᠲᠠᠷᠢᠶ᠎ᠠ ᠶᠢᠨ ᠳᠤᠮᠳᠠᠭᠠᠳᠤ ᠬᠤᠪᠢ ᠶᠢᠨ ᠦᠷᠡᠳᠦᠯ ᠪᠡᠨ ᠡᠩ ᠦᠨ ᠦᠷᠡ ᠶᠢᠨ ᠲᠠᠷᠢᠶ᠎ᠠ ᠶᠢ ᠬᠡᠮᠵᠢᠶᠡᠯ ᠦᠨ ᠭᠡᠵᠦ ᠦᠨ 3 060 kg/hm²，ᠰᠢᠷᠭᠠᠭ ᠤᠨ ᠡᠬᠡ ᠪᠡᠶ᠎ᠡ 5 700 kg/hm²，ᠦᠷᠡ ᠶᠢᠨ ᠦᠷᠡᠳᠦᠯ ᠢ ᠨᠡᠮᠡᠭᠳᠡᠭᠦᠯ ᠦᠨ ᠡᠬᠡ ᠪᠡᠶ᠎ᠡ 78 kg/hm²，ᠰᠢᠷᠭᠠᠭ ᠤᠨ ᠡᠬᠡ ᠪᠡᠶ᠎ᠡ 345 kg/hm² ᠪᠣᠯᠤᠨᠠ᠃

ᠲᠠᠷᠢᠬᠤ ᠭᠠᠵᠠᠷ : ᠬᠦᠢᠲᠡᠨ ᠦᠶ᠎ᠡ ᠶᠢᠨ ᠬᠤᠭᠤᠴᠠᠭ᠎ᠠ 120 ~ 130 ᠡᠳᠦᠷ ᠪᠣᠯᠬᠤ ᠭᠠᠵᠠᠷ ᠤᠨ ᠤᠷᠤᠨ ᠤ ᠪᠦᠰᠡ ᠳᠦ ᠲᠠᠷᠢᠵᠤ ᠪᠣᠯᠤᠨᠠ᠃

4. ᠲᠡᠭᠦᠰ ᠬᠦᠢᠲᠡᠨ 2 ᠳ᠋ᠤᠭᠠᠷ ᠰᠣᠷᠲ ᠰᠣᠷᠳᠠᠭ

ᠲᠠᠷᠢᠶᠠᠨ ᠤ ᠦᠷᠡᠳᠦᠯ : 1987 ~ 1988 ᠣᠨ ᠤ ᠰᠢᠷᠭᠠᠭ ᠲᠠᠷᠢᠶ᠎ᠠ ᠶᠢᠨ ᠪᠠ ᠬᠠᠯᠠᠮᠰᠢᠭᠦᠯ ᠦᠨ ᠳᠤᠮᠳᠠᠭᠠᠳᠤ ᠬᠤᠪᠢ ᠶᠢᠨ ᠦᠷᠡᠳᠦᠯ ᠢ ᠨᠡᠮᠡᠭᠳᠡᠭᠦᠯ ᠦᠨ ᠡᠬᠡ ᠪᠡᠶ᠎ᠡ ᠨᠢ ᠨᠢ 4 330 kg/hm² ᠪᠠ 4 725 kg/hm² ᠪᠣᠯᠵᠤ，ᠰᠢᠷᠭᠠᠭ ᠤᠨ ᠡᠬᠡ ᠪᠡᠶ᠎ᠡ ᠨᠢ ᠲᠤᠰ ᠲᠤᠰ 13 170 kg/hm² ᠪᠠ 14 415 kg/hm² ᠪᠣᠯᠵᠤ，ᠦᠷᠡ ᠶᠢᠨ ᠦᠷᠡᠳᠦᠯ ᠢ ᠨᠡᠮᠡᠭᠳᠡᠭᠦᠯ ᠦᠨ ᠡᠬᠡ ᠪᠡᠶ᠎ᠡ 280 kg/hm²，ᠰᠢᠷᠭᠠᠭ ᠪᠠ ᠦᠨ ᠬᠠᠮᠤᠭ 375 kg/hm² ᠪᠣᠯᠤᠨᠠ᠃

ᠲᠠᠷᠢᠬᠤ ᠭᠠᠵᠠᠷ : ᠬᠣᠶᠠᠷ ᠳᠠᠬᠢ ᠦᠷᠡ ᠶᠢᠨ ᠬᠠᠷᠢᠴᠠᠭ᠎ᠠ ᠲᠠᠢ ᠭᠠᠵᠠᠷ，ᠬᠦᠢᠲᠡᠨ ᠦᠶ᠎ᠡ ᠶᠢᠨ ᠬᠤᠭᠤᠴᠠᠭ᠎ᠠ 150 ᠡᠳᠦᠷ ᠡᠴᠡ ᠳᠡᠭᠡᠰ，≥ 10℃ ᠬᠤᠷᠢᠶᠠᠩᠭᠤᠢ ᠳᠤᠯᠠᠭᠠᠨ ᠬᠡᠮ 2 000℃ ᠡᠴᠡ ᠳᠡᠭᠡᠰ，ᠲᠠᠯᠠ ᠶᠢᠨ ᠲᠦᠪᠰᠢᠨ ᠡᠴᠡ 2 000 m ᠡᠴᠡ ᠳᠣᠣᠭᠰᠢ ᠬᠠᠭᠠᠰ ᠬᠠᠭᠤᠷᠠᠢ ᠬᠦᠢᠲᠡᠨ ᠭᠠᠵᠠᠷ ᠲᠤ ᠲᠠᠷᠢᠵᠤ ᠪᠣᠯᠤᠨᠠ᠃

5. ᠬᠠᠷᠠ ᠰᠣᠷᠲ ᠰᠣᠷᠳᠠᠭ

ᠲᠠᠷᠢᠶᠠᠨ ᠤ ᠦᠷᠡᠳᠦᠯ : 1985 ~ 1987 ᠣᠨ ᠤ ᠰᠢᠷᠭᠠᠭ ᠲᠠᠷᠢᠶ᠎ᠠ ᠶᠢᠨ ᠳᠤᠮᠳᠠᠭᠠᠳᠤ ᠬᠤᠪᠢ ᠶᠢᠨ ᠦᠷᠡᠳᠦᠯ ᠪᠡᠨ ᠡᠩ ᠦᠨ ᠦᠷᠡ ᠶᠢᠨ ᠲᠠᠷᠢᠶ᠎ᠠ ᠶᠢ ᠬᠡᠮᠵᠢᠶᠡᠯ 4 078 kg/hm²，ᠬᠠᠮᠤᠭ ᠦᠨ ᠳᠡᠭᠡᠳᠦ ᠦᠷᠡᠳᠦᠯ 5 700 kg/hm² ᠬᠦᠷᠴᠦ，ᠰᠢᠷᠭᠠᠭ ᠤᠨ ᠦᠷᠡᠳᠦᠯ 380 ~ 750 kg/hm² ᠪᠣᠯᠤᠨᠠ᠃

ᠲᠠᠷᠢᠬᠤ ᠭᠠᠵᠠᠷ : ᠬᠦᠢᠲᠡᠨ ᠦᠶ᠎ᠡ ᠶᠢᠨ ᠬᠤᠭᠤᠴᠠᠭ᠎ᠠ 120 ᠡᠳᠦᠷ ᠡᠴᠡ ᠳᠡᠭᠡᠰ，≥ 10℃ ᠬᠤᠷᠢᠶᠠᠩᠭᠤᠢ ᠳᠤᠯᠠᠭᠠᠨ ᠬᠡᠮ 2 500℃ ᠡᠴᠡ ᠳᠡᠭᠡᠰ ᠬᠦᠢᠲᠡᠨ ᠭᠠᠵᠠᠷ，ᠤᠰᠤᠯᠠᠯᠲᠠ ᠲᠠᠢ ᠭᠠᠵᠠᠷ ᠤᠨ ᠬᠠᠷᠤ ᠬᠦᠷᠡᠰᠦ ᠲᠠᠢ ᠭᠠᠵᠠᠷ，ᠬᠠᠷᠤ ᠬᠦᠷᠡᠰᠦ ᠲᠠᠢ ᠭᠠᠵᠠᠷ ᠵᠡᠷᠭᠡ ᠬᠦᠢᠲᠡᠨ ᠲᠠᠷᠢᠬᠤ ᠳᠤ ᠲᠣᠬᠢᠷᠠᠮᠵᠢᠲᠠᠢ᠃

6. ᠪᠠᠢᠶᠠᠨ ᠶᠠᠨ 1 ᠳ᠋ᠤᠭᠠᠷ ᠰᠣᠷᠲ ᠰᠣᠷᠳᠠᠭ

ᠲᠠᠷᠢᠶᠠᠨ ᠤ ᠦᠷᠡᠳᠦᠯ : ᠪᠣᠷᠣᠭᠠ ᠬᠤᠷ᠎ᠠ ᠪᠠᠨ ᠬᠠᠩᠭᠠᠯᠲᠠ ᠲᠠᠢ ᠦᠶ᠎ᠡ ᠳᠦ ᠰᠢᠷᠭᠠᠭ ᠤᠨ ᠦᠷᠡᠳᠦᠯ 7 000 ~ 8 000 kg/hm²，ᠦᠷᠡ ᠶᠢᠨ ᠦᠷᠡᠳᠦᠯ 300 ~ 450 kg/hm² ᠪᠣᠯᠤᠨᠠ᠃

ᠲᠠᠷᠢᠬᠤ ᠭᠠᠵᠠᠷ : ᠬᠦᠢᠲᠡᠨ ᠦᠶ᠎ᠡ ᠶᠢᠨ ᠬᠤᠭᠤᠴᠠᠭ᠎ᠠ 120 ᠡᠳᠦᠷ ᠡᠴᠡ ᠳᠡᠭᠡᠰ ᠭᠠᠵᠠᠷ ᠲᠤ ᠦᠷᠡ ᠶᠢᠨ ᠲᠦᠯᠦᠭ，ᠬᠦᠢᠲᠡᠨ ᠦᠶ᠎ᠡ ᠶᠢᠨ ᠬᠤᠭᠤᠴᠠᠭ᠎ᠠ 150 ᠡᠳᠦᠷ ᠡᠴᠡ ᠳᠡᠭᠡᠰ ᠭᠠᠵᠠᠷ ᠲᠤ ᠰᠢᠷᠭᠠᠭ ᠤᠨ ᠲᠦᠯᠦᠭ ᠲᠠᠷᠢᠬᠤ ᠳᠤ ᠲᠣᠬᠢᠷᠠᠮᠵᠢᠲᠠᠢ᠃

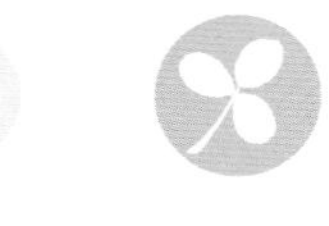

四、野豌豆

（一）山野豌豆

山野豌豆（*Vicia amoena* Fisch.）为豆科野豌豆属多年生、蔓生型攀缘植物，具有发达的根和分蘖系统，为喜温的寒地型牧草。山野豌豆普遍为野生牧草，经驯化和培育，已成为具有价值的栽培牧草。主要分布区域为温带或寒温带，山坡、平原、草地、路旁和荒野等地均有生长。

山野豌豆抗寒性极强，在大兴安岭地区可全部安全越冬。幼苗和成株均能忍受−5℃的霜寒，且昼夜温差大对牧草生长发育有利。同时，山野豌豆为中旱生植物，苗期和成熟期需水较少，现蕾期至开花期需水最多，相当抗旱和耐涝。因此，山野豌豆既可生长于干燥的山坡地，也可生长于山下低湿地。

山野豌豆在酸性和碱性土壤都能生长，但在多有机质的微酸性至中性土壤生长最为适宜。一般一次种植可利用6～8年；若管理得当、利用合理，利用年限可达10年。

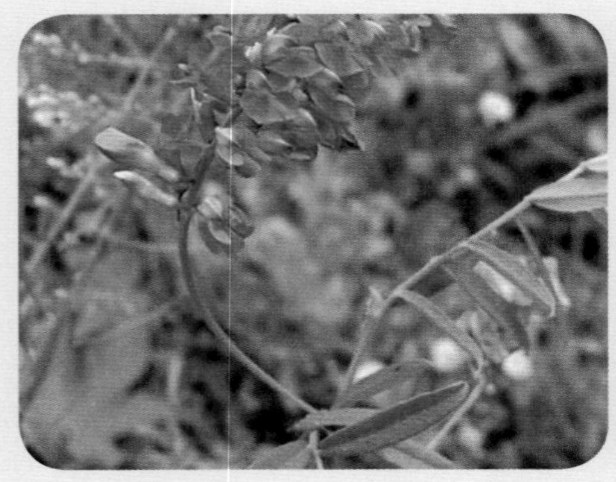

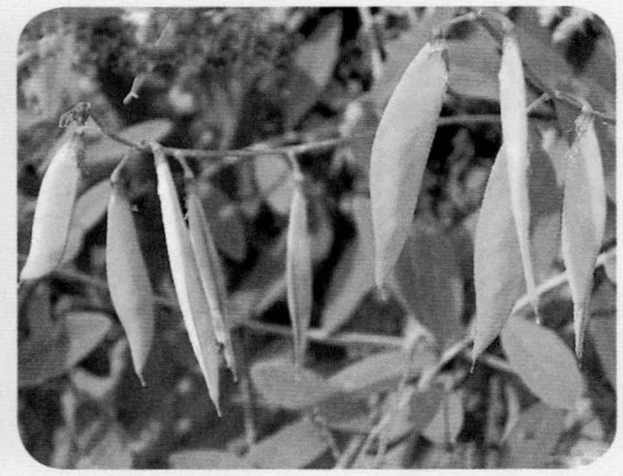

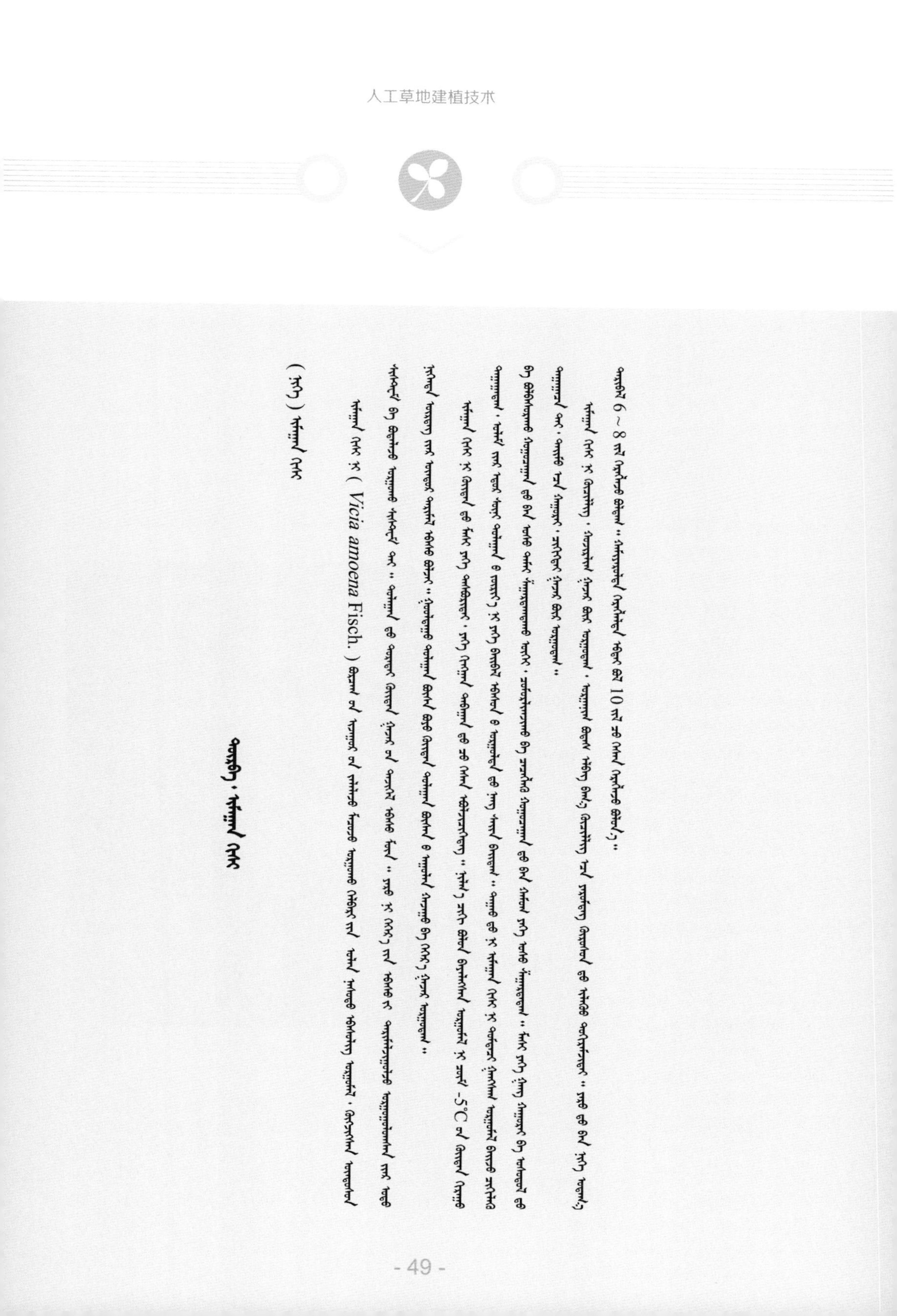

[illegible] 6～8 [illegible] 10 [illegible]

[illegible]

[illegible] -5℃ [illegible]

[illegible]

[illegible]

([illegible]) [illegible]

[illegible] (*Vicia amoena* Fisch.) [illegible]

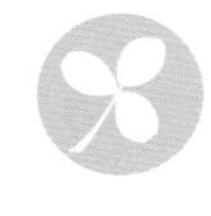

1. 播前准备

（1）种床准备：播前进行摩擦处理，可破除种子硬实，提高发芽率。施底肥，将地整平耙细，有利于种子萌发、出苗整齐。高寒地区最好在初夏雨季前播种，播后土壤保持湿润同样有利于出苗。

（2）种子处理：在多种破除野生山野豌豆种子硬实方法中，物理方法以擦破种皮效果明显，化学方法以浓硫酸浸泡效果明显。其中，浓硫酸浸泡以20～30 min为宜。其他方法无明显的促进效果，对实际生产增效不大。大面积播种需用碾米机碾磨种皮后播种。

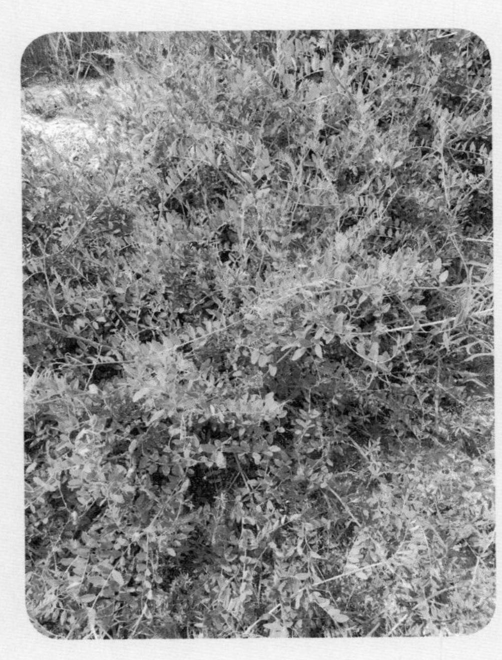

2. 播种技术

（1）播种时期：山野豌豆的适应性强，播种期3～10月均可。在北方草原区，春旱少雨，以雨季播种为好，保苗率高。

（2）播种方式：条播行距60 cm，由于山野豌豆苗期生长慢，可以和一年生燕麦等间作，即保证了当年的收入，又保护了山野豌豆不受其他杂草的危害。

（3）播种量：52.5～75 kg/hm^2。

（4）覆土镇压：播深3～4 cm，覆土镇压1～2次。

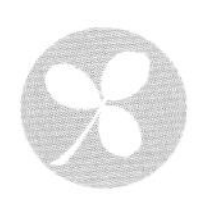

1. ᠲᠠᠷᠢᠬᠤ ᠦᠷ ᠦᠨ ᠪᠡᠯᠡᠳᠬᠡᠯ

（1）ᠦᠷ ᠦᠨ ᠴᠢᠨᠠᠷ : ᠲᠠᠷᠢᠬᠤ ᠦᠷ ᠪᠣᠯ ᠴᠡᠪᠡᠷ ᠴᠢᠨᠠᠷ ᠦᠨᠳᠦᠷ᠂ ᠰᠠᠯᠠᠯᠠᠬᠤ ᠴᠢᠳᠠᠪᠬᠢ ᠰᠠᠢᠲᠠᠢ ᠦᠷ ᠢ ᠰᠣᠩᠭᠣᠨ ᠬᠡᠷᠡᠭᠯᠡᠬᠦ ᠪᠣᠯᠤᠨ᠎ᠠ᠃

（2）ᠦᠷ ᠢ ᠪᠣᠯᠪᠠᠰᠤᠷᠠᠭᠤᠯᠬᠤ : ᠲᠠᠷᠢᠬᠤ ᠶᠢᠨ ᠡᠮᠦᠨ᠎ᠡ ᠦᠷ ᠢ ᠨᠠᠷᠠᠨ ᠳᠤ ᠬᠠᠳᠠᠭᠠᠯᠠᠵᠤ᠂ 20 ~ 30 min ᠤᠰᠤᠨ ᠳᠤ ᠳᠦᠷᠦᠵᠦ ᠦᠷ ᠢ ᠪᠣᠯᠪᠠᠰᠤᠷᠠᠭᠤᠯᠬᠤ ᠬᠡᠷᠡᠭᠲᠡᠢ᠃

2. ᠲᠠᠷᠢᠬᠤ ᠠᠷᠭ᠎ᠠ

（1）ᠲᠠᠷᠢᠬᠤ ᠴᠠᠭ : ᠬᠠᠪᠤᠷ ᠤᠨ ᠲᠠᠷᠢᠯᠭ᠎ᠠ ᠪᠤᠶᠤ ᠵᠤᠨ ᠤ ᠲᠠᠷᠢᠯᠭ᠎ᠠ᠂ 3 ~ 10 ᠰᠠᠷ᠎ᠠ ᠳᠤ ᠪᠦᠬᠦ ᠲᠠᠷᠢᠵᠤ ᠪᠣᠯᠤᠨ᠎ᠠ᠃

（2）ᠲᠠᠷᠢᠬᠤ ᠠᠷᠭ᠎ᠠ : 60 cm ᠤᠨ ᠮᠦᠷ ᠦᠨ ᠵᠠᠢ ᠲᠠᠢ ᠮᠦᠷᠯᠡᠨ ᠲᠠᠷᠢᠬᠤ ᠪᠤᠢ᠃

（3）ᠲᠠᠷᠢᠬᠤ ᠬᠡᠮᠵᠢᠶ᠎ᠡ : 52.5 ~ 75 kg/hm²᠃

（4）ᠲᠠᠷᠢᠬᠤ ᠭᠦᠨ : 3 ~ 4 cm ᠪᠣᠯᠭᠠᠨ ᠲᠠᠷᠢᠭᠠᠳ᠂ 1 ~ 2 ᠤᠳᠠᠭ᠎ᠠ ᠳᠠᠷᠤᠵᠤ ᠲᠡᠭᠰᠢᠯᠡᠬᠦ ᠬᠡᠷᠡᠭᠲᠡᠢ᠃

3. 田间管理

（1）水肥管理：山野豌豆为固氮植物，需肥较一般牧草少，但在沙质地、盐碱地等需施肥，翻地前施入磷酸二铵（含氮18%，含磷46%）100 kg/hm^{2}做基肥。苗期固氮能力弱，应增施重肥，每年刈割后，建议适当追施磷酸二铵。干旱天气，适时补水。

（2）杂草防除：出苗后及时中耕除草，至少3次，之后根据杂草情况，及时拔除高大杂草。

（3）病虫害防治：易发白粉病，为害叶、花、果，发病初期喷胶体硫或甲基托布津液。冬末清园，处理病残体，减少越冬菌源。红天蛾，幼虫为害叶。忌连作及与同科作物间作。

4. 收获

（1）刈割期：作为牧草利用时，初花期至盛花期时刈割；采种时，成熟后荚易裂，应在2/3荚果变成茶褐色时收获。

（2）留茬高度：刈割时留茬高度宜10 cm左右。

（3）刈割次数：作牧草利用时，北方地区1～2次，南方地区2～3次。

5. 品种介绍

产量表现：山野豌豆的产草量第一、二年较低，第三、四年最高，鲜草可达15 000 kg/hm^2，若在第三年压青，可使后作连续三年增产。

适应区域：适宜在我国东北、内蒙古、河北、山西、陕西、甘肃、山东、青海、河南等地种植。

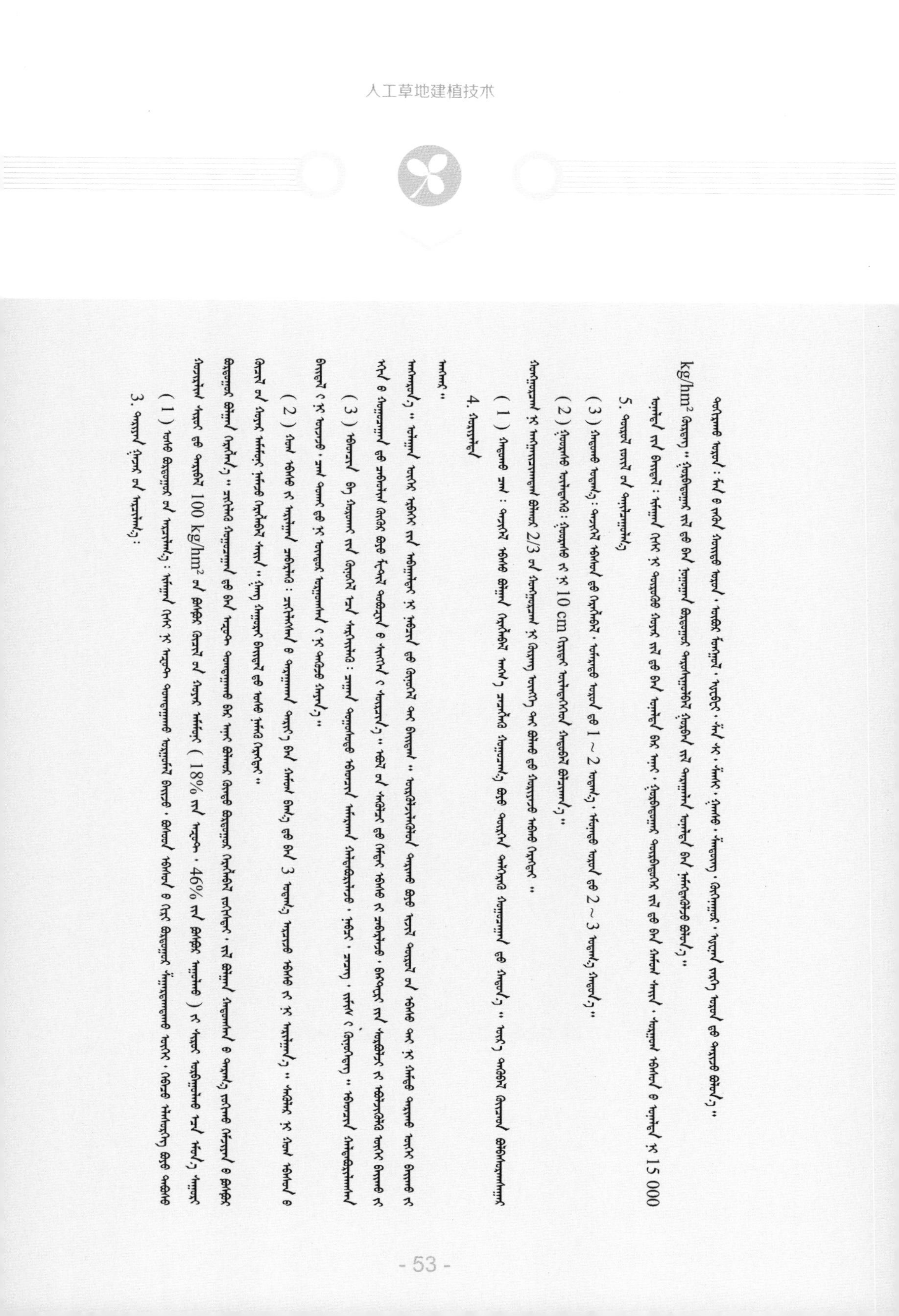

3. [illegible]:

(1) [illegible] (18% [illegible] · 46% [illegible]) [illegible] 100 kg/hm² [illegible]

[illegible]

(2) [illegible] 3 [illegible]

(3) [illegible]

4. [illegible]

(1) [illegible] 2/3 [illegible]

(2) [illegible] 10 cm [illegible]

(3) [illegible] 1 ~ 2 [illegible] 2 ~ 3 [illegible]

5. [illegible]

[illegible] 15 000 kg/hm² [illegible]

[illegible]

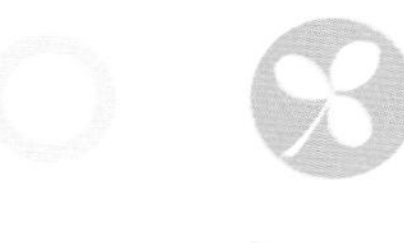

（二）箭筈豌豆

箭筈豌豆（*Vicia sativa* L.）别名春巢菜，为豆科野豌豆属、一年生或多年生草本植物。其叶轴延伸呈箭筈状，故称箭筈豌豆。又据其抗冻害性，分为春箭筈豌豆和秋箭筈豌豆。春箭筈豌豆对冻害较为敏感，因而适于作绿肥作物。

1. 播前准备

（1）种床准备：地势平坦、排水良好、土层深厚的砂壤土或壤土地块。秋季作物收获后浅耕，耕深18 ～ 20 cm。春播前精细整地，钉耙耙平地面。

（2）品种选择：选用已通过国家或省级审定的品种。

（3）种子处理：用0.2%的钼酸铵溶液浸泡种子20 min，捞出、沥干。

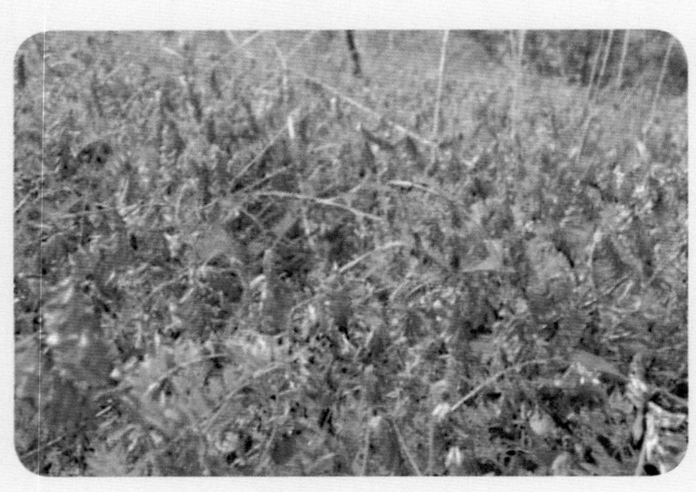

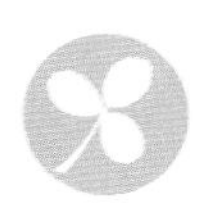

(ᠬᠣᠶᠠᠷ) ᠰᠤᠮᠤᠨ ᠪᠤᠷᠴᠠᠭ

ᠰᠤᠮᠤᠨ ᠪᠤᠷᠴᠠᠭ (*Vicia sativa* L.) ᠪᠣᠯ ᠪᠤᠷᠴᠠᠭ ᠤᠨ ᠲᠦᠷᠦᠯ ᠦᠨ ᠬᠡᠭᠡᠷ ᠡ ᠶᠢᠨ ᠪᠤᠷᠴᠠᠭ ᠤᠨ ᠤᠷᠤᠭ ᠤᠨ ᠨᠢᠭᠡ ᠵᠢᠯ ᠦᠨ ᠦᠪᠡᠰᠦᠨ ᠤᠷᠭᠤᠮᠠᠯ ᠮᠥᠨ᠂ ᠲᠡᠵᠢᠭᠡᠯ ᠦᠨ ᠦᠨ᠎ᠡ ᠴᠡᠨᠡᠷ ᠡᠬᠢ ᠣᠷᠣᠨ ᠲᠠᠢ :: ᠪᠠᠢᠭᠤᠯᠤᠯ ᠨᠢ ᠪᠣᠯᠪᠠᠰᠤᠷᠠᠭᠰᠠᠨ ᠵᠢᠷᠤᠮ ᠲᠠᠢ ᠠ᠂ ᠦᠷ᠎ᠡ ᠰᠠᠯᠠᠭ᠎ᠠ ᠶᠢᠨ ᠰᠤᠮᠤᠨ ᠪᠤᠷᠴᠠᠭ ᠤᠨ ᠰᠤᠮᠤᠨ ᠪᠤᠷᠴᠠᠭ ᠲᠤ ᠰᠠᠢᠰᠢᠶᠠᠭᠳᠠᠳᠠᠭ :: ᠰᠠᠯᠠᠭ᠎ᠠ ᠶᠢᠨ ᠰᠤᠮᠤᠨ ᠪᠤᠷᠴᠠᠭ ᠲᠤ ᠪᠦᠲᠦᠭᠡᠬᠦ ᠪᠠᠢᠳᠠᠯ ᠢ ᠰᠠᠢᠵᠢᠷᠠᠭᠤᠯᠬᠤ ᠬᠡᠷᠡᠭᠲᠡᠢ ᠪᠣᠯᠤᠨ᠎ᠠ ::

1. ᠲᠠᠷᠢᠬᠤ ᠶᠢᠨ ᠠᠷᠭ᠎ᠠ ᠬᠡᠮᠵᠢᠶ᠎ᠡ :

(1) ᠲᠠᠷᠢᠯᠠᠩ ᠤᠨ ᠭᠠᠵᠠᠷ ᠤᠨ ᠪᠡᠯᠡᠳᠬᠡᠯ : ᠬᠠᠭᠤᠷᠠᠢ ᠬᠦᠢᠲᠡᠨ᠂ ᠬᠥᠷᠥᠰᠦ ᠰᠢᠪᠬᠦᠷᠡᠭᠰᠡᠨ ᠭᠠᠵᠠᠷ᠂ ᠭᠡᠰᠡᠨ ᠦ ᠶᠢᠨ ᠬᠥᠷᠥᠰᠦ ᠪᠡᠯᠡᠳᠬᠡᠬᠦ ᠪᠠᠢᠳᠠᠯ ᠳᠤ ᠬᠦᠷᠦᠨ᠎ᠡ :: ᠬᠠᠷᠢᠨ ᠰᠢᠪᠬᠦᠷᠡᠭᠰᠡᠨ ᠦ ᠪᠠᠨ ᠬᠦᠷᠴᠦ 18 ~ 20 cm ᠭᠦᠨ ᠬᠠᠭᠤᠯᠬᠤ᠂ ᠰᠢᠨᠡ ᠲᠠᠷᠢᠬᠤ ᠶᠢᠨ ᠡᠮᠦᠨ᠎ᠡ ᠭᠠᠵᠠᠷ ᠬᠠᠬᠤᠯᠬᠤ᠂ ᠲᠡᠭᠰᠢᠯᠡᠬᠦ ᠬᠡᠷᠡᠭᠲᠡᠢ ::

(2) ᠲᠠᠷᠢᠬᠤ ᠬᠤᠭᠤᠴᠠᠭ᠎ᠠ : ᠬᠠᠪᠤᠷ ᠪᠤᠶᠤ ᠨᠠᠮᠤᠷ ᠤᠨ ᠡᠬᠢᠨ ᠳᠤ ᠲᠠᠷᠢᠵᠤ ᠪᠣᠯᠬᠤ ᠪᠥᠭᠡᠳ ᠲᠠᠷᠢᠬᠤ ᠬᠡᠮᠵᠢᠶ᠎ᠡ ᠶᠢ ᠬᠤᠪᠢᠶᠠᠷᠢᠭᠤᠯᠤᠨ᠎ᠠ ::

(3) ᠦᠷ᠎ᠡ ᠪᠣᠯᠪᠠᠰᠤᠷᠠᠭᠤᠯᠬᠤ : ᠦᠷ᠎ᠡ ᠶᠢ 0.2% ᠤᠨ ᠮᠣᠯᠢᠪᠳᠧᠨ ᠤ ᠤᠰᠤᠨ ᠤᠨ ᠤᠩᠭᠠᠳᠠ ᠳᠤ 20 min ᠳᠡᠪᠲᠡᠭᠡᠭᠡᠳ ᠲᠠᠷᠢᠬᠤ ᠬᠡᠷᠡᠭᠲᠡᠢ ::

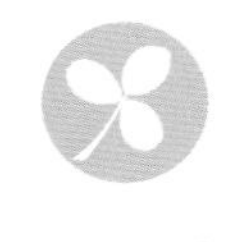

2. 播种技术

（1）播种时期：早春土壤解冻，5 cm土壤温度稳定在4℃以上时适宜播种。

（2）播种方式：采用条播或撒播。条播行距在20 ～ 30 cm，播后覆土镇压。撒播应落籽均匀，撒后用耙搂通，浅覆土镇压。

（3）播种量：单播收种播量为60 ～ 90 kg/hm^2，收草或用作绿肥播量为90 ～ 120 kg/hm^2；与燕麦混播时，播量按照2∶3比例；与其他禾本科牧草混播时，播量按照1∶1比例；与谷类作物混播时，播量按照2∶1比例。播种深度以3 ～ 4 cm为宜。

（4）覆土镇压：播深3 ～ 4 cm，播后覆土镇压。

3. 田间管理

（1）水肥管理：播种前结合整地使用底肥，施优质腐熟有机肥15m^3/hm^2。

（2）杂草防除：当苗高2 ～ 3 cm时进行第一次中耕，宜浅锄。在分枝阶段进行第二次中耕，宜深锄。

（3）病虫害防治：按照“预防为主，综合防治”的植保方针，优先使用农业、物理、生物防治，合理使用化学防治。

炭疽病：在春箭筈豌豆发病前或发病初期，用10%虫螨腈悬浮剂，每公顷用药液量为750 ml，兑水50 L进行喷施。

白粉病：发病初期用50%多菌灵可湿性粉剂600倍液喷雾，每隔10 ～ 15天喷1次，连续喷3 ～ 4次。

绿芫菁、黄芫菁和花翅芫菁：在发生期，喷聚酯类杀虫剂1 500倍液。一般连续喷洒2次，间隔15 ～ 20天。聚酯类杀虫剂有2.5%溴氰菊酯、20%氰戊菊酯、20%甲氰菊酯等。

蚜虫：用50%抗斯威2 000倍液、10%的吡虫啉3 000倍液或25%的扑虱灵2 500倍液等进行防治。

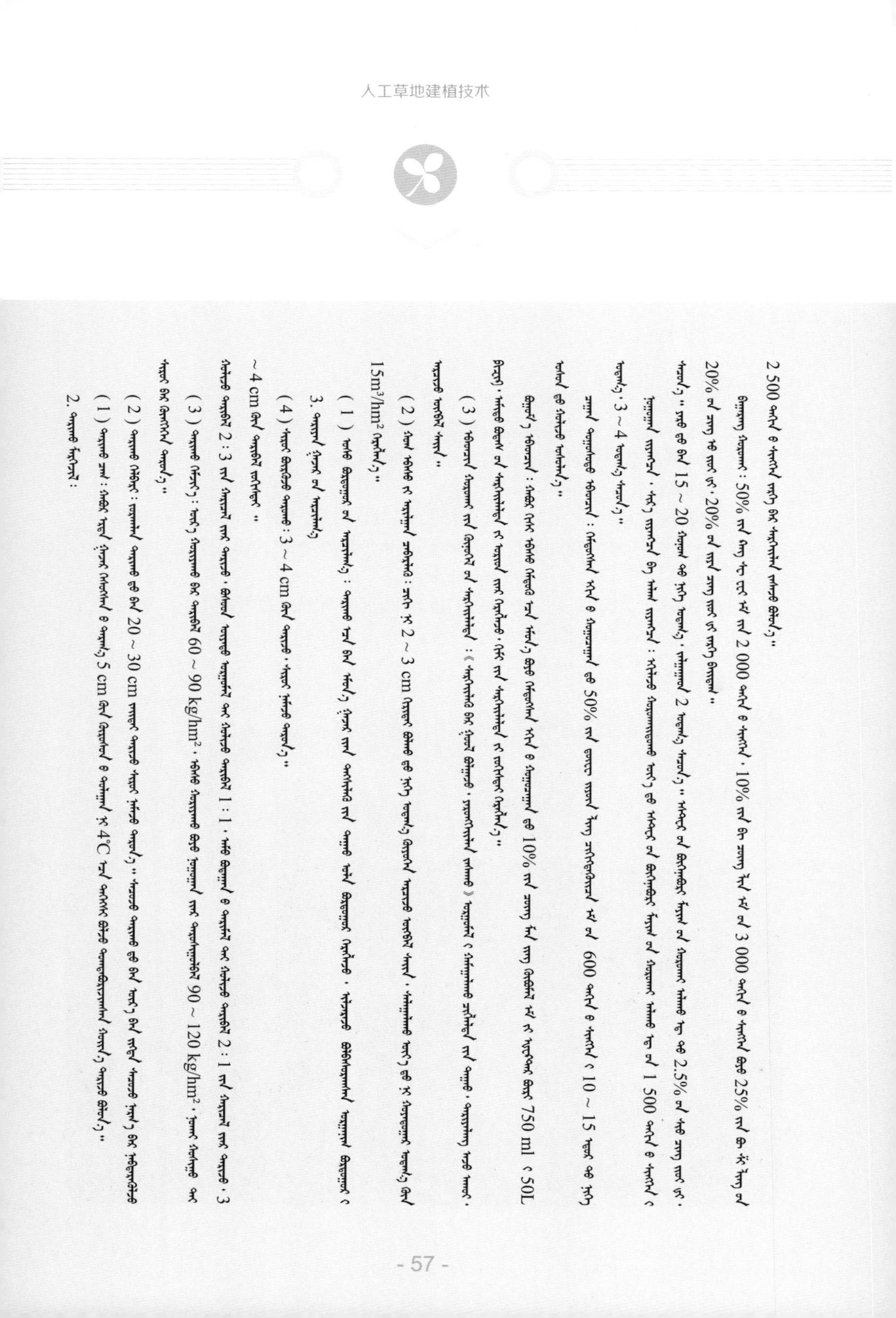

4. 收获

（1）刈割期：初花期至结荚期收割最佳。

（2）留茬高度：人工收割或机械收割均可，留茬高度10 cm。

（3）刈割次数：做牧草利用时每年可刈割2次。

5. 品种介绍

产量表现：箭筈豌豆的青草和籽粒产量均较豌豆高而稳定，在甘肃一般产青草[illegible]000 ～ 37 500 kg/hm^2，高者可达60 000 kg/hm^2；籽实产量为1 500 ～ 3 750 kg/hm^2，高者可达4 500 ～ 5 250 kg/hm^2。

适宜区域：箭筈豌豆原产于欧洲南部和亚洲西部，在我国甘肃、陕西、青海、四川、云南等地草原和山地均可种植。

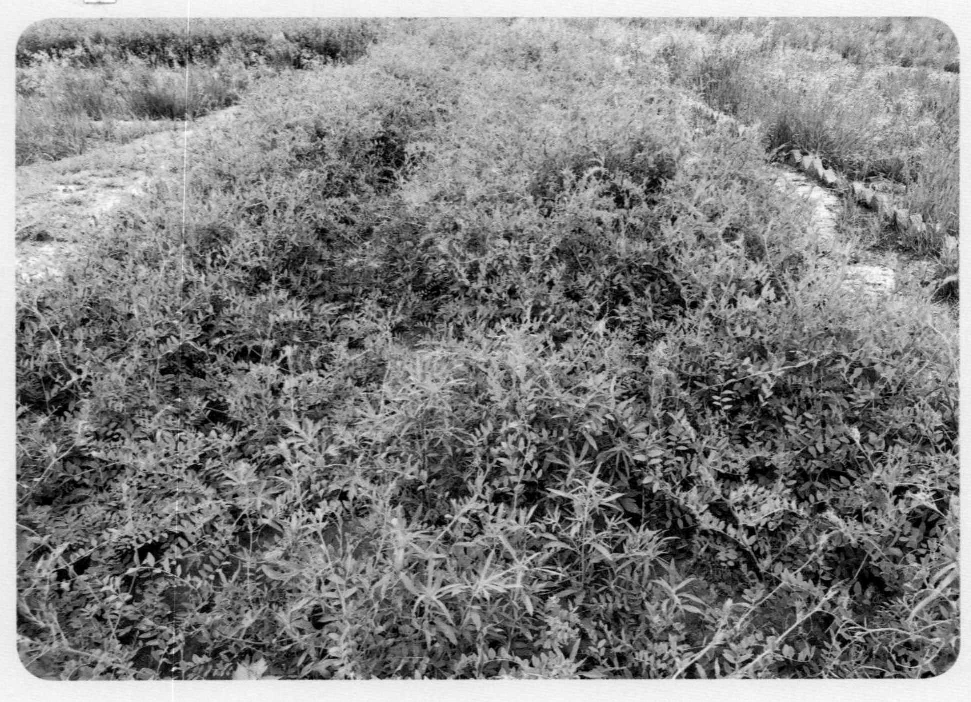

ᠬᠠᠳᠤᠯᠠᠯᠲᠠ ᠶᠢᠨ ᠬᠡᠮᠵᠢᠶ᠎ᠡ ᠨᠢ 4 500 ~ 5 250 kg/hm² ᠬᠦᠷᠳᠡᠭ᠃

30 000 ~ 37 500 kg/hm² ᠴᠢᠭ ᠨᠣᠭᠤᠭ ᠬᠦᠷᠬᠦ᠂ ᠬᠠᠳᠤᠯᠠᠯᠲᠠ ᠶᠢᠨ ᠬᠡᠮᠵᠢᠶ᠎ᠡ ᠨᠢ 60 000 kg/hm² ᠬᠦᠷᠳᠡᠭ᠃ 1 500 ~ 3 750 kg/hm² ᠬᠤᠷᠠ ᠬᠦᠷᠬᠦ᠂

(2) ᠦᠯᠡᠳᠡᠭᠡᠬᠦ ᠥᠨᠳᠥᠷᠴᠡ: 10 cm ᠬᠠᠷᠢᠴᠠᠭ᠎ᠠ ᠥᠨᠳᠥᠷ ᠦᠯᠡᠳᠡᠭᠡᠨ᠎ᠡ᠃ ᠪᠣᠷᠤᠭᠠ ᠶᠢᠨ ᠪᠠᠭᠠ᠂ ᠭᠠᠨᠳᠤᠭ ᠤᠨ ᠡᠳᠦᠷ ᠬᠠᠳᠤᠵᠤ ᠪᠣᠯᠤᠨ᠎ᠠ᠃

五、胡枝子

胡枝子（*Lespedeza* Mich.）具有多种作用：

保持水土：据水土保持试验站的观察，在同样条件下，胡枝子带比一般垄作的地表水流失水量少80%，冲刷量减少40%。因此，在江河两岸、堤坝、路旁、沙地、跑风岗地、农田防护林两侧、地埂和水平沟沿上都可以播种。

改良土壤：由于能减少坡耕地水土流失，稳定了土壤养分的积累；加之它有发达的根瘤，能增加土壤中的氮素，提高土壤肥力，给作物生育创造了有利条件。一般可使周围农作物单产提高10%左右。

提供饲料：胡枝子叶内养分多，比高粱的价值高，可作为家畜的饲料。

编织材料：枝条是编织筐、篓、土篮、盖房子做棚条的好材料。

优质蜜源：胡枝子林花期长达2个月，花色鲜艳，花朵繁茂，花香四溢，花蜜营养丰富，是蜂农喜爱的蜜源地。

纤维原料：胡枝子的枝皮纤维含量达55.57%，单纤维长6～18 mm，可用于造纸及麻制绳索等。

榨油原料：胡枝子的种子含油率9.2%，是品质优良的食用植物油。

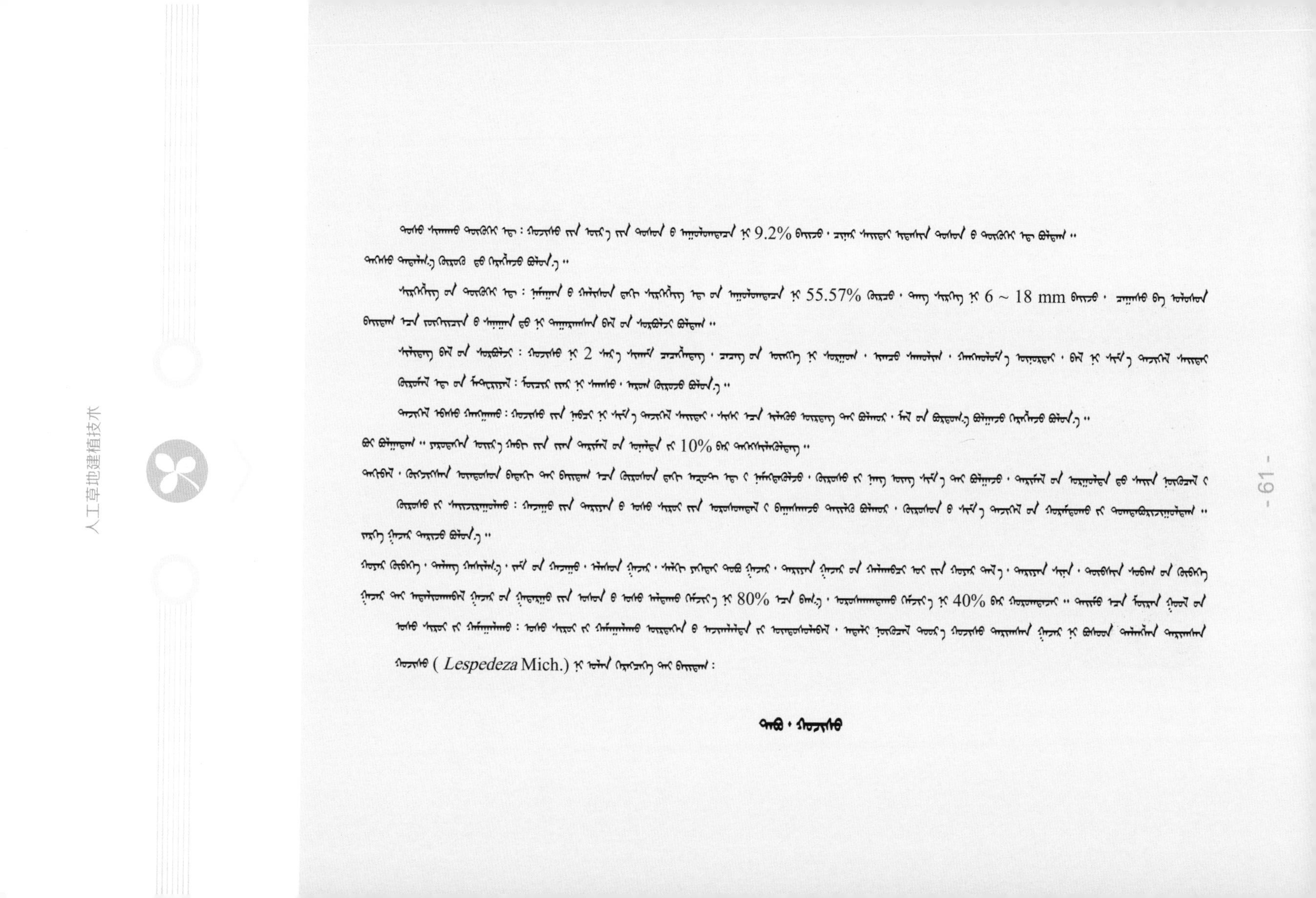

[illegible] 9.2% [illegible] ::
[illegible] ::

[illegible] 55.57% [illegible] 6 ~ 18 mm [illegible] ::

[illegible] 2 [illegible] ::

[illegible] ::
[illegible] 10% [illegible] ::

[illegible] ::
[illegible] ::

[illegible] 80% [illegible] 40% [illegible] ::

[illegible] (*Lespedeza* Mich.) [illegible] :

[illegible]

（一）播前准备

1. 种床准备

达乌里胡枝子适宜≥10℃年积温1 700～4 500℃、年降水量300～700 mm的地区种植，适宜的土壤pH为7～8。在地面积水或地下水位在1 m以上的地块不宜种植。

选择排水良好、土层深厚、中性或微碱性砂壤土或壤土地块。前茬作物最好为禾谷类作物，忌与豆科作物连作。

翻耕前除杂草、石块等杂物，耕地深度在20 cm以上，耕后耙平。要求地面平整，土块细碎细匀，无根茬，无坷垃，耕层达到上虚下实。水浇地翻耕前灌足底墒水。在地面有残茬、立枯物等覆盖，或在土层较薄、坡度较大的撂荒地或天然草地，采用免耕机播种或直接播种后结合家畜踩踏覆盖。

2. 品种选择

选用国家或省级审定登记、符合当地生产条件和需求的品种。

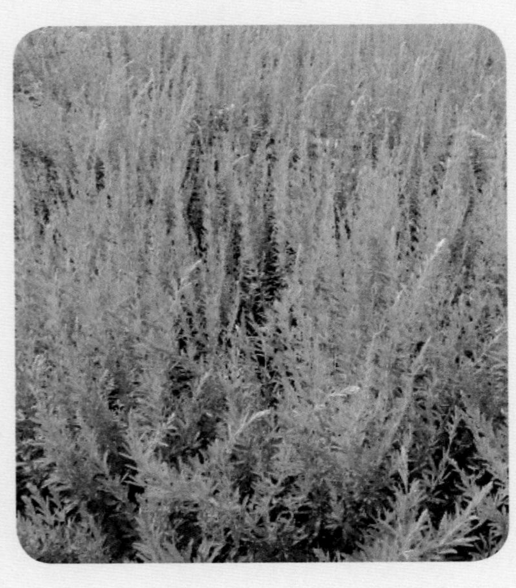

(ᠭᠤᠷᠪᠠ) ᠲᠠᠷᠢᠬᠤ ᠳᠤ ᠲᠣᠬᠢᠷᠠᠬᠤ ᠪᠠᠶᠢᠳᠠᠯ

1. ᠠᠭᠠᠷ ᠤᠨ ᠠᠭᠤᠷ ᠤᠨ ᠪᠠᠶᠢᠳᠠᠯ : ᠳᠤᠯᠠᠭᠠᠨ ᠬᠤᠷᠢᠶᠠᠯᠲᠠ ᠨᠢ ≥ 10℃ ᠢᠳᠡᠪᠬᠢᠲᠡᠢ ᠳᠤᠯᠠᠭᠠᠨ ᠨᠢ 1 700 ~ 4 500℃ ᠪᠠᠶᠢᠵᠤ · ᠵᠢᠯ ᠦᠨ ᠬᠤᠷ᠎ᠠ ᠲᠤᠨᠠᠯᠲᠠ ᠶᠢᠨ ᠬᠡᠮᠵᠢᠶ᠎ᠡ ᠨᠢ 300 ~ 700 mm ᠪᠠᠶᠢᠬᠤ ᠭᠠᠵᠠᠷ ᠲᠤ ᠲᠠᠷᠢᠵᠤ ᠪᠣᠯᠤᠨ᠎ᠠ :: ᠬᠥᠷᠦᠰᠦᠨ ᠦ pH ᠤᠨ ᠬᠡᠮᠵᠢᠶ᠎ᠡ ᠨᠢ 7 ~ 8 ᠤᠨ ᠬᠥᠷᠦᠰᠦ ᠳᠦ ᠲᠣᠬᠢᠷᠠᠮᠵᠢᠲᠠᠢ :: ᠭᠠᠵᠠᠷ ᠳᠣᠣᠷᠠᠬᠢ ᠤᠰᠤᠨ ᠤ ᠲᠦᠪᠰᠢᠨ ᠨᠢ 1m ᠡᠴᠡ ᠳᠣᠣᠷ᠎ᠠ ᠪᠠᠶᠢᠬᠤ ᠭᠠᠵᠠᠷ ᠢ ᠰᠣᠩᠭᠣᠬᠤ ᠬᠡᠷᠡᠭᠲᠡᠢ ::

ᠲᠡᠷᠡ ᠴᠢᠯᠢᠭᠢᠲᠤ ᠭᠠᠵᠠᠷ ᠤᠨ ᠪᠠᠶᠢᠳᠠᠯ · ᠬᠥᠷᠦᠰᠦ ᠪᠦᠲᠦᠴᠡ · ᠲᠡᠵᠢᠭᠡᠯ ᠦᠨ ᠪᠠᠶᠢᠳᠠᠯ ᠢ ᠬᠠᠷᠭᠠᠯᠵᠠᠨ ᠰᠣᠩᠭᠣᠬᠤ ᠬᠡᠷᠡᠭᠲᠡᠢ :: ᠭᠠᠵᠠᠷ ᠤᠨ ᠬᠠᠮᠢᠶ᠎ᠠ ᠶᠢᠨ ᠪᠠᠶᠢᠳᠠᠯ ᠢ ᠰᠠᠶᠢᠨ ᠬᠠᠷᠭᠠᠯᠵᠠᠨ ᠪᠣᠯᠬᠤ ᠠᠷᠢᠯᠭᠠᠬᠤ ::

ᠭᠠᠵᠠᠷ ᠬᠠᠬᠤᠯᠤᠬᠤ ᠳᠤ ᠪᠡᠷ ᠭᠦᠨ ᠬᠠᠬᠤᠯᠵᠤ · ᠬᠥᠷᠦᠰᠦ ᠶᠢ ᠨᠠᠷᠢᠯᠠᠭ · 20 cm ᠡᠴᠡ ᠳᠡᠭᠡᠭᠰᠢ ᠬᠠᠬᠤᠯᠤᠭᠰᠠᠨ ᠪᠠᠶᠢᠨ᠎ᠠ :: ᠭᠠᠵᠠᠷ ᠢ ᠲᠡᠭᠰᠢᠯᠡᠬᠦ · ᠬᠥᠷᠦᠰᠦ ᠶᠢ ᠨᠢᠳᠦᠯᠡᠬᠦ · ᠬᠥᠷᠦᠰᠦᠨ ᠦ ᠭᠠᠵᠠᠷ ᠪᠡᠷ ᠰᠠᠶᠢᠨ ᠪᠣᠯᠭᠠᠬᠤ · ᠪᠤᠭᠤᠳ ᠤᠨ ᠬᠥᠷᠦᠰᠦ ᠶᠢᠨ ᠴᠢᠭ ᠢ ᠬᠠᠮᠠᠭᠠᠯᠠᠬᠤ ᠬᠡᠷᠡᠭᠲᠡᠢ ::

ᠶᠠᠭᠤᠨ ᠬᠣᠷᠤᠭ ᠢ ᠬᠠᠮᠠᠭᠠᠯᠠᠬᠤ ᠡᠴᠡ ᠪᠡᠷ ᠬᠡᠷᠡᠭᠯᠡᠬᠦ ᠬᠢᠭᠡᠳ ᠭᠠᠵᠠᠷ ᠢᠶᠠᠷ ᠪᠤᠯᠤᠭ ᠲᠠᠷᠢᠬᠤ :: ᠬᠥᠷᠦᠰᠦ ᠪᠡᠨ ᠨᠢ ᠬᠠᠮᠠᠭᠠᠯᠠᠭᠰᠠᠨ ᠭᠠᠵᠠᠷ · ᠪᠣᠯᠤᠨ ᠦᠷᠡ ᠲᠠᠷᠢᠮᠠᠯ ᠤᠨ ᠬᠠᠮᠠᠭᠠᠯᠠᠯᠲᠠ ᠪᠣᠯ
ᠪᠤᠭᠤᠳ ᠢ ᠵᠢᠭᠠᠯ · ᠭᠤᠷᠪᠠ ᠵᠢᠯ ᠤᠨ ᠭᠠᠵᠠᠷ ᠪᠣᠯ ᠪᠣᠯᠤᠨ ᠬᠡᠷᠡᠭᠲᠡᠢ ᠭᠠᠵᠠᠷ · ᠲᠣᠮᠣ ᠰᠢᠮᠡᠳᠡᠭᠦᠯᠬᠦ ᠠᠷᠭ᠎ᠠ ᠶᠢ ᠬᠡᠷᠡᠭᠯᠡᠬᠦ ᠪᠣᠯᠤᠨ᠎ᠠ ::

2. ᠬᠥᠷᠦᠰᠦᠨ ᠲᠠᠷᠢᠯᠠᠩ

ᠪᠣᠯᠪᠠᠰᠤᠷᠠᠯ ᠤᠨ ᠬᠤᠮᠤᠰ ᠤᠨ ᠬᠥᠷᠦᠰᠦ ᠳᠦ ᠲᠣᠬᠢᠷᠠᠮᠵᠢᠲᠠᠢ · ᠬᠤᠷᠠᠭᠤᠯ ᠤᠨ ᠭᠠᠵᠠᠷ ᠤᠨ ᠲᠠᠷᠢᠯᠠᠩ ᠤᠨ ᠬᠥᠷᠦᠰᠦ ᠪᠡᠨ ᠲᠣᠬᠢᠷᠠᠮᠵᠢᠲᠠᠢ ᠪᠠᠶᠢᠳᠠᠯ ᠳᠤ ᠲᠣᠬᠢᠷᠠᠨ᠎ᠠ ::

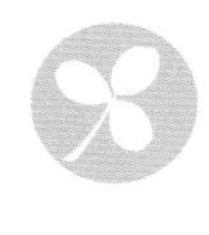

3. 种子处理

若种子带壳，先用石碾掺粗砂碾或用去壳机去壳。播种前用机械处理擦伤种皮，或者用70℃左右的温水浸泡12 min捞出晾干即可播种。

（二）播种技术

1. 播种时期

春播、夏播和秋播均可。春播应在土壤耕作层温度稳定在5℃以上后抢墒播种，夏播在雨季来临后播种，秋播在早霜到来45 ～ 60天前播种。

2. 播种方式

经过细致整地，打碎土块，清除落叶、杂草和石块后，用犁作垄，进行条状播种。播种条间距离1 m左右。播种时，用手或点葫芦在播种条上均匀播种。播幅5 ～ 10 cm。播后覆土1 ～ 2 cm，上面轻轻镇压，播种量4.5 ～ 15 kg/hm^2。此种方法，适于平坦沙地、平岗地和面积较大的江河沿岸造护坡、护堤林。由于此法播种面大，与穴播比较，用种量多、成本高，苗木分布可能稀厚不均，效果也不如穴播好，但比穴播省工，效率高，容易操作。

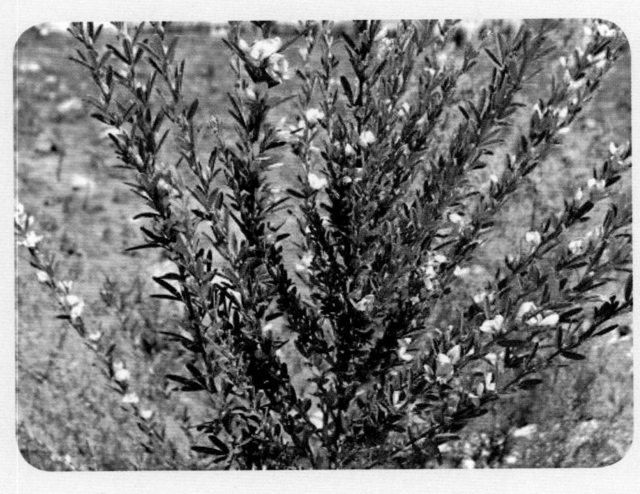

3. ᠦᠷ᠎ᠡ [illegible]

ᠦᠷ᠎ᠡ [illegible] 70℃ [illegible] 12 min [illegible] ᠃

(ᠭᠤᠷᠪᠠ) ᠲᠠᠷᠢᠬᠤ [illegible]

1. ᠲᠠᠷᠢᠬᠤ ᠴᠠᠭ

[illegible] 5℃ [illegible] 45 ~ 60 [illegible] ᠃

2. ᠲᠠᠷᠢᠬᠤ ᠭᠦᠨ

[illegible] 1 m [illegible] ᠃ [illegible] 5 ~ 10 cm ᠃ 1 ~ 2 cm [illegible] 4.5 ~ 15 kg/hm² [illegible] ᠃

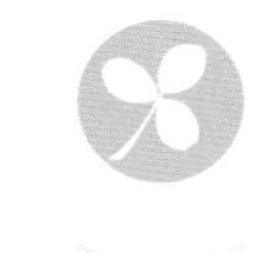

3. 播种量

播种量根据种子发芽率和净度确定，正常机械条播播种量为 22.5 ～ 30 kg/hm^2。生产实际当中根据整地情况、墒情、土壤肥力来确定。

（三）田间管理

1. 水肥管理

播种前应结合整地施用基肥。基肥应以农家肥为主，以化肥为辅。农家施用量 30 000 ～ 45 000 kg/hm^2。化肥施氮肥（N）45 ～ 75 kg/hm^2，磷肥（P_2O_5）125 ～ 150 kg/hm^2，钾肥（K_2O）90 ～ 150 kg/hm^2。

2. 杂草防除

胡枝子种后第一年要加强抚育管理，及时松土、除草，过密的要有计划地进行疏苗。特别是直播的胡枝子，由于出土后幼芽细小，既不耐旱，又怕草欺，当年应锄草、松土 2 ～ 3 次；在大田产 2 遍地时，应间苗定株，穴播的每穴留 3 ～ 5 株，条播的可留 20 株 /m。

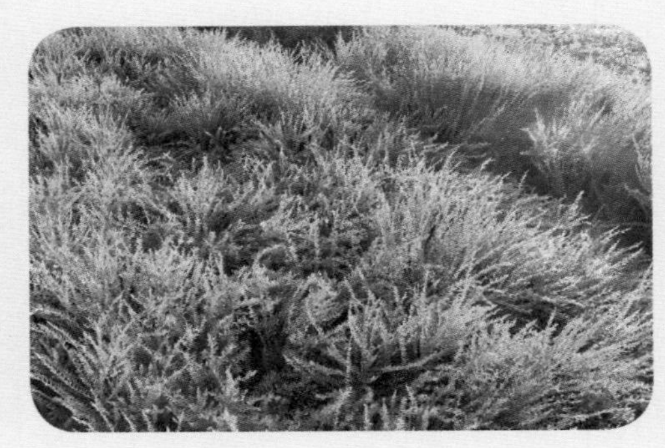

3. 病虫害防治

选用抗病虫优良品种。播前种子应进行消毒处理，增施磷、钾肥，增强抗病虫害能力。实行轮作倒茬，返青前或每茬收割后及时消除病株残体，以降低病虫源数量。

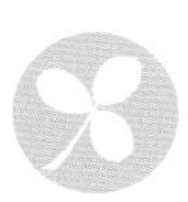

ᠲᠠᠷᠢᠬᠤ ᠶᠢᠨ ᠡᠮᠦᠨ᠎ᠡ ᠂ ᠰᠠᠯᠬᠢ ᠪᠠᠨ ᠬᠡᠮᠵᠢᠶ᠎ᠡ ᠪᠡᠷ 20 ᠰᠠᠨᠲᠢᠮᠧᠲᠷ /m ᠡᠴᠡ ᠳᠣᠣᠷ᠎ᠠ ᠳᠡᠭᠡᠷ᠎ᠡ 3 ~ 5 ᠰᠠᠨᠲᠢᠮᠧᠲᠷ ᠲᠠᠷᠢᠯᠭ᠎ᠠ ᠶᠢᠨ ᠬᠡᠮᠵᠢᠶ᠎ᠡ ᠃ ᠵᠢᠯ ᠪᠦᠷᠢ ᠳᠣᠣᠷ᠎ᠠ ᠬᠠᠮᠤᠭ ᠪᠠᠭ᠎ᠠ ᠳᠠᠭᠠᠨ ᠂ 2 ~ 3 ᠤᠳᠠᠭ᠎ᠠ ᠰᠠᠭᠠᠬᠤ ᠶᠢ ᠰᠠᠶᠢᠨ ᠪᠣᠯᠭᠠᠨ᠎ᠠ ᠃ ᠵᠢᠯ ᠪᠦᠷᠢ 2 ᠤᠳᠠᠭ᠎ᠠ ᠪᠣᠯᠪᠠᠰᠤ

150 kg/hm² · ᠺᠠᠯᠢ ᠪᠣᠷᠣᠳᠣᠭ᠎ᠠ (K_2O) 90 ~ 150 kg/hm² ᠪᠣᠯᠤᠨ᠎ᠠ ᠃

ᠮᠠᠯ ᠤᠨ ᠪᠣᠷᠣᠳᠣᠭ᠎ᠠ 30 000 ~ 45 000 kg/hm² ᠬᠡᠷᠡᠭᠯᠡᠬᠦ ᠂ ᠺᠠᠯᠢ ᠶᠢᠨ ᠪᠣᠷᠣᠳᠣᠭ᠎ᠠ ᠪᠠ ᠠᠵᠣᠲ ᠪᠣᠷᠣᠳᠣᠭ᠎ᠠ (N) 45 ~ 75 kg/hm² · ᠹᠣᠰᠹᠣᠷ ᠪᠣᠷᠣᠳᠣᠭ᠎ᠠ (P_2O_5) 125 ~

ᠲᠠᠷᠢᠭ᠎ᠠ ᠶᠢᠨ ᠡᠭᠦᠰᠬᠦ ᠬᠤᠭᠤᠴᠠᠭ᠎ᠠ ᠳᠤ ᠨᠢᠭᠡ ᠤᠳᠠᠭ᠎ᠠ ᠤᠰᠤᠯᠠᠬᠤ ᠪᠣᠯᠤᠨ᠎ᠠ ᠃ ᠬᠠᠪᠤᠷ ᠤᠨ ᠡᠬᠢᠨ ᠳᠤ ᠤᠰᠤ ᠡᠷᠭᠦᠯᠬᠦ ᠳᠤ ᠨᠢ 22.5 ~ 30 kg/hm² ᠲᠠᠷᠢᠬᠤ ᠪᠣᠯᠤᠨ᠎ᠠ ᠃ ᠬᠠᠪᠤᠷ

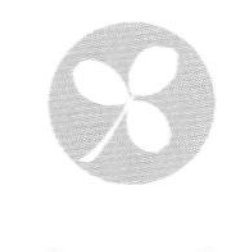

（四）收获

1. 刈割期

达乌里胡枝子最佳收割时期一般在现蕾期至初花期，越冬前最后一次收割时间应控制在停止生长或霜冻来临前45天。

2. 留茬高度

在采割过程中，必须讲究方法得当，为7～8 cm。割条时要贴近地皮，留植要低而平滑，防止伤根、破皮，造成烂根和感染病虫害，影响胡枝子生长寿命。

3. 刈割次数

胡枝子播种后第三年开始就能割条收获。采条年限如用于编织材可1～2年采割一次，种子林可3～5年采割一次。胡枝子林面积大的可实行科学的、有计划的轮伐办法，年年均可获得收益。

（五）主要品种介绍

1. 林西达乌里胡子枝

产量表现：在半干旱区（内蒙古林西县），干草产量和种子产量分别可达2 823.75 kg/hm^{2}和452.25 kg/hm^2。

适应区域：东北地区及内蒙古、河北、山西等地，常见于草甸草原带的丘陵坡地、沙质地上，也出现在栎林边缘的干山坡上。

2. 林西尖叶胡子枝

产量表现：在半干旱区（内蒙古林西县），播种当年干草产量可达950～1 100 kg/hm^2，生长2年后可达5 200～5 600 kg/hm^2；播种当年尖叶胡枝子不易形成种子，生长2年之后种子产量较高，可达600～670 kg/hm^2。

适应区域：东北地区及内蒙古、河北、山西等地，常见于草甸草原带的丘陵坡地、沙质地上，也出现在栎林边缘的干山坡上。

3. 中草16号尖叶胡枝子

产量表现:2014～2017年在内蒙古鄂温克和甘肃酒泉2个区域试验，播种第2年的干草产量可达5 280.71～5 836.89 kg/hm^2。

适应区域：西北、华北等干旱、半干旱、半湿润的平原地区和山地草原地区。

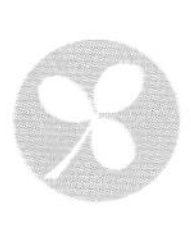

ᠬᠣᠶᠠᠷ ᠣᠨ ᠤ ᠰᠢᠨᠵᠢᠯᠡᠬᠦ ᠬᠡᠮᠵᠢᠶ᠎ᠡ ᠳᠦ ᠲᠠᠷᠢᠯᠠᠩ ᠤᠨ ᠳᠤᠮᠳᠠᠵᠢ ᠦᠨᠳᠦᠷ 5 280 ~ 5 836.89 kg/hm^2 ᠪᠣᠯᠤᠨ᠎ᠠ ᠃

kg/hm^2 ᠪᠣᠯᠤᠨ᠎ᠠ ᠃

ᠤᠨ ᠳᠤᠮᠳᠠᠵᠢ ᠦᠨᠳᠦᠷ 5 200 ~ 5 600 kg/hm^2 ᠪᠣᠯᠤᠨ᠎ᠠ ᠃ ᠰᠣᠷᠢᠯᠲᠠ ᠶᠢᠨ ᠲᠠᠷᠢᠯᠭ᠎ᠠ ᠳᠤ ᠲᠠᠷᠢᠯᠠᠩ ᠤᠨ ᠦᠷ᠎ᠡ ᠶᠢᠨ ᠬᠡᠮᠵᠢᠶ᠎ᠡ ᠳᠦ᠂ 2 ᠣᠨ ᠤ ᠳᠤᠮᠳᠠᠵᠢ ᠦᠨᠳᠦᠷ ᠢ ᠲᠣᠳᠣᠷᠬᠠᠢᠯᠠᠬᠤ ᠳᠤ 600 ~ 670

ᠲᠠᠷᠢᠭᠰᠠᠨ ᠣᠨ ᠪᠠᠢᠳᠠᠯ : ᠰᠢᠨᠵᠢᠯᠡᠬᠦ ᠲᠠᠯ᠎ᠠ (ᠬᠣᠶᠠᠷ ᠬᠠᠳᠤᠯᠭ᠎ᠠ ᠶᠢᠨ ᠲᠠᠷᠢᠯᠠᠩ ᠤᠨ ᠲᠠᠯ᠎ᠠ) ᠳᠤ ᠳᠤᠮᠳᠠᠵᠢ ᠦᠨᠳᠦᠷ ᠤᠨ ᠳᠤ ᠪᠠᠢᠬᠤ ᠰᠢᠨᠵᠢᠯᠡᠬᠦ ᠲᠠᠷᠢᠯᠠᠩ ᠤᠨ ᠬᠡᠮᠵᠢᠶ᠎ᠡ ᠳᠦ 950 ~ 1 100 kg/hm^2 ᠪᠣᠯᠬᠤ᠂ ᠲᠠᠷᠢᠯᠭ᠎ᠠ

ᠲᠠᠷᠢᠭᠰᠠᠨ ᠣᠨ ᠪᠠᠢᠳᠠᠯ : ᠰᠢᠨᠵᠢᠯᠡᠬᠦ ᠲᠠᠯ᠎ᠠ (ᠬᠣᠶᠠᠷ ᠬᠠᠳᠤᠯᠭ᠎ᠠ ᠶᠢᠨ ᠬᠣᠶᠠᠷ ᠤᠨ ᠲᠠᠯ᠎ᠠ) ᠳᠤ ᠳᠤᠮᠳᠠᠵᠢ ᠦᠨᠳᠦᠷ ᠤᠨ ᠳᠤ ᠬᠣᠶᠠᠷ ᠤᠨ ᠲᠠᠷᠢᠯᠠᠩ ᠤᠨ ᠬᠡᠮᠵᠢᠶ᠎ᠡ ᠳᠦ ᠲᠤᠰ ᠲᠤᠰ 2 823.75 kg/hm^2 ᠪᠠ 452.25 kg/hm^2

7 ~ 8 cm ᠮᠦᠷ ᠦᠨ ᠵᠠᠢ ᠲᠠᠢ᠂ ᠲᠠᠷᠢᠬᠤ ᠭᠦᠨ ᠤ ᠳᠤ ᠪᠠᠢᠬᠤ ᠪᠣᠯᠪᠠᠰᠤ ᠪᠣᠯᠤᠨ᠎ᠠ ᠃ ᠲᠠᠷᠢᠬᠤ ᠳᠤ ᠪᠠᠢᠬᠤ ᠬᠡᠮᠵᠢᠶ᠎ᠡ ᠶᠢ ᠲᠣᠭᠲᠠᠭᠠᠬᠤ ᠬᠡᠷᠡᠭᠲᠡᠢ

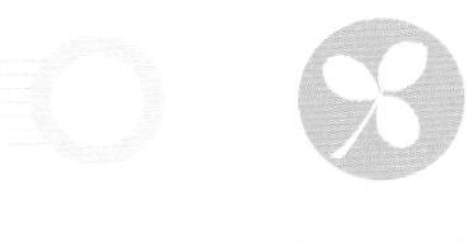

六、柠 条

柠条锦鸡儿（*Caragana Korshinskill* Kom.）是豆科锦鸡儿属植物，灌木。柠条锦鸡儿枝叶可作绿肥和饲料。茎皮可制“毛条麻”，供搓绳、织麻袋等用。开花繁盛，为优良蜜源树种。柠条也是西北地区营造防风固沙林及水土保持林的重要树种。

（一）播前准备

1. 种床准备

柠条一般采用大田育苗技术。育苗前要求对苗圃地进行翻耕，清除杂物，耙细整平。水浇地也可做床育苗，苗床一般要求长10 m、宽1 m。在床内顺床开播种沟，深度4 cm、宽8 cm播种沟的间距以20 cm左右为宜。

2. 种子处理

为了防止柠条种子发生豆象、白粉病或叶锈病等病虫害，在播种前还要对种子进行药物处理。种子处理一般采用熏蒸和消毒两种办法。熏蒸处理要求在常温下，按照每60 kg种子用磷化钙15 g的标准进行熏蒸处理。熏蒸时，一定要把仓库的门窗关严，熏蒸7天；消毒处理是把1 g高锰酸钾倒在盆里，用100 g水稀释。把经过熏蒸处理过的500 g种子倒进溶液中，搅匀，浸种半小时。把水沥干，用清水淘洗一遍；加水浸种12 h，等种子充分吸水膨胀后，倒掉水。把种子平铺在塑料布上，要勤翻种子，防止发霉。室温保持在13 ～ 18℃，这样催芽24 h后就可以播种了。

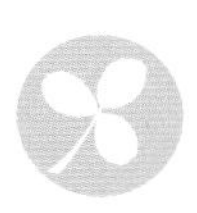

13 ~ 18°C [illegible]᠂ 24 ᠴᠠᠭ [illegible]᠃

[illegible] 12 [illegible] 100 g [illegible] 500 g [illegible]

kg [illegible] 15 g [illegible] 7 [illegible] 1 g [illegible] 60 [illegible]

[illegible]

2. [illegible]

[illegible] 4 cm [illegible]᠂ 8 cm [illegible] 20 cm [illegible]᠃

[illegible] 10 cm [illegible]᠂ 1 m [illegible]

[illegible]

1. [illegible]

(ᠭᠤᠷᠪᠠ) ᠬᠠᠷᠠᠭᠠᠨ᠎ᠠ [illegible]

[illegible]᠃

[illegible] 《 [illegible] 》 [illegible]᠃

[illegible] (*Caragana Korshinskii* Kom.) [illegible]᠃

[illegible]

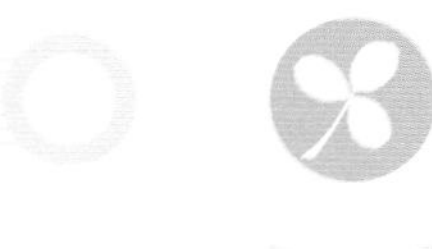

（二）播种技术

1. 播种时期

柠条要在6月中旬进入雨季时抢墒播种。这时温度高，土壤水分充足，种子发芽快，有利于出苗。

2. 播种方式

一般采用条播，柠条种子破土能力差，播种深度要在3 cm左右，不能太深。

3. 播种量

达到22.5 ～ 30.0 kg/hm^2。

（三）田间管理

1. 水肥管理

苗木出齐前不宜漫灌，若床面过干可适当洒水浅灌以改善墒情。苗高10 cm后，宜酌情早晚灌溉。

2. 杂草防除

种子在播种10天后就会发芽出土了。7月中旬，当苗长到2 ～ 3 cm时要进行中耕除草一次。除草时，要使垄背疏松干净。靠近苗周围的草要用手拔除，不要伤到幼苗。中耕深度要至少达到3 cm，这样才能使土壤疏松透气，便于雨季吸纳水分。

3. 病虫害防治

柠条最严重的虫害是种实害虫，如柠条豆象、柠条小蜂、柠条荚螟、柠条象鼻虫等。花期喷洒50%百治屠1 000倍液，毒杀成虫。5月下旬喷洒80%磷铵1 000倍液，或50%杀螟松500倍液毒杀幼虫，并兼治种子小蜂、荚螟等害虫。对有豆象虫害的种子进行筛选，然后集中焚毁。

ᠲᠠᠷᠢᠭᠰᠠᠨ ᠤ ᠳᠠᠷᠠᠭ᠎ᠠ ᠤᠰᠤᠯᠠᠬᠤ ᠪᠣᠯᠤᠮᠵᠢ ᠲᠠᠢ ᠪᠣᠯ ᠲᠠᠷᠢᠬᠤ ᠭᠦᠨ ᠢ ᠨᠢᠭᠡᠨ ᠵᠡᠷᠭᠡ ᠬᠦᠨᠳᠦᠯᠡᠨ ᠲᠠᠷᠢᠬᠤ ᠪᠥᠭᠡᠳ 3 cm ᠡᠴᠡ ᠬᠡᠲᠦᠷᠡᠭᠦᠯᠬᠦ ᠦᠭᠡᠢ ᠪᠠᠢᠬᠤ ᠬᠡᠷᠡᠭᠲᠡᠢ ᠃

22.5 ~ 30.0 kg/hm² ᠪᠣᠯᠭᠠᠨ᠎ᠠ ᠃

10 cm ᠡᠴᠡ ᠳᠣᠣᠷᠠᠬᠢ ᠬᠥᠷᠥᠰᠥᠨ ᠦ ᠴᠢᠢᠭ ᠪᠠᠶᠢᠳᠠᠯ ᠢ ᠳᠠᠭᠠᠭᠤ ᠲᠡᠭᠰᠢ ᠪᠠᠶᠢᠯᠭᠠᠬᠤ ᠬᠡᠷᠡᠭᠲᠡᠢ ᠃

ᠰᠢᠷᠣᠢ ᠶᠢᠨ ᠴᠢᠢᠭ ᠢ ᠪᠠᠷᠢᠮᠲᠠᠯᠠᠬᠤ ᠳᠤ ᠲᠤᠯᠭᠤᠷᠢᠯᠠᠨ᠎ᠠ ᠂ ᠰᠢᠷᠣᠢ ᠶᠢᠨ ᠭᠠᠳᠠᠷᠭᠤ ᠪᠠᠨ ᠳᠡᠭᠡᠷᠡ ᠬᠥᠷᠥᠰᠥᠨ ᠦ ᠴᠢᠢᠭ ᠢ ᠬᠠᠳᠠᠭᠠᠯᠠᠬᠤ ᠭᠡᠨ ᠦᠬᠡᠯᠡᠳ ᠂ ᠤᠰᠤ ᠤᠰᠤᠯᠠᠬᠤ ᠳᠤ ᠨᠢᠭᠡᠳᠦᠭᠡᠷ ᠤᠳᠠᠭ᠎ᠠ ᠤᠰᠤᠯᠠᠨ᠎ᠠ ᠃ 3 cm ᠡᠴᠡ ᠳᠣᠣᠷᠠᠬᠢ ᠬᠥᠷᠥᠰᠥᠨ ᠦ ᠴᠢᠢᠭ ᠢ ᠬᠠᠳᠠᠭᠠᠯᠠᠵᠤ ᠂ ᠨᠠᠬᠢᠶ᠎ᠠ ᠪᠣᠯᠤᠭᠰᠠᠨ ᠤ ᠳᠠᠷᠠᠭ᠎ᠠ ᠃ 7 ᠬᠣᠨᠤᠭ ᠤᠨ ᠳᠠᠷᠠᠭ᠎ᠠ ᠂ ᠡᠨᠡ ᠨᠢ 2 ~ 3 cm ᠬᠥᠷᠥᠰᠥᠨ ᠦ ᠳᠡᠭᠡᠷᠡ ᠤᠰᠤ ᠤᠰᠤᠯᠠᠬᠤ ᠬᠡᠷᠡᠭᠲᠡᠢ ᠃ ᠲᠡᠭᠡᠬᠦ

（四）收获

1. 刈割期

播后应严格封育3年，不能放牧或刈割，待第四年成株后才能利用。在立冬或次年春季解冻前，用锋利刀具齐地面刈割掉全部枝条。

2. 留茬高度

齐地刈割。

（五）主要品种介绍

1. 内蒙古小叶锦鸡儿

产量表现：1990年飞机播种草地鲜草产量为2 360 kg/hm^2，比天然草地增产2倍多。种子产量330 kg/hm^2。

适应地区：适宜华北、西北等地区的丘陵沙地与干草原类型区种植。

2. 晋北小叶锦鸡儿

产量表现：2001～2003年区域试验，3年平均干草产量8 630 kg/hm^2。2002～2004年生产试验，3年平均干草产量7 840 kg/hm^2。种子产量330～400 kg/hm^2。

适应地区：适宜西北、华北、东北的干旱、半干旱地区种植。

2004 ᠣᠨ ᠤ ᠦᠨᠳᠦᠰᠦᠲᠡᠨ ᠦ ᠲᠤᠷᠰᠢᠯᠲᠠ ᠳᠤ ᠂ ᠬᠠᠭᠤᠷᠠᠢ ᠡᠪᠡᠰᠦ ᠪᠡᠷ ᠪᠣᠳᠣᠭᠳᠠᠭᠰᠠᠨ ᠦᠷᠲᠡᠭᠡ ᠨᠢ 7 840 kg/hm^2 ᠂ ᠦᠷ᠎ᠡ ᠶᠢᠨ ᠦᠷᠲᠡᠭᠡ ᠨᠢ 330 ~ 400 kg/hm^2 ᠪᠣᠯᠤᠨ᠎ᠠ ::

ᠦᠷᠲᠡᠭᠡ ᠶᠢᠨ ᠪᠠᠢᠳᠠᠯ : 2001 ~ 2003 ᠣᠨ ᠤ ᠪᠦᠰᠡ ᠣᠷᠣᠨ ᠤ ᠲᠤᠷᠰᠢᠯᠲᠠ ᠳᠤ ᠂ 3 ᠵᠢᠯ ᠦᠨ ᠬᠠᠭᠤᠷᠠᠢ ᠡᠪᠡᠰᠦ ᠪᠡᠷ ᠪᠣᠳᠣᠭᠳᠠᠭᠰᠠᠨ ᠦᠷᠲᠡᠭᠡ ᠨᠢ 8 630 kg/hm^2 ᠪᠣᠯᠵᠤ ᠂ 2002 ~

ᠰᠠᠢᠬᠠᠨ ᠦᠷᠭᠡᠵᠢᠯᠡᠨ᠎ᠡ :: ᠦᠷ᠎ᠡ ᠨᠢ 330 kg/hm^2 ᠬᠦᠷᠳᠡᠭ ::

ᠦᠷᠲᠡᠭᠡ ᠶᠢᠨ ᠪᠠᠢᠳᠠᠯ : 1990 ᠣᠨ ᠳᠤ ᠰᠢᠯᠭᠠᠨ ᠲᠤᠷᠰᠢᠭᠰᠠᠨ ᠳᠤ ᠂ ᠨᠣᠭᠣᠭᠠᠨ ᠡᠪᠡᠰᠦ ᠪᠡᠷ ᠦᠷᠲᠡᠭᠡ ᠨᠢ 2 360 kg/hm^2 ᠪᠣᠯᠵᠤ ᠂ ᠡᠨᠡ ᠨᠢ ᠬᠠᠷᠢᠴᠠᠭᠤᠯᠬᠤ ᠰᠣᠷᠲ ᠠᠴᠠ 2 ᠳᠠᠬᠢᠨ

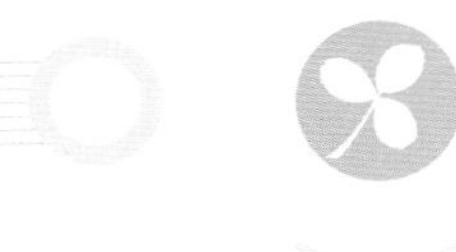

七、百脉根

百脉根（*Lotus corniculatus* L.）又名五叶草（四叶草），多年生豆科百脉根属草本植物。原产欧亚大陆温带地区，中国河北、云南、贵州、四川、甘肃等地均有野生种分布，广泛用于果园生草、绿肥、草场改良及牧草。

（一）播前准备

1. 种床准备

百脉根种子细小，苗期生长缓慢，因此对种床质量要求较高。要求播前精细整地、苗期要加强管理。

2. 品种选择

选用国家或省级审定登记、符合当地生产条件和需求的品种。种子质量应符合国家要求。

3. 种子处理

播前应对种子进行硬实处理，要进行根瘤菌接种。

（二）播种技术

1. 播种时期

在高寒地区宜春播，在3月中下旬最好。

2. 播种方式

播种方式为条播，播深1 ～ 1.3 cm，行距为30 ～ 10 cm。

3. 播种量

6 ～ 10 kg/hm^2。

4. 覆土镇压

播后及时镇压。

6 ~ 10 kg/hm² ᠪᠣᠯᠭᠠᠨ ᠲᠠᠷᠢᠨ᠎ᠠ᠃

1 ~ 1.3 cm ᠪᠣᠯ᠂ ᠮᠥᠷ ᠤᠨ ᠵᠠᠢ ᠢ 30 ~ 10 cm ᠪᠠᠶᠢᠯᠭᠠᠵᠤ ᠮᠥᠷᠯᠡᠨ ᠲᠠᠷᠢᠨ᠎ᠠ᠃

ᠰᠠᠮᠠᠷᠠᠬᠠᠨ ᠴᠡᠴᠡᠭ (*Lotus corniculatus* L.) ᠂ ᠪᠤᠶᠤ ᠤᠰᠤᠨ ᠪᠤᠷᠴᠠᠭ ᠲᠡᠢ (ᠡᠪᠡᠰᠦ ᠨ ᠤ) ᠲᠥᠷᠦᠯ᠃ ᠣᠯᠠᠨ ᠨᠠᠰᠤᠲᠤ ᠡᠪᠡᠰᠦ ᠪᠣᠯᠤᠨ᠎ᠠ᠃

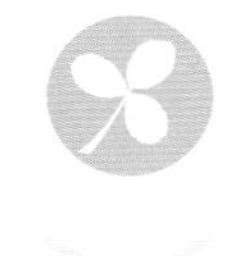

（三）田间管理

1. 水肥管理

百脉根种子小，子叶也小，幼苗拱土能力弱，出苗前后应防止土壤板结，另外幼苗生长缓慢，有1个月左右的蹲苗期，此时应防止水淹或地表温度过高灼烧致死。播种后，要结合秋耕深翻一次施足底肥，有机肥22 ～ 38 t/hm^2，硝酸铵75 ～ 150 kg/hm^2，过磷酸钙375 ～ 750 kg/hm^2。过磷酸钙要事先与有机肥混合，洒水湿润，堆积腐熟20 ～ 30天后再施用。

2. 杂草防除

幼苗期要及时中耕，防止杂草。

3. 病虫害防治

百脉根病虫害较轻。偶见种荚内有豆荚螟为害，可喷杀灭菊酯800倍液防治。翌年早春在百脉根返青前进行烧茬，既可杀死残茬中的虫卵和大量病原菌，又能增加土壤肥力。

（四）收获

1. 刈割期

在初花期刈割最好，但在盛花期刈割品质仍佳。

2. 留茬高度

应在6 ～ 8 cm。

3. 刈割次数

不可连续刈割或放牧，刈割或放牧间隙应尽量加长，可以再次出现初花期为准，一般一年为2 ～ 3次。

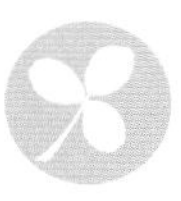

(ᠭᠤᠷᠪᠠ) ᠲᠠᠷᠢᠶᠠᠨ ᠭᠠᠵᠠᠷ ᠤᠨ ᠮᠠᠨ᠋ᠠᠵᠢᠮᠡᠨ᠋ᠲ

1. ᠬᠣᠪᠣ ᠪᠣᠭᠣᠷᠠᠭᠤᠯ ᠤᠨ ᠬᠠᠮᠠᠭᠠᠯᠠᠯᠲᠠ

ᠰᠠᠯᠠᠭᠠᠯᠠᠭᠰᠠᠨ ᠤᠨ ᠬᠣᠶᠢᠨ᠎ᠠ ᠂ ᠮᠥᠨ ᠴᠠᠭ ᠲᠤ ᠪᠣᠷᠤᠭᠠ ᠂ ᠮᠥᠨ ᠰᠢᠭ ᠬᠣᠷᠤᠭᠠ ᠤᠨ ᠬᠠᠮᠠᠭᠠᠯᠠᠯᠲᠠ ᠶᠢ ᠠᠩᠬᠠᠷᠬᠤ ᠬᠡᠷᠡᠭᠲᠡᠢ ᠪᠥᠭᠡᠳ ᠬᠣᠪᠣ ᠪᠣᠭᠣᠷᠠᠭᠤᠯ ᠤᠨ ᠬᠣᠷᠤᠭᠠ ᠶᠢ ᠴᠠᠭ ᠲᠤ ᠨᠢ ᠠᠷᠢᠯᠭᠠᠬᠤ ᠬᠡᠷᠡᠭᠲᠡᠢ ᠡᠪᠡᠰᠦ ᠶᠢᠨ ᠪᠦᠲᠦᠭᠡᠭᠳᠡᠬᠦᠨ ᠢ ᠳᠡᠭᠡᠭᠰᠢᠯᠡᠭᠦᠯᠦᠨ᠎ᠡ ᠃ ᠨᠣᠭᠣᠭᠠᠨ ᠪᠦᠲᠦᠭᠡᠭᠳᠡᠬᠦᠨ 22 ~ 38 t/hm² ᠂ ᠬᠠᠭᠤᠷᠠᠢ ᠡᠪᠡᠰᠦ ᠶᠢᠨ ᠦᠷ᠎ᠡ 75 ~ 150 kg/hm² ᠂ ᠨᠢᠭᠡ ᠪᠡᠯᠴᠢᠭᠡᠷ ᠡᠪᠡᠰᠦ ᠶᠢᠨ ᠲᠡᠵᠢᠭᠡᠯ 375 ~ 750 kg/hm² ᠬᠦᠷᠦᠨ᠎ᠡ ᠃ ᠨᠢᠭᠡ ᠪᠡᠯᠴᠢᠭᠡᠷ ᠡᠪᠡᠰᠦ ᠶᠢᠨ ᠲᠡᠵᠢᠭᠡᠯ ᠢ ᠬᠠᠳᠠᠭᠠᠯᠠᠬᠤ ᠠᠷᠭ᠎ᠠ ᠪᠣᠯᠤᠨ᠎ᠠ ᠃

ᠪᠣᠯᠤᠭᠰᠠᠨ ᠤᠨ ᠳᠠᠷᠠᠭ᠎ᠠ ᠨᠣᠭᠣᠭᠠᠨ ᠪᠡᠷ ᠨᠢ 20 ~ 30 ᠬᠣᠨᠣᠭ ᠬᠠᠳᠠᠭᠠᠯᠠᠬᠤ ᠳᠤ ᠲᠣᠬᠢᠷᠠᠮᠵᠢᠲᠠᠢ ᠪᠠᠢᠳᠠᠭ ᠃

2. ᠬᠣᠨᠢ ᠮᠠᠯ ᠤᠨ ᠡᠪᠡᠰᠦ ᠲᠡᠵᠢᠭᠡᠯ

ᠨᠢᠭᠡ ᠵᠢᠯ ᠳᠦ 2 ~ 3 ᠤᠳᠠᠭ᠎ᠠ ᠬᠠᠳᠤᠵᠤ ᠮᠠᠯ ᠤᠨ ᠡᠪᠡᠰᠦ ᠲᠡᠵᠢᠭᠡᠯ ᠪᠣᠯᠭᠠᠨ ᠬᠡᠷᠡᠭᠯᠡᠨ᠎ᠡ ᠃

3. ᠬᠠᠳᠠᠭᠠᠯᠠᠯᠲᠠ ᠶᠢᠨ ᠠᠷᠭ᠎ᠠ ᠬᠡᠮᠵᠢᠶ᠎ᠡ

ᠬᠠᠳᠠᠭᠠᠯᠠᠬᠤ ᠳᠤ ᠲᠠᠷᠢᠮᠠᠯ ᠤᠨ ᠦᠷ᠎ᠡ ᠶᠢᠨ ᠳᠤᠮᠳᠠ ᠬᠡᠮᠵᠢᠶ᠎ᠡ ᠨᠢ ᠬᠠᠭᠤᠷᠠᠢ ᠪᠣᠯᠭᠠᠵᠤ ᠬᠠᠳᠠᠭᠠᠯᠠᠬᠤ ᠬᠡᠷᠡᠭᠲᠡᠢ ᠂ ᠬᠠᠳᠠᠭᠠᠯᠠᠬᠤ ᠭᠠᠵᠠᠷ ᠨᠢ ᠬᠠᠭᠤᠷᠠᠢ ᠰᠡᠷᠢᠭᠦᠨ ᠪᠥᠭᠡᠳ ᠠᠭᠠᠷ ᠤᠨ ᠴᠢᠭᠢᠭ 800 ᠠᠴᠠ

ᠳᠣᠣᠷ᠎ᠠ ᠪᠠᠢᠬᠤ ᠬᠡᠷᠡᠭᠲᠡᠢ ᠃

(ᠳᠥᠷᠪᠡ) ᠬᠠᠷᠤᠭᠤᠯᠤᠯᠲᠠ

1. ᠬᠠᠷᠤᠭᠤᠯᠬᠤ ᠴᠠᠭ

ᠰᠠᠯᠠᠭᠠᠯᠠᠬᠤ ᠦᠶ᠎ᠡ ᠳᠦ ᠪᠡᠶ᠎ᠡ ᠶᠢᠨ ᠥᠨᠳᠦᠷ ᠂ ᠴᠡᠴᠡᠭᠯᠡᠬᠦ ᠦᠶ᠎ᠡ ᠳᠦ ᠬᠠᠷᠤᠭᠤᠯᠪᠠᠯ ᠰᠠᠢᠨ ᠃

2. ᠦᠯᠡᠳᠡᠭᠡᠬᠦ ᠥᠨᠳᠦᠷ

ᠦᠯᠡᠳᠡᠭᠡᠬᠦ ᠨᠢ 6 ~ 8 cm ᠪᠠᠢᠯᠭᠠᠨ᠎ᠠ ᠃

3. ᠬᠠᠷᠤᠭᠤᠯᠬᠤ ᠤᠳᠠᠭ᠎ᠠ

ᠲᠠᠷᠢᠭᠰᠠᠨ ᠬᠠᠷᠤᠭᠤᠯᠬᠤ ᠵᠢᠯ ᠳᠦ ᠬᠠᠳᠤᠵᠤ ᠂ ᠬᠠᠷᠤᠭᠤᠯᠤᠯᠲᠠ ᠶᠢᠨ ᠳᠠᠷᠠᠭ᠎ᠠ ᠰᠡᠷᠭᠦᠭᠡᠬᠦ ᠴᠢᠳᠠᠪᠤᠷᠢ ᠨᠢ ᠰᠠᠢᠨ ᠲᠤᠯᠠ ᠨᠢᠭᠡ ᠵᠢᠯ ᠳᠦ ᠬᠠᠷᠤᠭᠤᠯᠤᠨ᠎ᠠ ᠃ ᠵᠢᠯ ᠳᠦ ᠪᠠᠨ 2 ~
3 ᠤᠳᠠᠭ᠎ᠠ ᠬᠠᠷᠤᠭᠤᠯᠤᠨ᠎ᠠ ᠃

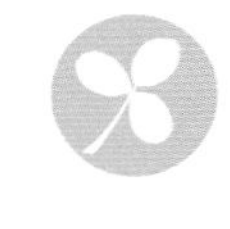

八、红豆草

红豆草（*Onobrychis viciaefolia* Scop.）是豆科红豆草属多年生草本植物，性喜温凉、干燥气候，适应环境的可塑性大，耐干旱、寒冷、早霜、深秋降水、缺肥贫瘠土壤等不利因素。与苜蓿比，抗旱性强，抗寒性稍弱，国内种植的区域有内蒙古、陕西、青海、新疆、宁夏等地。

（一）播前准备

1. 种床准备

播种前需清理地表杂物、石块等，并进行翻耕，深翻20 ～ 35 cm为宜。

2. 品种选择

选择粒大饱满、整齐一致、生活力强、发芽率高的种子，精选后种子质量应符合GB 6141豆科草种子质量分级。

3. 种子处理

播前进行种子精选，去除土块、石子及秕粒、病粒、破粒。选种的方法有风选、筛选和粒选等。

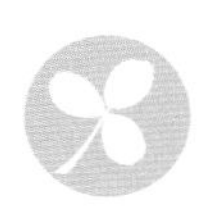

ᠭᠤᠷᠪᠠ᠂ ᠬᠣᠩᠭᠣᠷ ᠪᠤᠷᠴᠠᠭᠠᠲᠤ ᠡᠪᠡᠰᠦ

ᠬᠣᠩᠭᠣᠷ ᠪᠤᠷᠴᠠᠭᠠᠲᠤ ᠡᠪᠡᠰᠦ (*Onobrcychis vicaefolia* Scop.) ᠨᠢ ᠪᠤᠷᠴᠠᠭ ᠤᠨ ᠲᠥᠷᠦᠯ᠂ ᠬᠣᠩᠭᠣᠷ ᠪᠤᠷᠴᠠᠭᠠᠲᠤ ᠡᠪᠡᠰᠦ ᠶᠢᠨ ᠲᠥᠷᠦᠯ ᠦᠨ ᠣᠯᠠᠨ ᠨᠠᠰᠤᠲᠤ ᠡᠪᠡᠰᠡᠨ ᠤᠷᠭᠤᠮᠠᠯ ᠮᠥᠨ ᠃ ᠬᠣᠩᠭᠣᠷ ᠪᠤᠷᠴᠠᠭᠠᠲᠤ ᠡᠪᠡᠰᠦ ᠨᠢ ᠭᠠᠩ ᠳᠤ ᠲᠡᠰᠪᠦᠷᠢ᠂ ᠬᠦᠢᠲᠡᠨ ᠳᠦ ᠲᠡᠰᠪᠦᠷᠢ᠂ ᠬᠥᠷᠥᠰᠦ ᠶᠢᠨ ᠰᠢᠭ ᠢ ᠬᠠᠷᠢᠭᠤᠴᠠᠯᠠᠬᠤ ᠴᠢᠳᠠᠪᠤᠷᠢ ᠮᠠᠭᠤ᠂ ᠭᠠᠳᠠᠷᠭᠤ ᠳᠤ ᠬᠥᠰᠦ ᠬᠦᠴᠦᠷ ᠶᠢᠨ ᠲᠡᠰᠪᠦᠷᠢ ᠶᠢ ᠬᠠᠷᠢᠭᠤᠴᠠᠯᠠᠬᠤ ᠴᠢᠳᠠᠪᠤᠷᠢ ᠳᠤ ᠳᠣᠷᠤᠢ ᠪᠠᠢᠨ᠎ᠠ ᠃ ᠲᠡᠷᠡ ᠬᠣᠷᠣᠭᠣ ᠳᠠᠭᠠᠨ ᠲᠡᠰᠪᠦᠷᠢ ᠶᠢᠨ ᠴᠢᠳᠠᠪᠤᠷᠢ ᠰᠠᠢᠨ ᠲᠤᠯᠠ᠂ ᠪᠡᠯᠴᠢᠭᠡᠷ ᠤᠨ ᠡᠪᠡᠰᠦ᠂ ᠨᠣᠭᠣᠭᠠᠨ ᠲᠡᠵᠢᠭᠡᠯ᠂ ᠬᠠᠳᠠᠯᠠᠭᠠ ᠶᠢᠨ ᠡᠪᠡᠰᠦ᠂ ᠲᠠᠷᠢᠶᠠᠨ ᠤ ᠪᠣᠷᠳᠣᠭᠣ᠂ ᠬᠥᠷᠥᠰᠦ ᠵᠥᠭᠡᠯᠡᠷᠡᠭᠦᠯᠬᠦ᠂ ᠬᠥᠷᠥᠰᠦ ᠶᠢ ᠬᠠᠮᠠᠭᠠᠯᠠᠬᠤ᠂ ᠰᠢᠷᠦᠢ ᠶᠢ ᠲᠤᠷᠬᠠᠷᠠᠭᠤᠯᠬᠤ᠂ ᠵᠥᠭᠥ ᠶᠢᠨ ᠲᠡᠵᠢᠭᠡᠯ ᠦᠨ ᠡᠬᠢ ᠪᠣᠯᠤᠨ᠎ᠠ ᠃

(ᠨᠢᠭᠡ) ᠲᠠᠷᠢᠬᠤ ᠶᠢᠨ ᠡᠮᠦᠨ᠎ᠡ ᠬᠢ ᠪᠡᠯᠡᠳᠬᠡᠯ

1. ᠭᠠᠵᠠᠷ ᠤᠨ ᠰᠣᠩᠭᠣᠯᠲᠠ ᠪᠠ ᠪᠡᠯᠡᠳᠬᠡᠯ

ᠲᠠᠷᠢᠬᠤ ᠶᠢᠨ ᠡᠮᠦᠨ᠎ᠡ ᠭᠠᠵᠠᠷ ᠢ ᠭᠦᠨ ᠬᠠᠭᠤᠯᠵᠤ᠂ ᠬᠠᠭᠤᠯᠬᠤ ᠭᠦᠨ ᠢ ᠶᠡᠷᠦᠩᠬᠡᠢ 20 ~ 35 cm ᠪᠣᠯᠭᠠᠨ᠎ᠠ ᠃

2. ᠦᠷ᠎ᠡ ᠶᠢᠨ ᠰᠣᠩᠭᠣᠯᠲᠠ

ᠲᠠᠷᠢᠬᠤ ᠦᠷ᠎ᠡ ᠶᠢᠨ ᠴᠢᠨᠠᠷ ᠨᠢ GB 6141 ᠪᠠᠷ ᠢ ᠳᠠᠭᠠᠨ᠂ ᠬᠣᠯᠢᠮᠠᠭ ᠢ ᠵᠠᠢᠯᠠᠭᠤᠯᠵᠤ᠂ ᠰᠤᠳᠤᠯ ᠢ ᠨᠠᠮᠵᠢᠭᠤᠯᠬᠤ ᠦᠷ᠎ᠡ ᠢ ᠰᠣᠩᠭᠣᠨ ᠬᠡᠷᠡᠭᠯᠡᠨ᠎ᠡ ᠃ ᠦᠷ᠎ᠡ ᠶᠢ ᠲᠠᠷᠢᠬᠤ ᠶᠢᠨ ᠡᠮᠦᠨ᠎ᠡ

3. ᠦᠷ᠎ᠡ ᠪᠣᠯᠪᠠᠰᠤᠷᠠᠭᠤᠯᠬᠤ

ᠦᠷ᠎ᠡ ᠶᠢᠨ ᠪᠣᠯᠪᠠᠰᠤᠷᠠᠯ ᠤᠨ ᠪᠠᠢᠳᠠᠯ ᠢ ᠰᠢᠯᠭᠠᠬᠤ ᠬᠡᠷᠡᠭᠲᠡᠢ ᠃

ᠦᠷ᠎ᠡ ᠶᠢ ᠰᠤᠭᠤᠯᠠᠬᠤ ᠪᠤᠶᠤ ᠨᠣᠴᠢᠯᠠᠭᠤᠯᠤᠨ ᠬᠠᠯᠬᠠᠯᠠᠬᠤ᠂ ᠰᠢᠷᠦᠭᠡᠨ᠂ ᠬᠥᠯᠢᠳᠬᠡᠬᠦ ᠦᠷ᠎ᠡ ᠶᠢ ᠰᠠᠭᠤᠯᠭᠠᠬᠤ᠂ ᠬᠠᠯᠠᠭᠤᠨ ᠤ ᠬᠡᠮᠵᠢᠶ᠎ᠡ ᠳᠦ ᠨᠠᠷᠠᠯᠠᠬᠤ᠂ ᠬᠢᠮᠢ ᠶᠢᠨ ᠪᠣᠳᠠᠰ ᠢ ᠬᠡᠷᠡᠭᠯᠡᠬᠦ ᠦᠷ᠎ᠡ ᠶᠢ

ᠪᠣᠯᠪᠠᠰᠤᠷᠠᠭᠤᠯᠤᠨ᠎ᠠ ᠃

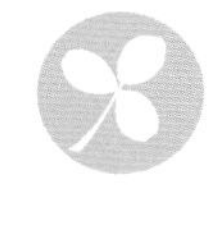

（二）播种技术

1. 播种时期

春播在4月初至5月初、夏播6月底至7月底。

2. 播种方式

收草田宜撒播、条播，条播行距25～30 cm。

3. 播种量

收草地播种量60～75 kg/hm^2。

4. 覆土镇压

播后及时镇压。

（三）田间管理

1. 水肥管理

播种前施有机肥料15 000～30 000 kg/hm^2，过磷酸钙600～900 kg/hm^2，有机肥料要求充分腐熟。每次刈割后需进行追施尿素120～150 kg/hm^2。出苗后小水漫灌1～2次，分枝期灌溉1次。

2. 杂草防除

播种当年，苗期除草2～3次，在生长季结束前，需留苗过冬，严禁冬季放牧。二龄以上的红豆草地，每年春季返青前需要清理田间留茬，耙地保墒。

3. 病虫害防治

主要病虫害为白粉病、蚜虫、草地螟、大灰象甲。采用物理防治、化学防治的方法。白粉病可使用粉锈宁、多抗霉素、35%乙醇；蚜虫可使用氯氰菊酯、吡虫啉；草地螟可使用吡虫啉；大灰象甲可使用阿维菌素防治。

(ᠭᠤᠷᠪᠠ) ᠲᠠᠷᠢᠬᠤ ᠠᠷᠭ᠎ᠠ

1. ᠲᠠᠷᠢᠬᠤ ᠴᠠᠭ

ᠬᠠᠪᠤᠷ ᠤᠨ ᠲᠠᠷᠢᠯᠭ᠎ᠠ ᠨᠢ 4 ᠰᠠᠷ᠎ᠠ ᠶᠢᠨ ᠳᠤᠮᠳᠠ ᠡᠴᠡ 5 ᠰᠠᠷ᠎ᠠ ᠶᠢᠨ ᠳᠤᠮᠳᠠ ᠬᠦᠷᠲᠡᠯ᠎ᠡ ᠂ ᠵᠤᠨ ᠤ ᠲᠠᠷᠢᠯᠭ᠎ᠠ ᠨᠢ 6 ᠰᠠᠷ᠎ᠠ ᠶᠢᠨ ᠳᠤᠮᠳᠠ ᠡᠴᠡ 7 ᠰᠠᠷ᠎ᠠ ᠶᠢᠨ ᠳᠤᠮᠳᠠ ᠬᠦᠷᠲᠡᠯ᠎ᠡ ᠪᠣᠯᠤᠨ᠎ᠠ ::

2. ᠲᠠᠷᠢᠬᠤ ᠠᠷᠭ᠎ᠠ

ᠮᠥᠷ ᠢᠶᠡᠷ ᠲᠠᠷᠢᠬᠤ ᠪᠤᠶᠤ ᠴᠠᠴᠤᠵᠤ ᠲᠠᠷᠢᠬᠤ ᠪᠣᠯᠪᠠᠰᠤ ᠮᠥᠷ ᠬᠣᠭᠣᠷᠣᠨᠳᠤ ᠶᠢᠨ ᠵᠠᠢ ᠶᠢ 25 ~ 30 cm ᠪᠠᠢᠯᠭᠠᠨ᠎ᠠ ::

3. ᠲᠠᠷᠢᠬᠤ ᠬᠡᠮᠵᠢᠶ᠎ᠡ

ᠲᠠᠷᠢᠯᠭ᠎ᠠ ᠶᠢᠨ ᠬᠡᠮᠵᠢᠶ᠎ᠡ ᠨᠢ 60 ~ 75 kg/hm² ᠪᠠᠢᠨ᠎ᠠ ::

4. ᠲᠠᠷᠢᠬᠤ ᠭᠦᠨ ᠦ ᠬᠡᠮᠵᠢᠶ᠎ᠡ

ᠲᠠᠷᠢᠯᠭ᠎ᠠ ᠶᠢᠨ ᠭᠦᠨ ᠦ ᠬᠡᠮᠵᠢᠶ᠎ᠡ ᠪᠣᠯᠤᠨ᠎ᠠ ::

(ᠳᠦᠷᠪᠡ) ᠲᠠᠷᠢᠮᠠᠯ ᠬᠠᠮᠢᠶᠠᠷᠤᠯᠲᠠ ᠶᠢᠨ ᠠᠷᠭ᠎ᠠ ᠬᠡᠮᠵᠢᠶ᠎ᠡ

1. ᠪᠣᠷᠤᠭᠤ ᠡᠪᠡᠰᠦ ᠶᠢ ᠠᠷᠢᠯᠭᠠᠬᠤ

ᠬᠠᠳᠤᠯᠠᠬᠤ ᠤᠨ ᠡᠮᠦᠨ᠎ᠡ ᠨᠣᠭᠣᠭᠠᠨ ᠡᠪᠡᠰᠦ ᠶᠢᠨ ᠦᠨᠳᠦᠷ ᠪᠦᠲᠦᠭᠡᠯ ᠨᠢ 15 000 ~30 000 kg/hm² ᠂ ᠦᠷ᠎ᠡ ᠶᠢᠨ ᠦᠨᠳᠦᠷ ᠪᠦᠲᠦᠭᠡᠯ ᠨᠢ 600 ~ 900 kg/hm² ᠪᠣᠯᠤᠨ᠎ᠠ :: ᠪᠣᠯᠤᠨ᠎ᠠ ᠠᠵᠤᠭᠤ ᠪᠣᠷᠤᠭᠤ ᠡᠪᠡᠰᠦ ᠶᠢ 120 ~150 kg/hm² ᠬᠡᠷᠡᠭᠯᠡᠨ᠎ᠡ :: ᠬᠠᠳᠤᠯᠠᠬᠤ ᠳᠠᠷᠠᠭ᠎ᠠ 1 ~ 2 ᠤᠳᠠᠭ᠎ᠠ ᠤᠰᠤᠯᠠᠨ᠎ᠠ ᠂ ᠨᠢᠭᠡ ᠤᠳᠠᠭ᠎ᠠ ᠳᠤ 1 ᠤᠳᠠᠭ᠎ᠠ ᠤᠰᠤᠯᠠᠨ᠎ᠠ ::

2. ᠰᠠᠢᠨ ᠲᠣᠭᠣᠪᠠ ᠶᠢ ᠰᠣᠩᠭᠣᠨ ᠬᠠᠳᠤᠯᠠᠬᠤ

ᠬᠠᠳᠤᠯᠠᠬᠤ ᠴᠠᠭ ᠨᠢ ᠨᠢᠭᠡ ᠵᠢᠯ ᠳᠤ 2 ~ 3 ᠤᠳᠠᠭ᠎ᠠ ᠬᠠᠳᠤᠯᠠᠨ᠎ᠠ ᠂ ᠬᠠᠳᠤᠯᠠᠭᠰᠠᠨ ᠤ ᠳᠠᠷᠠᠭ᠎ᠠ ᠤᠰᠤᠯᠠᠨ᠎ᠠ ᠂ ᠪᠣᠷᠤᠭᠤ ᠡᠪᠡᠰᠦ ᠶᠢ ᠠᠷᠢᠯᠭᠠᠨ᠎ᠠ ::

3. ᠬᠣᠣᠷᠠᠲᠠᠨ ᠬᠣᠣᠷᠠᠲᠠᠨ ᠤ ᠰᠡᠷᠭᠡᠢᠯᠡᠯᠲᠡ

ᠪᠣᠯᠵᠣᠭᠠᠨ ᠰᠡᠷᠭᠡᠢᠯᠡᠬᠦ ᠪᠡᠷ ᠭᠣᠣᠯ ᠠᠷᠭ᠎ᠠ ᠪᠣᠯᠭᠠᠨ᠎ᠠ ᠂ 35% ᠤᠨ ᠬᠣᠣᠷᠠᠲᠠᠨ ᠡᠮ ᠢᠶᠡᠷ ᠰᠡᠷᠭᠡᠢᠯᠡᠨ᠎ᠡ ::

（四）收获

1. 刈割期

一般在开花盛期刈割，最后一次在生长季结束前25～35天刈割。

2. 留茬高度

正常留茬高度5～6 cm。

3. 刈割次数

每年刈割2～3次。

（五）主要品种介绍

1. 普通红豆草

产量表现：在甘肃地区，普通红豆草的产量以第3～4年最高，可达55 002～60 000 kg/hm^2。随着种植年限的增长，产草量逐渐增加，故最好利用年限为3～5年。

适应区域：国内种植较多的区域为内蒙古、陕西、新疆、青海、宁夏等地。

2. 外高加索红豆草

产量表现：干草产量比普通红豆草较高，产干草达4 500～6 000 kg/hm^2。也有试验表明，在旱作地区干草产量可达7 500～9 000 kg/hm^2，并且可利用多年。

适应区域：国内种植较多的区域为内蒙古、陕西、新疆、青海、宁夏等地。

(ᠭᠤᠷᠪᠠ) ᠬᠠᠳᠤᠯᠠᠯᠲᠠ

1. ᠬᠠᠳᠤᠬᠤ ᠴᠠᠭ

ᠴᠡᠴᠡᠭᠯᠡᠬᠦ ᠡᠬᠢᠯᠡᠯ ᠵᠠᠭᠤᠷᠠ ᠬᠠᠳᠤᠯᠠᠬᠤ ᠳᠤ ᠬᠠᠳᠤᠨ᠎ᠠ ᠃ ᠬᠠᠮᠤᠭ ᠰᠡᠭᠦᠯᠴᠢ ᠶᠢᠨ ᠤᠳᠠᠭ᠎ᠠ ᠪᠠᠨ ᠬᠥᠷᠲᠡᠭᠡᠨ ᠤᠷᠤᠬᠤ ᠡᠴᠡ 25 ~ 35 ᠡᠳᠦᠷ ᠦᠨ ᠡᠮᠦᠨ᠎ᠡ ᠬᠠᠳᠤᠬᠤ ᠬᠡᠷᠡᠭᠲᠡᠢ ᠃

2. ᠦᠯᠡᠳᠡᠭᠡᠬᠦ ᠥᠨᠳᠥᠷᠴᠡ

ᠦᠯᠡᠳᠡᠭᠡᠬᠦ ᠨᠢ ᠶᠢ ᠶᠡᠷᠦᠳᠡᠭᠡᠨ 5 ~ 6 cm ᠪᠣᠯᠭᠠᠨ᠎ᠠ ᠃

3. ᠬᠠᠳᠤᠬᠤ ᠤᠳᠠᠭ᠎ᠠ

ᠵᠢᠯ ᠳᠦ 2 ~ 3 ᠤᠳᠠᠭ᠎ᠠ ᠬᠠᠳᠤᠨ᠎ᠠ ᠃

(ᠳᠥᠷᠪᠡ) ᠦᠪᠡᠰᠦ ᠲᠡᠵᠢᠭᠡᠯ ᠦᠨ ᠭᠠᠷᠤᠯᠲᠠ

1. ᠨᠣᠭᠣᠭᠠᠨ ᠤ ᠦᠢᠯᠡᠳᠪᠦᠷᠢ ᠶᠢᠨ ᠬᠡᠮᠵᠢᠶ᠎ᠡ

ᠨᠣᠭᠣᠭᠠᠨ ᠤ ᠭᠠᠷᠴᠠ : ᠬᠠᠳᠤᠬᠤ ᠤᠳᠠᠭ᠎ᠠ ᠳᠤ · 3 ᠬᠡᠰᠡᠭ ~ 4 ᠬᠡᠰᠡᠭ ᠨᠢ ᠤᠨ ᠭᠠᠷᠴᠠ ᠶᠢ ᠨᠡᠶᠢᠯᠡᠭᠦᠯᠪᠡᠯ ᠪᠣᠯᠤᠨ᠎ᠠ · 55 002 ~ 60 000 kg/hm² ᠪᠣᠯᠤᠨ᠎ᠠ ᠃ ᠬᠠᠳᠤᠯᠠᠭᠰᠠᠨ ᠨᠢ ᠤᠨ ᠦᠪᠡᠰᠦ ᠶᠢᠨ ᠭᠠᠷᠴᠠ ᠶᠢ ᠦᠪᠡᠰᠦᠨ ᠲᠡᠵᠢᠭᠡᠯ ᠪᠣᠯᠭᠠᠬᠤ ᠳᠤ 3 ~ 5 ᠨᠢ ᠨᠢᠭᠡ ᠬᠡᠰᠡᠭ ᠢ ᠨᠡᠶᠢᠯᠡᠭᠦᠯᠦᠨ᠎ᠡ ᠃

ᠬᠠᠳᠤᠯᠠᠬᠤ ᠬᠤᠭᠤᠴᠠᠭ᠎ᠠ : ᠡᠮ ᠪ ᠤᠷᠤᠭ ᠤᠨ ᠦᠪᠡᠰᠦ ᠲᠡᠵᠢᠭᠡᠯ · ᠬᠣᠯᠢᠮᠠᠭ · ᠰᠢᠷᠬᠡᠭᠯᠡᠯ · ᠪᠣᠯᠭᠠᠵᠤ · ᠲᠣᠬᠢᠷᠠᠭᠤᠯᠤᠨ ᠬᠠᠳᠠᠭᠠᠯᠠᠬᠤ ᠪᠣᠯᠤᠨ ᠬᠠᠳᠤᠯᠠᠭᠰᠠᠨ ᠢ ᠰᠢᠯᠢᠨ ᠬᠡᠷᠡᠭᠯᠡᠵᠦ ᠪᠣᠯᠤᠨ᠎ᠠ ᠃

2. ᠦᠷ᠎ᠡ ᠲᠥᠮᠦᠰᠦ ᠶᠢᠨ ᠦᠢᠯᠡᠳᠪᠦᠷᠢ ᠶᠢᠨ ᠬᠡᠮᠵᠢᠶ᠎ᠡ

ᠦᠷ᠎ᠡ ᠶᠢᠨ ᠭᠠᠷᠴᠠ : ᠬᠤᠪᠢᠶᠠᠷᠢ ᠲᠠᠯᠠᠪᠠᠢ ᠳᠤ ᠨᠢᠭᠡ ᠤᠳᠠᠭ᠎ᠠ ᠶᠢ ᠬᠤᠷᠢᠶᠠᠨ ᠠᠪᠤᠭᠰᠠᠨ ᠪᠡᠷ · 4 500 ~ 6 000 kg/hm² ᠪᠣᠯᠤᠨ᠎ᠠ ᠃ ᠬᠠᠷᠢᠨ ᠲᠠᠷᠢᠯᠠᠭᠰᠠᠨ ᠳᠤ ᠬᠠᠳᠠᠭᠠᠯᠠᠯᠲᠠ ᠬᠤᠭᠤᠴᠠᠭ᠎ᠠ · ᠬᠤᠪᠢᠶᠠᠷᠢ ᠨᠢ ᠶᠢᠨ ᠨᠢᠭᠡ ᠤᠳᠠᠭ᠎ᠠ ᠳᠤ ᠬᠤᠪᠢᠶᠠᠷᠢ ᠲᠠᠯᠠᠪᠠᠢ ᠶᠢᠨ ᠨᠢᠭᠡ ᠤᠳᠠᠭ᠎ᠠ ᠶᠢ 7 500 ~ 9 000 kg/hm² ᠪᠣᠯᠲᠠᠯ᠎ᠠ ᠬᠤᠷᠢᠶᠠᠨ ᠠᠪᠤᠨ᠎ᠠ ᠭᠡᠵᠦ ᠪᠣᠯᠤᠨ᠎ᠠ ᠃

ᠬᠠᠳᠤᠯᠠᠬᠤ ᠬᠤᠭᠤᠴᠠᠭ᠎ᠠ : ᠡᠮ ᠪ ᠤᠷᠤᠭ ᠤᠨ ᠦᠪᠡᠰᠦ ᠲᠡᠵᠢᠭᠡᠯ · ᠬᠣᠯᠢᠮᠠᠭ · ᠰᠢᠷᠬᠡᠭᠯᠡᠯ · ᠪᠣᠯᠭᠠᠵᠤ · ᠲᠣᠬᠢᠷᠠᠭᠤᠯᠤᠨ ᠬᠠᠳᠠᠭᠠᠯᠠᠬᠤ ᠪᠣᠯᠤᠨ ᠬᠠᠳᠤᠯᠠᠭᠰᠠᠨ ᠢ ᠰᠢᠯᠢᠨ ᠬᠡᠷᠡᠭᠯᠡᠵᠦ ᠪᠣᠯᠤᠨ᠎ᠠ ᠃

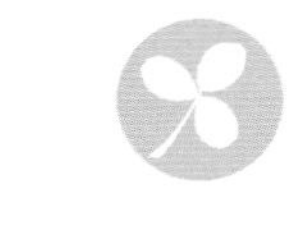

九、秣食豆

秣食豆［*Glycine max* (L.) Merr.］为豆科一年生草本，是大豆属的一个饲用类型。秣食豆为一种原始类型的豆类作物，原产热带及温带稍暖地区，广泛栽培于世界各地。在中国主要分布于东北地区，有大面积栽培，华北、西北也有栽培，但以东北最著名。主要用作绿肥和饲料，是一种很有扩大种植的优良绿肥和饲用作物。秣食豆除作绿肥外还可与玉米、苏丹草、谷子等混播调制青贮料，是农区、半农半牧区推行草田轮作发展家庭养畜业的优良饲草之一。

（一）播前准备

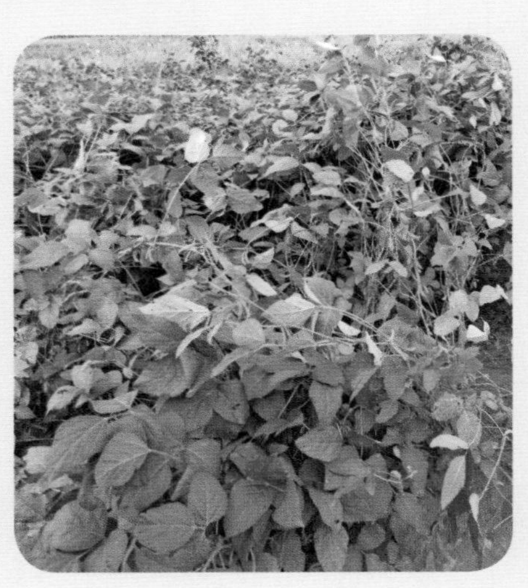

1. 种床准备

秣食豆耐阴、耐瘠薄，较耐盐碱，对土壤要求不严，砂土、黏壤土，肥沃或瘠薄土地都可种植，但以排水良好，土层深厚，肥沃的黑壤土、黑砂壤土为最适宜。播种前需清理地表杂物、石块等。

2. 品种选择

选择粒大饱满、整齐一致、生活力强、发芽率高、符合当地生产条件和需求的种子。

ᠰᠢᠷ᠎ᠡ ᠪᠤᠷᠴᠠᠭ [*Glycine max* (L.) Merr.] ᠨᠢ ᠪᠤᠷᠴᠠᠭ ᠤᠨ ᠲᠦᠷᠦᠯ ᠤᠨ ᠨᠢᠭᠡ ᠨᠠᠰᠤᠲᠤ ᠦᠪᠡᠰᠦᠨ ᠤᠷᠭᠤᠮᠠᠯ᠂ ᠰᠢᠷ᠎ᠡ ᠪᠤᠷᠴᠠᠭ ᠤᠨ ᠡᠬᠡ ᠣᠷᠣᠨ ᠨᠢ ᠳᠤᠮᠳᠠᠳᠤ ᠤᠯᠤᠰ ᠪᠣᠯᠤᠨ᠎ᠠ᠃ ᠮᠠᠨ ᠤ ᠤᠯᠤᠰ ᠤᠨ ᠣᠯᠠᠨ ᠭᠠᠵᠠᠷ ᠲᠠᠷᠢᠯᠠᠭ᠎ᠠ ᠲᠠᠷᠢᠵᠤ ᠢᠷᠡᠭᠰᠡᠨ ᠤᠷᠲᠤ ᠲᠡᠦᠬᠡ ᠲᠠᠢ᠃ ᠰᠢᠷ᠎ᠡ ᠪᠤᠷᠴᠠᠭ ᠨᠢ ᠠᠮᠢᠳᠤ ᠮᠠᠯ ᠤᠨ ᠰᠠᠶᠢᠨ ᠴᠢᠨᠠᠷ ᠤᠨ ᠲᠡᠵᠢᠭᠡᠯ ᠪᠣᠯᠬᠤ ᠶᠢᠨ ᠬᠠᠮᠲᠤ᠂ ᠦᠨᠳᠦᠰᠦᠨ ᠳᠡᠭᠡᠨ ᠠᠵᠤᠳ ᠤᠨ ᠪᠠᠺᠲ᠋ᠧᠷᠢ ᠲᠠᠢ ᠪᠣᠯᠬᠤ ᠲᠤᠯᠠ ᠬᠥᠷᠦᠰᠦᠨ ᠦ ᠦᠷᠡᠵᠢᠯ ᠢ ᠳᠡᠭᠡᠭᠰᠢᠯᠡᠭᠦᠯᠬᠦ ᠴᠢᠳᠠᠪᠤᠷᠢ ᠲᠠᠢ᠃ ᠣᠯᠠᠨ ᠰᠢᠷ᠎ᠡ ᠪᠤᠷᠴᠠᠭ ᠢ ᠮᠠᠯ ᠤᠨ ᠲᠡᠵᠢᠭᠡᠯ ᠪᠣᠯᠭᠠᠨ ᠲᠠᠷᠢᠵᠤ ᠪᠣᠯᠬᠤ ᠪᠠ ᠪᠤᠰᠤᠳ ᠤᠷᠭᠤᠮᠠᠯ ᠲᠠᠢ ᠬᠣᠯᠢᠮᠠᠭ ᠲᠠᠷᠢᠵᠤ ᠪᠣᠯᠤᠨ᠎ᠠ᠃

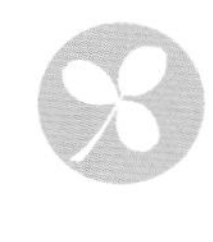

（二）播种技术

1. 播种时期

通常在5月上旬至中旬播种。

2. 播种方式

条播。单种、间种、混播、套种和复种均可。

3. 播种量

青刈或调制青干草时，播量60 ～ 75 kg/hm^2。播种方法采用平播或垄作，生产青刈饲料时，行距45 ～ 65 cm；生产籽实时，以垄作行距65 ～ 70 cm 为宜。

4. 覆土镇压

播深3 ～ 4 cm，播后覆土镇压。

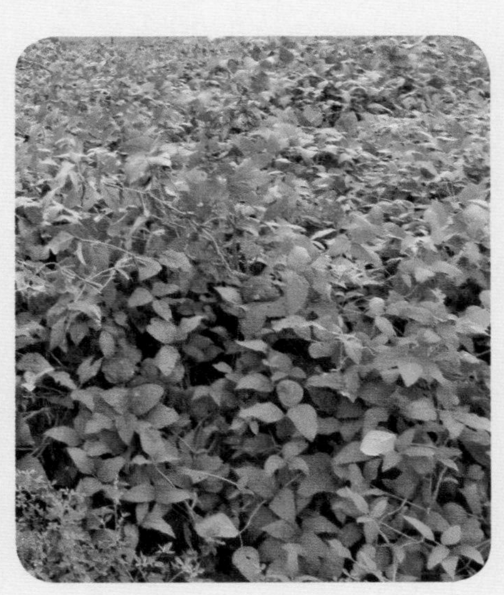

（三）田间管理

1. 水肥管理

播种时可施入种肥磷酸二铵225 ～ 300 kg/hm^2 或复合肥150 ～ 225 kg/hm^2 作底肥。一般施有机底肥量30 ～ 45 t/hm^2。根据土壤墒情适时灌溉，可大幅提高产量。

2. 杂草防除

秣食豆苗期生长缓慢，应及时中耕除草。

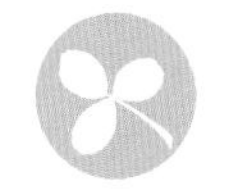

ᠬᠡᠷᠡᠭ ᠪᠣᠯᠬᠤ ᠶᠢ ᠳᠠᠭᠠᠯᠳᠤᠭᠤᠯᠤᠨ ᠰᠢᠩᠭᠡᠷᠡᠭᠦᠯᠦᠨ ᠤᠰᠤ ᠪᠠᠷ ᠤᠰᠤᠯᠠᠭᠠᠳ ᠶᠢ ᠤᠰᠤᠯᠬᠤ ᠪᠣᠯᠤᠨ ᠴᠠᠭ ᠲᠤ ᠨᠢ ᠤᠰᠤ ᠶᠢ ᠲᠠᠭᠠᠷᠠᠭ ᠤᠨ ᠨᠡᠮᠡᠬᠦ ᠬᠡᠮᠵᠢᠶ᠎ᠡ ᠨᠡᠮᠡᠭᠳᠡᠬᠦ ᠬᠡᠷᠡᠭᠲᠡᠢ ::

2. ᠨᠡᠮᠡᠯᠲᠡ ᠪᠣᠷᠤᠳᠤᠭᠤᠯ ᠢ ᠬᠡᠷᠡᠭᠯᠡᠬᠦ

ᠪᠣᠯᠤᠨ᠎ᠠ ::

ᠪᠠᠭᠤᠰᠤ ᠪᠣᠷᠤᠳᠤᠭᠤᠯ ᠢ ᠬᠡᠮᠵᠢᠶ᠎ᠡ ᠪᠡᠷ 30 ~ 45 t/hm² ᠪᠣᠯᠭᠠᠨ᠎ᠠ :: ᠪᠠᠭᠤᠰᠤ ᠪᠠ ᠪᠤᠰᠤ ᠪᠣᠷᠤᠳᠤᠭᠤᠯ ᠢ ᠬᠣᠯᠢᠯᠳᠤᠭᠤᠯᠵᠤ · ᠴᠠᠭ ᠲᠤᠬᠠᠢ ᠳᠤ ᠶᠢ ᠬᠣᠯᠢᠯᠳᠤᠭᠤᠯᠤᠨ ᠬᠡᠷᠡᠭᠯᠡᠬᠦ ᠶᠢᠨ ᠰᠠᠢ ᠬᠡᠮᠵᠢᠶ᠎ᠡ ᠪᠠᠷ ᠲᠤᠰᠬᠠᠢᠯᠠᠨ ᠬᠡᠷᠡᠭᠯᠡᠨ᠎ᠡ

ᠲᠠᠷᠢᠬᠤ ᠳᠤ ᠪᠠᠨ ᠹᠣᠰᠹᠣᠷ ᠪᠣᠷᠤᠳᠤᠭᠤᠯ ᠢ ᠨᠢᠭᠡ ᠭᠡᠺᠲ᠋ᠠᠷ 225 ~ 300 kg/hm² ᠪᠠᠷ ᠺᠠᠯᠢ ᠪᠣᠷᠤᠳᠤᠭᠤᠯ 150 ~ 225 kg/hm² ᠢ ᠰᠠᠭᠤᠷᠢ ᠪᠣᠷᠤᠳᠤᠭᠤᠯ ᠪᠣᠯᠭᠠᠨ ᠬᠡᠷᠡᠭᠯᠡᠨ᠎ᠡ :: ᠰᠠᠭᠤᠷᠢᠨ

1. ᠰᠠᠭᠤᠷᠢ ᠪᠣᠷᠤᠳᠤᠭᠤᠯ ᠢ ᠬᠡᠷᠡᠭᠯᠡᠬᠦ

(ᠭᠤᠷᠪᠠ) ᠲᠠᠷᠢᠯᠠᠩ ᠭᠠᠵᠠᠷ ᠢ ᠪᠡᠯᠡᠳᠬᠡᠬᠦ

3 ~ 4 cm ᠪᠠᠢ ᠲᠠᠷᠢᠬᠤ · ᠲᠠᠷᠢᠭᠠᠳ ᠪᠠᠨ ᠪᠠᠷᠢᠭᠤᠯᠬᠤ ᠲᠠᠷᠢᠨ᠎ᠠ ::

4. ᠲᠠᠷᠢᠬᠤ ᠠᠷᠭ᠎ᠠ ᠲᠠᠷᠢᠬᠤ

ᠰᠢᠷᠭᠡᠯᠵᠢᠨ ᠲᠠᠷᠢᠬᠤ ᠮᠥᠷ ᠤᠨ ᠵᠠᠢ ᠨᠢ 45 ~ 65 cm ᠪᠠᠢᠯᠭᠠᠬᠤ · ᠥᠷᠭᠡᠨ ᠮᠥᠷ ᠤᠨ 65 ~ 70 cm ᠲᠠᠷᠢᠬᠤ ᠠᠷᠭ᠎ᠠ ᠲᠠᠢ ::

ᠰᠢᠷᠭᠡᠯᠵᠢᠨ ᠲᠠᠷᠢᠬᠤ ᠮᠥᠷ ᠤᠨ ᠵᠠᠢ ᠪᠣᠯᠤᠨ ᠨᠢᠭᠡ ᠭᠡᠺᠲ᠋ᠠᠷ ᠲᠠᠷᠢᠬᠤ ᠬᠡᠮᠵᠢᠶ᠎ᠡ 60 ~ 75 kg/hm² ᠪᠠᠢᠬᠤ ᠬᠡᠷᠡᠭᠲᠡᠢ · ᠲᠠᠷᠢᠬᠤ ᠠᠷᠭ᠎ᠠ ᠪᠠᠷ ᠲᠠᠷᠢᠬᠤ ᠪᠣᠯᠤᠨ᠎ᠠ ::

3. ᠲᠠᠷᠢᠬᠤ ᠬᠡᠮᠵᠢᠶ᠎ᠡ

ᠬᠠᠪᠤᠷ ᠤᠨ ᠲᠠᠷᠢᠬᠤ · ᠵᠤᠨ ᠤ ᠲᠠᠷᠢᠬᠤ · ᠨᠠᠮᠤᠷ ᠤᠨ ᠲᠠᠷᠢᠬᠤ · ᠡᠪᠦᠯ ᠦᠨ ᠲᠠᠷᠢᠬᠤ ᠪᠠ ᠲᠠᠷᠢᠬᠤ ᠲᠠᠷᠢᠬᠤ ᠴᠠᠭ ᠪᠠᠢ ᠪᠣᠯᠤᠨ᠎ᠠ ::

2. ᠲᠠᠷᠢᠬᠤ ᠠᠷᠭ᠎ᠠ

ᠬᠥᠷᠰᠥᠨ ᠦ 5 ᠰᠮ ᠦᠨ ᠭᠦᠨ ᠳᠦ ᠳᠤᠯᠠᠭᠠᠴᠠ ᠪᠣᠯᠤᠭᠰᠠᠨ ᠲᠠᠷᠢᠨ᠎ᠠ ::

1. ᠲᠠᠷᠢᠬᠤ ᠴᠠᠭ

(ᠳᠥᠷᠪᠡ) ᠲᠠᠷᠢᠬᠤ ᠠᠷᠭ᠎ᠠ

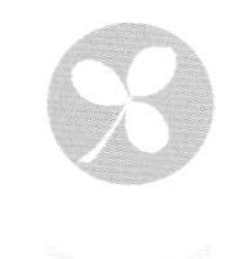

（四）收获

青刈或青饲的，可从株高50 ～ 60 cm到开花期至鼓粒期时分期刈割；调制青干草或青贮时，宜在8 月下旬鼓粒期收割，也可与玉米秸秆混合青贮。采籽粒用的秣食豆要适时收获，收早降低产量和品质，收晚易炸荚，一般在叶已脱落，豆荚变干，籽粒与荚壁脱离，摇动有声时收获。

（五）主要品种介绍

松嫩秣食豆

产量表现：在松嫩平原地区，其平均干草产量可达11 985.1 kg/hm^2，种子产量为2 088.2 kg/hm^2。

适应区域：东北和华北各地。

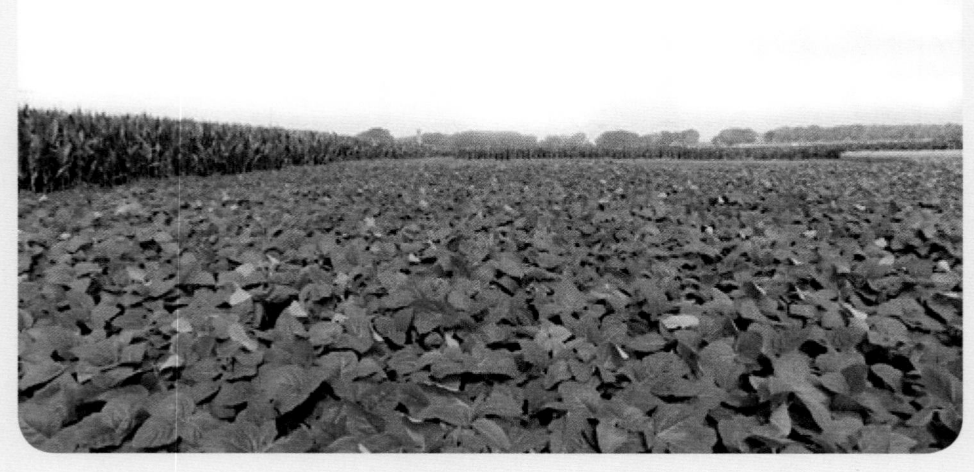

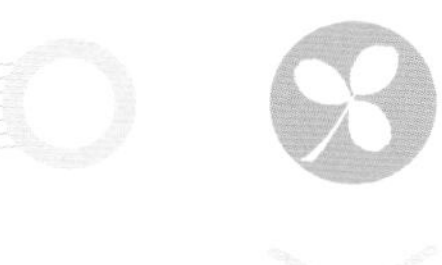

十、籽粒苋

（一）播前准备

1. 种床准备

籽粒苋（*Amaranthus hybridus* L.）应选择地势平坦、排水良好、土层深厚、有机质较多的地块。由于种子细小，需要精细整地，要求达到土地平整、土质细碎。播种时最好进行秋季深耕，耕翻深度20 ～ 30 cm。整地时要施足底肥，耕翻前一般应施入腐熟农家肥30 000 ～ 45 000 kg/hm^2。

2. 品种选择

种子应达到籽粒饱满、色泽一致，发芽率在85%以上。

（二）播种技术

1. 播种时期

一般为春播，4月中下旬进行，当土温达到14℃以上即可播种。

2. 播种方式

播前满足底水，足墒浅播。播种方式多条播、撒播。条播行距30 ～ 50 cm，播深1 ～ 1.5 cm。播种后应及时镇压，以确保土壤墒情。

3. 播种量

为6 ～ 7.5 kg/hm^2。

4. 覆土镇压

播后及时镇压。

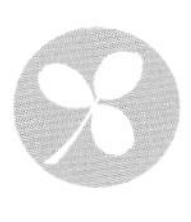

ᠲᠠᠪᠤ ᠂ ᠲᠠᠷᠢᠮᠠᠯ ᠨᠣᠭᠣᠭ᠎ᠠ

(ᠨᠢᠭᠡ) ᠲᠠᠷᠢᠬᠤ ᠶᠢᠨ ᠡᠮᠦᠨᠡᠬᠢ ᠪᠡᠯᠡᠳᠬᠡᠯ

1. ᠭᠠᠵᠠᠷ ᠤᠨ ᠰᠣᠩᠭᠣᠯᠲᠠ ᠶᠢᠨ ᠪᠡᠯᠡᠳᠬᠡᠯ

ᠲᠠᠷᠢᠮᠠᠯ ᠨᠣᠭᠣᠭ᠎ᠠ (*Amaranthus hybridus* L.) ᠨᠢ ᠭᠠᠵᠠᠷ ᠬᠦᠷᠰᠦ ᠂ ᠤᠰᠤ ᠬᠠᠩᠭᠠᠮᠵᠢ ᠳᠤ ᠲᠡᠢ ᠰᠠᠶᠢᠨ ᠂ ᠡᠷᠬᠢᠮ ᠭᠠᠵᠠᠷ ᠂ ᠰᠣᠯᠣᠩᠭ᠎ᠠ ᠪᠠ ᠪᠤᠰᠤ ᠭᠠᠵᠠᠷ ᠢ ᠲᠠᠷᠢᠯᠭ᠎ᠠ ᠳᠤ ᠲᠣᠬᠢᠷᠠᠮᠵᠢ ᠲᠠᠢ ᠪᠣᠯᠤᠨ᠎ᠠ ᠃ ᠭᠠᠵᠠᠷ ᠢ ᠭᠦᠨ ᠬᠠᠭᠠᠯᠵᠤ ᠂ ᠬᠠᠭᠠᠯᠬᠤ ᠭᠦᠨ ᠨᠢ 20 ~ 30 cm ᠪᠣᠯᠭᠠᠨ᠎ᠠ ᠃ ᠭᠠᠵᠠᠷ ᠲᠠᠷᠢᠬᠤ ᠶᠢᠨ ᠡᠮᠦᠨ᠎ᠡ ᠪᠣᠷᠤᠭ᠎ᠠ ᠮᠠᠯ ᠤᠨ ᠪᠣᠰᠤᠭ᠎ᠠ ᠶᠢ ᠨᠡᠢᠯᠡᠭᠦᠯᠵᠦ ᠪᠡᠷ ᠪᠣᠷᠣᠭᠤ ᠭᠠᠵᠠᠷ ᠲᠤ 30 000 ~ 45 000 kg/hm² ᠴᠢᠨᠠᠷ ᠢ ᠤᠷᠤᠭᠤᠯᠤᠨ᠎ᠠ ᠃

2. ᠭᠠᠵᠠᠷ ᠬᠠᠭᠠᠯᠬᠤ

ᠲᠠᠷᠢᠮᠠᠯ ᠢ ᠰᠣᠩᠭᠣᠬᠤ ᠂ ᠬᠠᠵᠢᠭᠤ ᠶᠢ ᠠᠷᠢᠯᠭᠠᠬᠤ ᠂ ᠤᠷᠭᠤᠯᠲᠠ ᠶᠢᠨ ᠨᠢ 85% ᠡᠴᠡ ᠳᠡᠭᠡᠭ᠌ᠰᠢ ᠪᠠᠶᠢᠬᠤ ᠶᠢ ᠱᠠᠭᠠᠷᠳᠠᠨ᠎ᠠ ᠃

(ᠬᠣᠶᠠᠷ) ᠲᠠᠷᠢᠬᠤ ᠠᠷᠭ᠎ᠠ

1. ᠲᠠᠷᠢᠬᠤ ᠴᠠᠭ

ᠭᠠᠵᠠᠷ ᠤᠨ ᠭᠦᠨ 4 ᠰᠠᠩᠲᠢᠮᠧᠲᠷ ᠦᠨ ᠳᠡᠯᠭᠡᠷᠡᠭ ᠦᠨ ᠂ ᠳᠤᠯᠠᠭᠠᠴᠠ ᠨᠢ ᠲᠣᠭᠲᠠᠪᠤᠷᠢ ᠪᠡᠷ 14°C ᠡᠴᠡ ᠳᠡᠭᠡᠭ᠌ᠰᠢ ᠪᠣᠯᠤᠭᠰᠠᠨ ᠦᠶ᠎ᠡ ᠳᠦ ᠲᠠᠷᠢᠨ᠎ᠠ ᠃

2. ᠲᠠᠷᠢᠬᠤ ᠠᠷᠭ᠎ᠠ

ᠲᠠᠷᠢᠬᠤ ᠳᠤ ᠮᠥᠷ ᠲᠠᠷᠢᠯᠭ᠎ᠠ ᠶᠢ ᠬᠡᠷᠡᠭᠯᠡᠨ᠎ᠡ ᠃ ᠮᠥᠷ ᠦᠨ ᠵᠠᠢ ᠨᠢ 30 ~ 50 cm ᠂ ᠲᠠᠷᠢᠬᠤ ᠭᠦᠨ ᠨᠢ 1 ~ 1.5 cm ᠪᠣᠯᠭᠠᠨ ᠲᠠᠷᠢᠵᠤ ᠬᠥᠷᠥᠰᠦ ᠪᠠᠷ ᠪᠠᠷᠢᠬᠤ ᠬᠡᠷᠡᠭᠲᠡᠢ ᠃

3. ᠲᠠᠷᠢᠬᠤ ᠬᠡᠮᠵᠢᠶ᠎ᠡ

6 ~ 7.5 kg/hm² ᠪᠠᠷ ᠲᠠᠷᠢᠨ᠎ᠠ ᠃

4. ᠦᠷ᠎ᠡ ᠪᠣᠯᠪᠠᠰᠤᠷᠠᠭᠤᠯᠬᠤ ᠠᠷᠭ᠎ᠠ

ᠲᠠᠷᠢᠯᠲᠠ ᠶᠢ ᠲᠣᠭᠲᠠᠭᠠᠮᠠᠯ ᠦᠷ᠎ᠡ ᠪᠣᠯᠪᠠᠰᠤᠷᠠᠭᠤᠯᠬᠤ ᠬᠡᠷᠡᠭᠲᠡᠢ ᠃

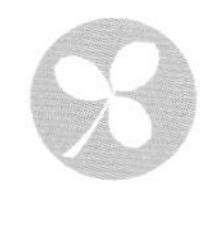

（三）田间管理

1. 水肥管理

中耕时培土可预防倒伏，若春旱严重，应适当灌溉保苗。封垄前，追氮肥150～225 kg/hm^2、过磷酸钙450～600 kg/hm^2，在根旁深施，施后浇水。

2. 杂草防除

苗期中耕除草1～2次，小面积种植以人工除草为主，大面积地块可利用除草剂进行化学除草。防除禾本科杂草以高效盖草能、精禾草克、精稳杀得、精喹禾灵效果较好；防除阔叶草、莎草以灭草松为宜。播前用氟乐灵对土壤进行处理，可防除大部分禾本科杂草和阔叶杂草。

3. 病虫害防治

干旱年份易感染蚜虫和红蜘蛛，可用氰戊菊酯等进行防治。

（四）收获

株高40～60 cm时，分期刈割饲用，留茬20～25 cm。头茬草水分含量高，适宜青饲；二茬草水分含量下降，适宜收获调制青干草。刈后要及时进行除草、松土、追肥、灌水等，促进再生。

[illegible]

[illegible]

[illegible] 40 ~ 60 cm [illegible] 20 ~ 25 cm [illegible]

([illegible]) [illegible]

[illegible]

3. [illegible]

[illegible]

[illegible]

[illegible]

[illegible] 1 ~ 2 [illegible]

2. [illegible]

[illegible]

[illegible] 150 ~ 225 kg/hm^2 · [illegible] 450 ~ 600 kg/hm^2 [illegible]

[illegible]

1. [illegible]

([illegible]) [illegible]

十一、羊草

羊草［*Leymus chinensis* (Trin.) Tzvel.］是我国东北、华北、西北等干旱草原地区优良的多年生野生牧草。抗寒、耐旱、耐践踏、耐瘠薄、耐盐碱，具有广泛的适应性，是优良的禾本科牧草。干草产量为2 250 ～ 4 500 kg/hm^2，高者达7 500 kg/hm^2。羊草具有较高的饲用价值，适口性好、营养丰富，可放牧、调制干草及青贮，是牛、羊、马等家畜的优质饲料。优质干草也是我国出口的主要牧草产品之一。

（一）播前准备

1. 种床准备

羊草对土壤要求不严，耐碱性很强，能在pH5.4 ～ 9.0的土壤中正常生长，除低洼易涝地外均可种植。对瘠薄的土壤具有较好的适应性，过牧退化草地和退耕还牧地都适宜种植羊草。羊草喜欢生长在排水良好、通气、疏松的土壤及肥沃、湿润的黑钙土。

羊草种子细小，发芽率低，出苗困难。因此，播前必须精细整地，做到土壤细碎、地面平整。对播种地块，可前一年进行秋翻耙耱，加快土壤腐熟。保持良好的墒情，一般深翻20 cm。盐碱地则注意把表土浅翻轻耙或深松土，是羊草出好苗、提高保苗率的基础。

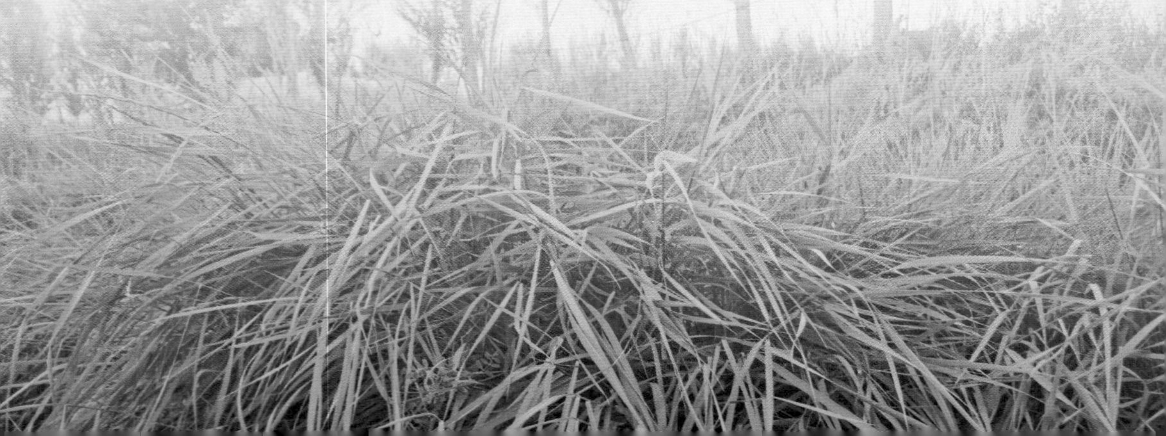

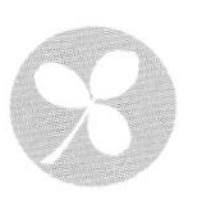

[illegible]

[illegible] 20 cm [illegible]

[illegible]

1. [illegible]

[illegible] pH [illegible] 5.4 ~ 9.0 [illegible]

([illegible]) [illegible]

[illegible]

[illegible] 2 250 ~ 4 500 kg/hm² [illegible] 7 500 kg/hm² [illegible]

[illegible] (*Leymus chinensis* (Trin.)Tzvel.) [illegible]

[illegible]

2. 品种选择

常见品种有吉生1号、吉生2号、吉生3号、吉生4号、农牧1号。

3. 种子处理

羊草种子体大而轻，纯净度低，发芽率低，并混有杂物。因此。播前必须清选，将茎秆及其他杂质清除掉，以提高种子质量及发芽率，也有利于播种及保苗。

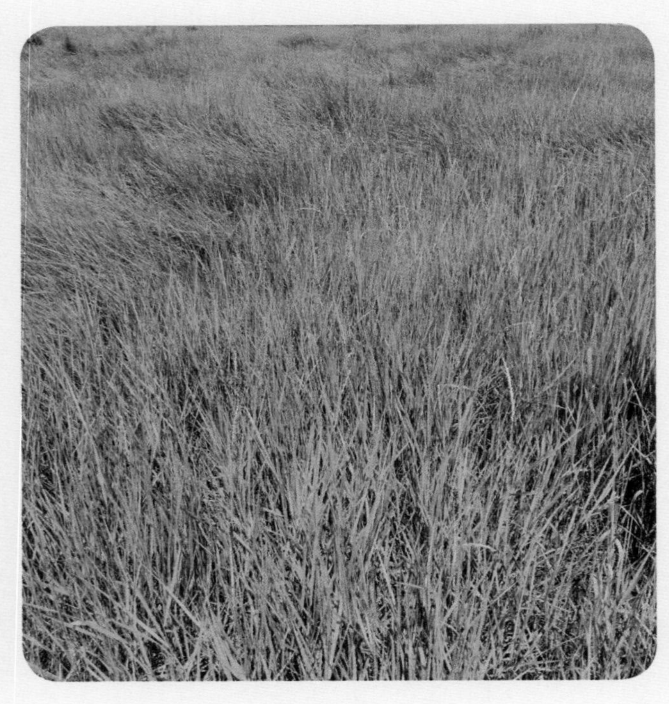

ᠬᠡᠮᠵᠢᠶ᠎ᠡ ᠄ ᠲᠤᠰ ᠲᠠᠷᠢᠶᠠᠨ ᠤ ᠪᠣᠳᠣᠯᠭ᠎ᠠ ᠰᠠᠭᠠᠳ ᠮᠥᠷ ᠦᠨ ᠬᠣᠭᠣᠷᠣᠨᠳᠣᠬᠢ ᠵᠠᠢ ᠶᠢ ᠲᠣᠭ᠎ᠠ ᠪᠠᠷ ᠲᠣᠭᠲᠠᠭᠠᠵᠤ ᠪᠣᠳᠣᠭᠠᠳ ᠬᠡᠮᠵᠢᠭᠳᠡᠬᠦᠨ ᠦ ᠪᠣᠳᠣᠯᠭ᠎ᠠ ᠪᠠᠷ ᠲᠣᠭᠲᠠᠭᠠᠭᠰᠠᠨ ᠪᠣᠯᠤᠨ᠎ᠠ ::

ᠬᠠᠮᠤᠭ ᠤᠨ ᠲᠣᠭ᠎ᠠ ᠶᠢ ᠲᠣᠭᠲᠠᠭᠠᠬᠤ ᠶᠢ ᠪᠣᠳᠣᠵᠤ ᠪᠣᠯᠬᠤ ᠪᠠᠢᠳᠠᠯ ᠂ ᠲᠠᠷᠢᠶᠠᠯᠠᠩ ᠪᠣᠯᠬᠤ ᠂ ᠮᠥᠷ ᠦᠨ ᠬᠣᠭᠣᠷᠣᠨᠳᠣᠬᠢ ᠪᠣᠯᠬᠤ ᠂ ᠰᠤᠷᠪᠤᠯᠵᠢᠯᠠᠭᠰᠠᠨ ᠢ ᠲᠡᠮᠳᠡᠭᠯᠡᠨ ᠪᠣᠳᠣᠯᠭ᠎ᠠ ᠪᠣᠯᠭᠠᠨ ᠪᠣᠳᠣᠬᠤ ᠲᠠᠯ᠎ᠠ ᠪᠠᠨ ᠬᠡᠮᠵᠢᠶ᠎ᠡ ᠲᠠᠷᠢᠶᠠᠨ ᠲᠠᠯᠠᠪᠠᠢ

3. ᠲᠣᠭ᠎ᠠ ᠪᠦᠷᠢᠳᠬᠡᠯ ᠬᠡᠢᠬᠦ

ᠪᠢᠴᠢᠭᠦᠬᠦ ᠰᠠᠭᠤᠯᠭᠠᠯᠲᠠ ᠬᠤᠪᠢᠶᠠᠷᠢ ᠲᠠᠯᠠᠪᠠᠢ ᠳᠤ ᠨᠢ ᠮᠦᠷ ᠦᠨ 1 ᠮᠡᠷᠭᠡᠳᠡᠯ ᠂ ᠨᠢ ᠮᠦᠷ ᠦᠨ 2 ᠮᠡᠷᠭᠡᠳᠡᠯ ᠂ ᠨᠢ ᠮᠦᠷ ᠦᠨ 3 ᠮᠡᠷᠭᠡᠳᠡᠯ ᠂ ᠨᠢ ᠮᠦᠷ ᠦᠨ 4 ᠮᠡᠷᠭᠡᠳᠡᠯ ᠂ ᠮᠥᠩᠭᠡ ᠪᠡᠷ 1 ᠮᠡᠷᠭᠡᠳᠡᠯ ᠲᠠᠢ ᠪᠣᠯᠤᠨ᠎ᠠ ::

2. ᠬᠡᠮᠵᠢᠶ᠎ᠡ ᠲᠣᠭᠲᠠᠭᠠᠬᠤ

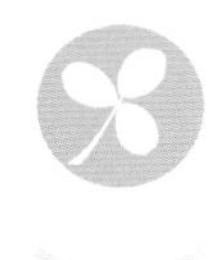

（二）播种技术

1. 播种时期

羊草种子发芽时需要较高的温度和充足的水分。播种时间以夏季雨前为宜，一般不超过7月下旬，过晚幼苗太小，不易越冬。

2. 播种方式

羊草宜条播或撒播。条播行距15 ～ 30 cm。撒播时，将播种机上的开沟器卸掉，种子自然脱落地表。作业中应经常疏通排种管，以防堵塞。由于羊草侵占性强，宜单播，不宜与其他牧草混播，特别是豆科牧草。

3. 播种量

一般为45 ～ 60 kg/hm^2。如播种量过小，抓不住苗，易受杂草危害；播种量太大，幼苗纤细，影响根茎发育，又浪费种子。

4. 覆土镇压

种子的覆土深浅，对出苗和生长发育均有明显影响，一般以2 ～ 4 cm为好。播后镇压1 ～ 2次，以利保墒和促进发芽。

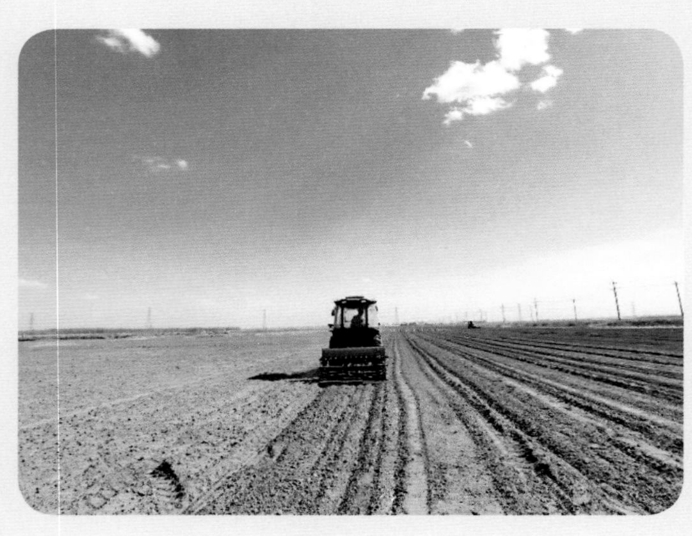

(ᠳᠣᠯᠣᠭ᠎ᠠ) ᠲᠠᠷᠢᠬᠤ ᠠᠷᠭᠠᠴᠢᠯᠠᠯ

1. ᠲᠠᠷᠢᠬᠤ ᠴᠠᠭ

ᠬᠠᠪᠤᠷ ᠤᠨ ᠲᠠᠷᠢᠯᠭ᠎ᠠ ᠶᠢ ᠬᠥᠷᠰᠦ ᠭᠡᠰᠦᠭᠰᠡᠨ ᠦ ᠳᠠᠷᠠᠭ᠎ᠠ ᠲᠠᠷᠢᠵᠤ ᠪᠣᠯᠤᠨ᠎ᠠ ᠃ ᠵᠤᠨ ᠤ ᠲᠠᠷᠢᠯᠭ᠎ᠠ ᠶᠢ ᠶᠡᠷᠦᠳᠡᠭᠡᠨ 7 ᠰᠠᠷ᠎ᠠ ᠳᠤ ᠲᠠᠷᠢᠬᠤ ᠪᠠᠢᠳᠠᠯ ᠲᠠᠢ ᠂ ᠲᠡᠭᠦᠨ ᠡᠴᠡ ᠬᠣᠵᠢᠮᠳᠠᠭᠤᠯᠪᠠᠯ ᠦᠪᠡᠯ ᠦᠨ ᠭᠡᠲᠦᠯᠬᠦ ᠳᠤ ᠨᠥᠯᠦᠭᠡᠯᠡᠨ᠎ᠡ ᠃

2. ᠲᠠᠷᠢᠬᠤ ᠬᠡᠯᠪᠡᠷᠢ

ᠮᠥᠷ ᠲᠠᠷᠢᠯᠭ᠎ᠠ ᠂ ᠪᠣᠰᠤᠭ᠎ᠠ ᠲᠠᠷᠢᠯᠭ᠎ᠠ ᠪᠠ ᠴᠠᠴᠤᠯᠲᠠ ᠲᠠᠷᠢᠯᠭ᠎ᠠ ᠵᠡᠷᠭᠡ ᠬᠡᠯᠪᠡᠷᠢ ᠪᠠᠢᠨ᠎ᠠ ᠂ ᠡᠳᠡᠭᠡᠷ ᠦᠨ ᠳᠣᠲᠤᠷ᠎ᠠ ᠮᠥᠷ ᠲᠠᠷᠢᠯᠭ᠎ᠠ ᠶᠢ ᠣᠯᠠᠨ ᠳᠠᠭᠠᠨ ᠬᠡᠷᠡᠭᠯᠡᠳᠡᠭ ᠃ ᠮᠥᠷ ᠦᠨ ᠵᠠᠢ ᠶᠢ 15 ~ 30 cm ᠪᠠᠢᠯᠭᠠᠨ᠎ᠠ ᠃ ᠬᠣᠯᠢᠮᠠᠭ ᠲᠠᠷᠢᠯᠭ᠎ᠠ ᠳᠤ ᠡᠩ ᠦᠨ ᠲᠠᠷᠢᠬᠤ ᠠᠷᠭ᠎ᠠ ᠪᠠᠷ ᠲᠠᠷᠢᠵᠤ ᠪᠣᠯᠤᠨ᠎ᠠ ᠃

3. ᠲᠠᠷᠢᠬᠤ ᠬᠡᠮᠵᠢᠶ᠎ᠡ

ᠶᠡᠷᠦᠳᠡᠭᠡᠨ 45 ~ 60 kg/hm^2 ᠪᠠᠢᠬᠤ ᠬᠡᠷᠡᠭᠲᠡᠢ ᠃ ᠦᠷ᠎ᠡ ᠶᠢᠨ ᠴᠢᠨᠠᠷ ᠲᠠᠷᠢᠬᠤ ᠴᠠᠭ ᠪᠠ ᠬᠥᠷᠰᠦ ᠶᠢᠨ ᠴᠢᠢᠭ ᠢ ᠪᠠᠷᠢᠮᠵᠢᠯᠠᠨ ᠲᠠᠷᠢᠬᠤ ᠬᠡᠮᠵᠢᠶ᠎ᠡ ᠶᠢ ᠲᠣᠭᠲᠠᠭᠠᠬᠤ ᠬᠡᠷᠡᠭᠲᠡᠢ ᠃

4. ᠬᠥᠷᠰᠦ ᠪᠦᠷᠬᠦᠬᠦ ᠭᠦᠨ

ᠪᠦᠷᠬᠦᠬᠦ ᠬᠥᠷᠰᠦ ᠨᠢ ᠬᠡᠲᠦ ᠵᠤᠵᠠᠭᠠᠨ ᠪᠠᠢᠵᠤ ᠪᠣᠯᠬᠤ ᠦᠭᠡᠢ ᠃ ᠶᠡᠷᠦᠳᠡᠭᠡᠨ 2 ~ 4 cm ᠭᠦᠨ ᠪᠦᠷᠬᠦᠭᠡᠳ ᠳᠠᠷᠤᠭᠤᠯᠤᠨ᠎ᠠ ᠃ ᠲᠠᠷᠢᠭᠰᠠᠨ ᠤ ᠳᠠᠷᠠᠭ᠎ᠠ 1 ~ 2 ᠤᠳᠠᠭ᠎ᠠ ᠳᠠᠷᠤᠭᠤᠯᠪᠠᠯ ᠰᠠᠢᠨ ᠃ ᠬᠥᠷᠰᠦ ᠶᠢᠨ ᠴᠢᠢᠭ ᠢ ᠬᠠᠮᠠᠭᠠᠯᠠᠬᠤ ᠳᠤ ᠠᠩᠬᠠᠷᠬᠤ ᠬᠡᠷᠡᠭᠲᠡᠢ ᠃

（三）田间管理

1. 水肥管理

在羊草草地上增施氮肥效果明显，特别是有灌溉条件的，效果更佳。据黑龙江省农业科学院畜牧研究所试验，增施1 kg硝酸铵可增收干草13 kg，增施1 kg氮素可增产干草30 kg左右。在退化的羊草草地上灌水量为10 ～ 20 kg/m^2，当年比对照增产43.7%。

2. 杂草防除

羊草幼苗出土软弱、纤细，生长极为缓慢，易受杂草危害，死亡率较高。因此，播前彻底消灭杂草是羊草幼苗生长发育好坏和草地生产力高低的关键措施之一。灭草时期和次数可根据田间杂草发生期和数量而定。

在播前或播后及时消灭杂草，可采用人工除草及化学除草方法，以播前灭草效果为最好。

3. 病虫害防治

选用抗病虫优良品种，播种前种子应进行消毒处理，增施磷肥、钾肥，增强抗病虫害能力，实行轮作倒茬，返青前或每茬收割后及时消除病株残体，降低病虫害数量。

羊草易遭草地螟、黏虫、土蝗等虫害，早期发现可及时喷洒符合国家规定的农药进行化学防治。

4. 更新复壮

羊草为根茎性禾草，生长年限过长，根茎纵横交错，形成坚硬草皮，通气性变差，可采取封育、深松、补播、浅翻、轻耙等措施，促进羊草无性更新，增加土壤通气状况，使草群保持较长时间高产。

([illegible]) [illegible]

1. [illegible]

[illegible] ::

[illegible] 1 kg [illegible]

[illegible] 13 kg [illegible] · 1 kg [illegible] 30 kg [illegible] ::

[illegible] 10 ~ 20 kg/m^2 [illegible] 43.7% [illegible] ::

2. [illegible]

[illegible] ::

[illegible] ::

[illegible] ::

3. [illegible]

[illegible]

[illegible] ::

[illegible]

[illegible] ::

4. [illegible]

[illegible]

[illegible] ::

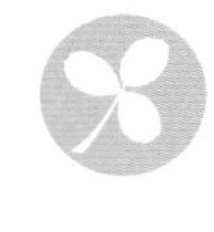

（四）收获

1. 刈割期

孕穗期至始花期刈割最好，当年最后一茬再生草在初霜前30天刈割。

2. 留茬高度

留茬5 cm左右为宜。

3. 刈割次数

在水肥条件充足的条件下，每年可刈割2 ～ 3次。

（五）主要品种介绍

1. 东北羊草

产量表现：东北羊草是最早的驯化栽培种，羊草播种当年不能刈割，第二年即可利用，第三年无性繁殖和有性繁殖达到产量高峰，干草产量在6 000 ～ 7 000 kg/hm^2。

适应地区：东北及内蒙古地区。

2. 吉生1号羊草

产量表现：据1986 ～ 1989年区域试验结果，在内蒙古图牧吉牧场生长第二年吉生1号羊草干草产量为7 332 kg/hm^2，第三年为9 198 kg/hm^2，第四年为10 074 kg/hm^2，3年平均干草产量为8 868 kg/hm^2。种子产量3年平均为377 kg/hm^2。在吉林省白城地区生长第二年吉生1号羊草干草产量为6 420 kg/hm^2，第三年为9 295 kg/hm^2，第四年为4 469 kg/hm^2，3年平均达6 728 kg/hm^2。种子产量3年平均69 kg/hm^2。

适应地区：适宜吉林、黑龙江等省，以及内蒙古自治区半干旱草甸草原种植，在较低洼的草原也可适应。

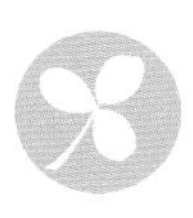

(ᠳᠥᠷᠪᠡ) ᠲᠠᠷᠢᠯᠭ᠎ᠠ

1. ᠲᠠᠷᠢᠬᠤ ᠴᠠᠭ

ᠬᠠᠪᠤᠷᠵᠢᠭᠤᠯ ᠲᠠᠷᠢᠯᠭ᠎ᠠ ᠶᠢ ᠨᠠᠮᠤᠷ ᠲᠠᠷᠢᠬᠤ ᠲᠠᠷᠢᠯᠭ᠎ᠠ ᠳᠤ ᠲᠠᠷᠢᠬᠤ ᠲᠠᠷᠠᠭ᠎ᠠ ᠨᠠᠭᠠᠳ :: ᠨᠠᠮᠤᠷ ᠤᠨ ᠲᠠᠷᠢᠯᠭ᠎ᠠ ᠨᠢ ᠳᠣᠯᠤᠭᠠᠨ ᠰᠠᠷ᠎ᠠ ᠠᠴᠠ ᠶᠢᠰᠦᠨ ᠰᠠᠷ᠎ᠠ ᠶᠢᠨ ᠳᠤᠮᠳᠠ

ᠬᠦᠷᠲᠡᠯ᠎ᠡ ᠪᠣᠯᠤᠨ᠎ᠠ ::

2. ᠲᠠᠷᠢᠬᠤ ᠭᠦᠨᠳᠡᠭᠡ

ᠲᠠᠷᠢᠬᠤ ᠭᠦᠨ ᠨᠢ 5 cm ᠪᠣᠯᠤᠨ᠎ᠠ ::

3. ᠲᠠᠷᠢᠬᠤ ᠬᠡᠮᠵᠢᠶ᠎ᠡ

ᠭᠡᠬᠦ ᠮᠡᠳᠡᠬᠦ ᠲᠠᠷᠢᠯᠭ᠎ᠠ ᠪᠠᠷ ᠭᠠᠵᠠᠷ ᠪᠦᠷᠢ 2 ~ 3 ᠬᠡᠮᠵᠢᠶ᠎ᠡ ᠲᠠᠷᠢᠬᠤ ᠪᠣᠯᠤᠨ᠎ᠠ ::

(ᠲᠠᠪᠤ) ᠲᠠᠷᠢᠶᠠᠨ ᠲᠠᠯᠠᠪᠠᠢ ᠶᠢᠨ ᠠᠷᠴᠢᠯᠭ᠎ᠠ

1. ᠬᠣᠪᠤ ᠲᠠᠷᠢᠬᠤ ᠶᠢᠨ ᠴᠠᠭ

ᠬᠠᠷᠢᠴᠠᠯ ᠤᠨ ᠪᠠᠢᠳᠠᠯ : ᠬᠣᠪᠤ ᠲᠠᠷᠢᠬᠤ ᠶᠢᠨ ᠴᠠᠭ ᠲᠤ ᠲᠠᠷᠢᠪᠠᠯ ᠬᠣᠢᠢᠰᠢ ᠠᠷᠠᠬᠠᠨ ᠬᠠᠷᠢᠴᠠᠯᠠᠭᠤᠯᠤᠨ ᠬᠣᠯᠢᠮᠠᠭ ᠲᠠᠷᠢᠯᠭ᠎ᠠ ᠶᠢᠨ ᠦᠨᠳᠦᠷ ᠲᠠᠷᠢᠯᠭ᠎ᠠ ᠳᠤ ᠪᠠᠢᠬᠤ ᠨᠢ ᠳᠡᠭᠡᠷ᠎ᠡ ᠪᠣᠯᠤᠨ᠎ᠠ · ᠪᠦᠬᠦ ᠲᠠᠷᠢᠯᠭ᠎ᠠ ᠶᠢᠨ ᠨᠢ

ᠬᠠᠳᠠᠭᠠᠯᠠᠬᠤ ᠪᠣᠯᠤᠨ᠎ᠠ :: ᠬᠣᠯᠢᠮᠠᠭ ᠲᠠᠷᠢᠯᠭ᠎ᠠ ᠶᠢᠨ ᠳᠤ ᠪᠠᠨ ᠪᠣᠯᠤᠨ ᠬᠣᠷᠢᠯᠲᠠ ᠶᠢᠨ ᠬᠡᠮᠵᠢᠶ᠎ᠡ ᠶᠢᠨ ᠳᠤ ᠪᠠᠨ ᠪᠣᠯᠤᠨ · ᠲᠠᠷᠢᠯᠭ᠎ᠠ ᠶᠢᠨ ᠡᠴᠡ 6 000 ~ 7 000 kg/hm² ᠪᠣᠯᠤᠨ᠎ᠠ ::

ᠬᠡᠮᠵᠢᠭᠰᠡᠨ ᠦᠷ᠎ᠡ ᠳᠦᠩ : ᠬᠣᠪᠤ ᠲᠠᠷᠢᠬᠤ ᠪᠠᠷ ᠬᠠᠷᠢᠴᠠᠯ ᠤᠨ ᠪᠠᠢᠳᠠᠯ ::

2. ᠨᠢᠭᠡ ᠵᠢᠯ 1 ᠲᠠᠷᠢᠯᠲᠠ ᠪᠠᠢᠳᠠᠯ

ᠬᠡᠮᠵᠢᠭᠰᠡᠨ ᠦᠷ᠎ᠡ ᠨᠢ ᠪᠠᠢᠨ᠎ᠠ : 1986 ~ 1989 ᠣᠨ ᠳᠤ ᠰᠢᠯᠭᠠᠭᠰᠠᠨ ᠲᠠᠷᠢᠯᠭ᠎ᠠ ᠶᠢᠨ ᠦᠷ᠎ᠡ ᠶᠢ ᠬᠠᠷᠢᠴᠠᠭᠤᠯᠪᠠᠯ ᠳᠤ · ᠲᠡᠵᠢᠯ ᠨᠣᠭᠣᠭᠠᠨ ᠤ ᠬᠠᠷᠢᠴᠠᠭ᠎ᠠ ᠲᠠᠯᠠᠪᠠᠢ ᠶᠢᠨ ᠬᠠᠷᠢᠴᠠ ᠳᠤ ᠲᠣᠭᠠᠴᠠᠭᠰᠠᠨ ᠨᠢᠭᠡ ᠵᠢᠯ 1

ᠲᠠᠷᠢᠯᠲᠠ ᠪᠠᠢᠳᠠᠯ ᠤᠨ ᠭᠠᠭᠴᠠ ᠲᠠᠷᠢᠯᠭ᠎ᠠ ᠶᠢᠨ ᠨᠢ ᠬᠠᠭᠤᠷᠮᠠᠭ ᠬᠡᠮᠵᠢᠶ᠎ᠡ ᠶᠢᠨ ᠡᠴᠡ 7 332 kg/hm² · ᠦᠷᠬᠦᠯᠵᠢᠯᠡᠯᠲᠡ ᠶᠢᠨ ᠳᠤ ᠪᠠᠨ 9 189 kg/hm² · ᠬᠣᠯᠢᠮᠠᠭ ᠲᠠᠷᠢᠯᠭ᠎ᠠ ᠶᠢᠨ ᠳᠤ ᠪᠠᠨ 10 074 kg/hm²

ᠪᠠᠢᠨ᠎ᠠ · 3 ᠨᠠᠰᠤᠨ ᠤ ᠭᠠᠭᠴᠠ ᠲᠠᠷᠢᠯᠭ᠎ᠠ ᠶᠢᠨ ᠬᠠᠷᠢᠴᠠᠭᠤᠯᠪᠠᠯ ᠡᠴᠡ 8 868 kg/hm² · 3 ᠨᠠᠰᠤᠨ ᠤ ᠳᠤᠮᠳᠠ ᠶᠢᠨ ᠬᠠᠷᠢᠴᠠᠭᠤᠯᠪᠠᠯ ᠡᠴᠡ 377 kg/hm² ᠪᠠᠢᠨ᠎ᠠ :: ᠬᠣᠶᠠᠷ ᠵᠢᠯ ᠤᠨ

ᠪᠣᠯᠭᠠᠬᠤ ᠳᠤ ᠪᠣᠷᠣᠭᠤᠯᠬᠤ ᠳᠤ · ᠲᠠᠷᠢᠯᠭ᠎ᠠ ᠶᠢᠨ ᠳᠤ ᠪᠠᠨ ᠭᠠᠭᠴᠠ ᠲᠠᠷᠢᠯᠭ᠎ᠠ ᠶᠢᠨ ᠡᠴᠡ 6 420 kg/hm² · ᠦᠷᠬᠦᠯᠵᠢᠯᠡᠯᠲᠡ ᠶᠢᠨ ᠳᠤ ᠪᠠᠨ 9 295 kg/hm² · ᠬᠣᠯᠢᠮᠠᠭ ᠲᠠᠷᠢᠯᠭ᠎ᠠ ᠶᠢᠨ ᠳᠤ ᠪᠠᠨ

4 469 kg/hm² ᠪᠠᠢᠨ᠎ᠠ · 3 ᠨᠠᠰᠤᠨ ᠤ ᠬᠠᠷᠢᠴᠠᠭᠤᠯᠪᠠᠯ ᠡᠴᠡ 6 728 kg/hm² · 3 ᠨᠠᠰᠤᠨ ᠤ ᠬᠠᠷᠢᠴᠠᠭᠤᠯᠪᠠᠯ ᠳᠤᠮᠳᠠ ᠶᠢᠨ ᠡᠴᠡ 69 kg/hm² ᠢᠯᠡᠭᠦᠦ ::

ᠬᠡᠮᠵᠢᠭᠰᠡᠨ ᠦᠷ᠎ᠡ ᠳᠦᠩ : ᠬᠣᠶᠠᠷ · ᠰᠢᠯᠭᠠᠭᠰᠠᠨ ᠳᠠᠷᠠᠭ᠎ᠠ ᠮᠠᠯ ᠤᠨ ᠲᠡᠵᠢᠯ ᠨᠣᠭᠣᠭᠠᠨ ᠤ ᠦᠢᠯᠡᠳᠪᠦᠷᠢ ᠶᠢᠨ ᠦᠷ᠎ᠡ ᠶᠢ ᠰᠠᠶᠢᠨ ᠦᠷ᠎ᠡ ᠰᠢᠮ᠎ᠡ ᠦᠭᠡᠢ ᠦᠷ᠎ᠡ ᠠᠯᠳᠠᠭᠳᠠᠬᠤ ᠪᠣᠯᠤᠨ᠎ᠠ · ᠬᠣᠶᠠᠷ ᠵᠢᠯ ᠤᠨ ᠲᠠᠷᠢᠯᠭ᠎ᠠ

ᠦᠷᠡᠨ ᠠᠴᠠ ᠪᠣᠯᠤᠨ ᠠᠯᠳᠠᠭᠳᠠᠬᠤ ᠪᠣᠯᠤᠨ᠎ᠠ ::

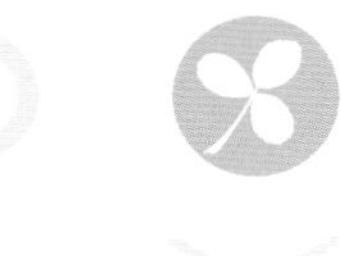

3. 吉生2号羊草

产量表现：1984～1986年生产试验结果，3年平均干草产量为5 505 kg/hm^2。1987～1989年区域试验结果，在内蒙古图吉牧场3年平均干草产量为9 444 kg/hm^2，在吉林白城市3年平均干草产量为7 905 kg/hm^2。1990～1993年生产试验结果，3年平均干草产量为11 081 kg/hm^2。

适应地区：适宜在吉林、黑龙江，以及内蒙古半干旱草甸草原较低洼的土地上种植。

4. 吉生3号羊草

产量表现：1984～1985年品种比较试验结果，2年平均干草产量为7 385 kg/hm^2。1987～1989年在吉林省双辽县、内蒙古自治区通辽市和科右前旗区域试验结果，7个点年平均干草产量为4 686 kg/hm^2。1991～1992年在陕西省榆林市生产试验结果，2年平均干草产量为5 031 kg/hm^2。

适应地区：适宜在吉林、陕西等省，以及内蒙古自治区年降水量300～400 mm、无霜期150天左右的温带半干旱地区种植。

5. 吉生4号羊草

产量表现：据1986～1989年区域试验结果，在内蒙古图牧吉牧场生长第二年干草产量为7 364 kg/hm^2，第三年为8 438 kg/hm^2，第四年为11 006 kg/hm^2，3年平均干草产量为8 936 kg/hm^2。种子产量3年平均为268 kg/hm^2。在吉林省白城地区生长第二年干草产量为6 653 kg/hm^2，第三年为9 235 kg/hm^2，第四年为4 569 kg/hm^2，3年平均干草产量为6 825 kg/hm^2。种子产量3年平均为81.5 kg/hm^2。

适应地区：适宜在吉林、黑龙江、内蒙古等半干旱草原种植。

ᠲᠠᠷᠢᠯᠤᠭᠰᠠᠨ ᠵᠢᠯ : ᠨᠢᠭᠡ ᠂ ᠬᠣᠶᠠᠳᠤᠭᠠᠷ ᠂ ᠭᠤᠷᠪᠠᠳᠤᠭᠠᠷ ᠣᠨ ᠤ ᠬᠠᠳᠠᠯᠠᠭᠰᠠᠨ ᠡᠪᠡᠰᠦ ᠪᠠᠨ ᠭᠠᠷᠤᠯᠲᠠ ᠪᠠᠭ᠎ᠠ ᠪᠣᠯᠵᠠᠢ ᠃ ᠪᠣᠯᠵᠤ · ᠳᠤᠷᠪᠡᠳᠦᠭᠡᠷ ᠣᠨ ᠤ ᠬᠠᠳᠠᠯᠠᠭᠰᠠᠨ ᠡᠪᠡᠰᠦᠨ ᠲᠡᠵᠢᠭᠡᠯ ᠦᠨ ᠭᠠᠷᠤᠯᠲᠠ ᠨᠢ 6 825 kg/hm² · 3 ᠣᠨ ᠤ ᠬᠠᠳᠠᠯᠠᠭᠰᠠᠨ ᠦᠷ᠎ᠡ ᠶᠢᠨ ᠭᠠᠷᠤᠯᠲᠠ ᠨᠢ 81.5 kg/hm² ᠪᠣᠯᠪᠠ ᠃ ᠰᠠᠢᠵᠢᠷᠠᠭᠤᠯᠬᠤ ᠡᠪᠡᠰᠦᠨ ᠲᠡᠵᠢᠭᠡᠯ ᠦᠨ ᠭᠠᠷᠤᠯᠲᠠ ᠨᠢ ᠬᠣᠶᠠᠳᠤᠭᠠᠷ ᠣᠨ ᠳᠤ ᠪᠡᠨ 6 653 kg/hm² · ᠭᠤᠷᠪᠠᠳᠤᠭᠠᠷ ᠣᠨ ᠳᠤ ᠪᠡᠨ 9 235 kg/hm² · ᠳᠦᠷᠪᠡᠳᠦᠭᠡᠷ ᠣᠨ ᠳᠤ ᠪᠡᠨ 4 569 kg/hm² ᠡᠪᠡᠰᠦᠨ ᠲᠡᠵᠢᠭᠡᠯ ᠦᠨ ᠭᠠᠷᠤᠯᠲᠠ ᠨᠢ 8 936 kg/hm² ᠪᠣᠯᠵᠤ · 3 ᠣᠨ ᠤ ᠬᠠᠳᠠᠯᠠᠭᠰᠠᠨ ᠦᠷ᠎ᠡ ᠶᠢᠨ ᠭᠠᠷᠤᠯᠲᠠ ᠨᠢ 268 kg/hm² ᠪᠣᠯᠪᠠ ᠃ ᠲᠠᠷᠢᠯᠤᠭᠰᠠᠨ ᠵᠢᠯ ᠦᠨ ᠳᠠᠷᠠᠭ᠎ᠠ ᠵᠢᠯ ᠦᠨ ᠭᠠᠷᠤᠯᠲᠠ ᠨᠢ ᠬᠣᠶᠠᠳᠤᠭᠠᠷ ᠣᠨ ᠳᠤ ᠪᠡᠨ 7 364 kg/hm² · ᠭᠤᠷᠪᠠᠳᠤᠭᠠᠷ ᠣᠨ ᠳᠤ ᠪᠡᠨ 8 438 kg/hm² · ᠳᠦᠷᠪᠡᠳᠦᠭᠡᠷ ᠣᠨ ᠳᠤ ᠪᠡᠨ 11 006 kg/hm² · 3 ᠣᠨ ᠤ ᠬᠠᠳᠠᠯᠠᠭᠰᠠᠨ ᠡᠪᠡᠰᠦᠨ ᠲᠡᠵᠢᠭᠡᠯ ᠦᠨ ᠭᠠᠷᠤᠯᠲᠠ ᠨᠢ ᠪᠣᠯᠵᠤ : 1986 ~ 1989 ᠣᠨ ᠳᠤ ᠬᠤᠷ᠎ᠠ ᠣᠷᠣᠭᠰᠠᠨ ᠳᠤ · ᠲᠠᠷᠢᠯᠤᠭᠰᠠᠨ ᠵᠢᠯ ᠦᠨ ᠳᠠᠷᠠᠭ᠎ᠠ ᠵᠢᠯ ᠦᠨ ᠭᠠᠷᠤᠯᠲᠠ ᠨᠢ ᠰᠠᠢᠵᠢᠷᠠᠭᠤᠯᠬᠤ ᠡᠪᠡᠰᠦᠨ ᠲᠡᠵᠢᠭᠡᠯ ᠦᠨ

5. ᠤᠨ ᠰᠣᠷᠲ 4 ᠳᠤᠭᠠᠷ ᠰᠣᠷᠲ

150 ᠮᠢᠯᠢᠮᠧᠲ᠋ᠷ ᠤᠷᠠᠰ ᠬᠤᠷ᠎ᠠ ᠲᠤᠨᠠᠳᠠᠭ ᠭᠠᠵᠠᠷ ᠤᠨ ᠡᠪᠡᠰᠦᠨ ᠲᠡᠵᠢᠭᠡᠯ ᠦᠨ ᠭᠠᠷᠤᠯᠲᠠ ᠪᠣᠯᠵᠠᠢ ᠃

ᠲᠠᠷᠢᠯᠤᠭᠰᠠᠨ ᠵᠢᠯ : ᠨᠢᠭᠡ · ᠬᠣᠶᠠᠷ ᠵᠢᠯ ᠦᠨ ᠳᠠᠷᠠᠭ᠎ᠠ ᠵᠢᠯ ᠦᠨ ᠬᠤᠷ᠎ᠠ ᠣᠷᠣᠭᠰᠠᠨ ᠬᠡᠮᠵᠢᠶ᠎ᠡ ᠨᠢ 300 ~ 400 mm · ᠤᠰᠤᠯᠠᠯᠲᠠ ᠲᠠᠢ ᠪᠠᠶᠢᠳᠠᠯ ᠳᠤ ᠬᠣᠶᠠᠳᠤᠭᠠᠷ ᠣᠨ ᠤ ᠡᠪᠡᠰᠦᠨ ᠲᠡᠵᠢᠭᠡᠯ ᠦᠨ ᠭᠠᠷᠤᠯᠲᠠ ᠨᠢ ᠬᠡᠮᠵᠢᠶ᠎ᠡ ᠪᠡᠷ 5 031 kg/hm² ᠪᠣᠯᠪᠠ ᠃ ᠲᠠᠷᠢᠯᠤᠭᠰᠠᠨ ᠵᠢᠯ ᠦᠨ ᠬᠤᠷ᠎ᠠ ᠳᠤ · 7 ᠰᠠᠷ᠎ᠠ ᠳᠤ ᠣᠨ ᠤ ᠡᠪᠡᠰᠦᠨ ᠲᠡᠵᠢᠭᠡᠯ ᠦᠨ ᠭᠠᠷᠤᠯᠲᠠ ᠨᠢ ᠬᠡᠮᠵᠢᠶ᠎ᠡ ᠪᠡᠷ 4 686 kg/hm² ᠪᠣᠯᠪᠠ ᠃ 1991 ~ 1992 ᠣᠨ ᠳᠤ ᠲᠠᠷᠢᠯᠤᠭᠰᠠᠨ ᠵᠢᠯ ᠦᠨ ᠳᠠᠷᠠᠭ᠎ᠠ ᠵᠢᠯ ᠦᠨ ᠬᠤᠷ᠎ᠠ ᠳᠤ ᠰᠠᠢᠵᠢᠷᠠᠭᠤᠯᠬᠤ ᠪᠣᠯᠣᠮᠵᠢ ᠲᠠᠢ kg/hm² ᠪᠣᠯᠵᠤ · 1987 ~ 1989 ᠣᠨ ᠳᠤ ᠲᠠᠷᠢᠯᠤᠭᠰᠠᠨ ᠵᠢᠯ ᠦᠨ ᠳᠠᠷᠠᠭ᠎ᠠ ᠵᠢᠯ ᠦᠨ ᠬᠤᠷ᠎ᠠ ᠣᠷᠣᠭᠰᠠᠨ ᠳᠤ · 2 ᠣᠨ ᠤ ᠡᠪᠡᠰᠦᠨ ᠲᠡᠵᠢᠭᠡᠯ ᠦᠨ ᠭᠠᠷᠤᠯᠲᠠ ᠨᠢ 7 385 ᠭᠠᠷᠤᠯᠲᠠ ᠨᠢ ᠪᠣᠯᠵᠤ : 1984 ~ 1985 ᠣᠨ ᠳᠤ ᠬᠤᠷ᠎ᠠ ᠣᠷᠣᠭᠰᠠᠨ ᠳᠤ · 2 ᠣᠨ ᠤ ᠡᠪᠡᠰᠦᠨ ᠲᠡᠵᠢᠭᠡᠯ ᠦᠨ ᠭᠠᠷᠤᠯᠲᠠ ᠨᠢ 7 385

4. ᠤᠨ ᠰᠣᠷᠲ 3 ᠳᠤᠭᠠᠷ ᠰᠣᠷᠲ

ᠲᠠᠷᠢᠯᠤᠭᠰᠠᠨ ᠵᠢᠯ : ᠨᠢᠭᠡ · ᠬᠣᠶᠠᠳᠤᠭᠠᠷ ᠵᠢᠯ ᠦᠨ ᠳᠠᠷᠠᠭ᠎ᠠ ᠵᠢᠯ ᠦᠨ ᠡᠪᠡᠰᠦᠨ ᠲᠡᠵᠢᠭᠡᠯ ᠦᠨ ᠭᠠᠷᠤᠯᠲᠠ ᠪᠠᠭ᠎ᠠ · ᠬᠣᠶᠠᠷ ᠵᠢᠯ ᠡᠴᠡ ᠬᠣᠢᠰᠢ ᠭᠠᠷᠤᠯᠲᠠ ᠥᠨᠳᠥᠷ ᠪᠣᠯᠵᠠᠢ ᠃ 1993 ᠣᠨ ᠤ ᠰᠢᠨᠵᠢᠯᠡᠭᠡ ᠶᠢᠨ ᠳᠦᠩ ᠳᠤ 3 ᠣᠨ ᠤ ᠡᠪᠡᠰᠦᠨ ᠲᠡᠵᠢᠭᠡᠯ ᠦᠨ ᠭᠠᠷᠤᠯᠲᠠ ᠨᠢ 11 081 kg/hm² ᠪᠣᠯᠪᠠ ᠃ 1990 ~ ᠭᠠᠷᠤᠯᠲᠠ ᠨᠢ ᠬᠣᠶᠠᠷ ᠵᠢᠯ ᠤᠨ ᠳᠠᠷᠠᠭ᠎ᠠ ᠵᠢᠯ ᠦᠨ ᠡᠪᠡᠰᠦᠨ ᠲᠡᠵᠢᠭᠡᠯ ᠦᠨ ᠭᠠᠷᠤᠯᠲᠠ ᠨᠢ 7 905 kg/hm² ᠪᠣᠯᠪᠠ ᠃ 1990 ~ 1987 ~1989 ᠣᠨ ᠳᠤ ᠲᠠᠷᠢᠯᠤᠭᠰᠠᠨ ᠵᠢᠯ ᠦᠨ ᠳᠠᠷᠠᠭ᠎ᠠ ᠵᠢᠯ ᠦᠨ ᠬᠤᠷ᠎ᠠ ᠳᠤ · 3 ᠣᠨ ᠤ ᠡᠪᠡᠰᠦᠨ ᠲᠡᠵᠢᠭᠡᠯ ᠦᠨ ᠭᠠᠷᠤᠯᠲᠠ ᠨᠢ 9 444 ᠭᠠᠷᠤᠯᠲᠠ ᠨᠢ ᠪᠣᠯᠵᠤ : 1984 ~ 1986 ᠣᠨ ᠳᠤ ᠰᠢᠨᠵᠢᠯᠡᠭᠡ ᠶᠢᠨ ᠬᠤᠷ᠎ᠠ ᠳᠤ · 3 ᠣᠨ ᠤ ᠡᠪᠡᠰᠦᠨ ᠲᠡᠵᠢᠭᠡᠯ ᠦᠨ ᠭᠠᠷᠤᠯᠲᠠ ᠨᠢ 5 505 kg/hm² ᠪᠣᠯᠪᠠ ᠃

3. ᠤᠨ ᠰᠣᠷᠲ 2 ᠳᠤᠭᠠᠷ ᠰᠣᠷᠲ

6. 农牧1号羊草

产量表现：1984～1986年在呼和浩特品种比较试验结果，生长第二年与第三年，平均干草产量为10 012 kg/hm^2。1984～1990年区域试验结果，在卓资山草原站生长第二年与第三年，平均干草产量为7 928 kg/hm^2。在正蓝旗草籽场生长第二年与第三年，平均干草产量为9 101 kg/hm^2。在内蒙古自治区图牧吉牧场第二年至第四年，平均干草产量为11 660 kg/hm^2。3地7个点年平均种子产量为384 kg/hm^2。1987～1990年生产试验结果，在正蓝旗生长第二年与第三年平均干草产量为7 838 kg/hm^2，巴林左旗第三年与第四年平均干草产量为6 041 kg/hm^2。在内蒙古自治区图牧吉牧场，生产第一年与第二年2年平均干草产量为5 962 kg/hm^2。

适应地区：内蒙古自治区东部、吉林省、黑龙江省均可种植。

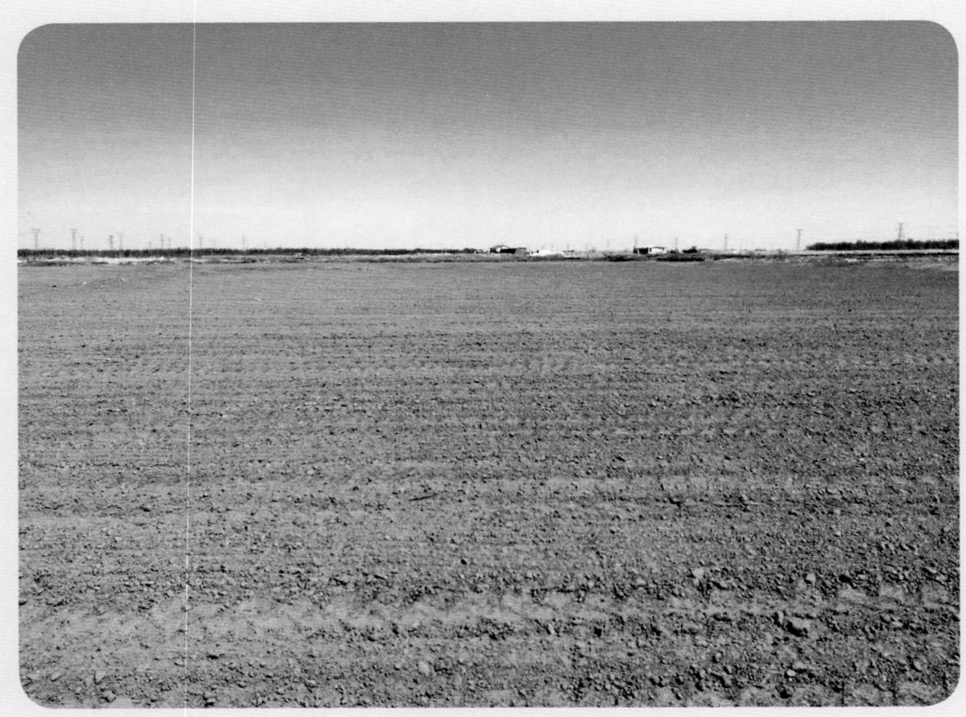

ᠪᠣᠯᠪᠠᠰᠤᠷᠠᠭᠤᠯᠬᠤ ᠬᠡᠮᠵᠢᠶ᠎ᠡ : ᠲᠠᠷᠢᠮᠠᠯ ᠪᠣᠯᠭᠠᠭᠰᠠᠨ ᠤ ᠲᠠᠷᠢᠶᠠᠯᠠᠩ ᠤᠨ ᠭᠠᠵᠠᠷ ᠤᠨ ᠨᠢᠭᠡ ᠭᠠᠷ ᠲᠠᠯᠠᠪᠠᠢ ᠳᠤ᠂ ᠬᠠᠭᠤᠷᠠᠢ ᠡᠪᠡᠰᠦ ᠪᠠᠨ ᠳᠦ ᠪᠣᠯᠪᠠᠰᠤᠷᠠᠭᠤᠯᠤᠭᠰᠠᠨ ᠪᠠᠶᠢᠨ᠎ᠠ ᠶᠢᠨ ᠬᠢᠷᠦ ᠶᠢ ᠬᠠᠷᠢᠴᠠᠭᠤᠯᠪᠠᠯ ᠬᠠᠭᠤᠷᠠᠢ ᠡᠪᠡᠰᠦ ᠶᠢᠨ ᠦᠷᠭᠦᠵᠢᠯᠡᠯᠲᠡ ᠨᠢ 5 962 kg/hm² ᠪᠣᠯᠵᠠᠢ ᠃ ᠲᠠᠷᠢᠮᠠᠯ ᠪᠣᠯᠭᠠᠭᠰᠠᠨ ᠤ ᠲᠠᠷᠢᠶᠠᠯᠠᠩ ᠤᠨ ᠭᠠᠵᠠᠷ ᠤᠨ ᠬᠠᠭᠤᠷᠠᠢ ᠡᠪᠡᠰᠦ ᠶᠢᠨ ᠦᠷᠭᠦᠵᠢᠯᠡᠯᠲᠡ ᠨᠢ 6 041 kg/hm² ᠪᠣᠯᠵᠠᠢ ᠃ ᠲᠠᠷᠢᠮᠠᠯ ᠪᠣᠯᠭᠠᠭᠰᠠᠨ ᠤ ᠲᠠᠷᠢᠶᠠᠯᠠᠩ ᠤᠨ ᠭᠠᠵᠠᠷ ᠤᠨ ᠪᠣᠯᠪᠠᠰᠤᠷᠠᠭᠤᠯᠤᠭᠰᠠᠨ ᠪᠠᠶᠢᠨ᠎ᠠ ᠶᠢᠨ ᠬᠠᠭᠤᠷᠠᠢ ᠡᠪᠡᠰᠦ ᠶᠢᠨ ᠦᠷᠭᠦᠵᠢᠯᠡᠯᠲᠡ ᠨᠢ 7 838 kg/hm² ᠪᠣᠯᠵᠤ᠂ ᠪᠠᠷᠠᠭᠤᠨ ᠵᠢᠯ ᠦᠨ ᠳᠤᠮᠳᠠᠵᠢ ᠡᠴᠡ 384 kg/hm² ᠪᠣᠯᠵᠠᠢ ᠃ 1987 ~ 1990 ᠣᠨ ᠤ ᠬᠤᠭᠤᠴᠠᠭᠠᠨ ᠳᠤ ᠪᠣᠯᠪᠠᠰᠤᠷᠠᠭᠤᠯᠬᠤ ᠬᠡᠮᠵᠢᠶ᠎ᠡ ᠶᠢᠨ ᠬᠠᠭᠤᠷᠠᠢ ᠡᠪᠡᠰᠦ ᠶᠢᠨ ᠦᠷᠭᠦᠵᠢᠯᠡᠯᠲᠡ ᠨᠢ 11 660 kg/hm² ᠪᠣᠯᠵᠠᠢ ᠃ ᠃ 3 ᠵᠢᠯ ᠦᠨ 7 ᠲᠠᠯᠠᠪᠠᠢ ᠶᠢᠨ ᠳᠤᠮᠳᠠᠵᠢ ᠪᠣᠯᠪᠠᠰᠤᠷᠠᠭᠤᠯᠤᠭᠰᠠᠨ ᠪᠠᠶᠢᠨ᠎ᠠ ᠶᠢᠨ ᠬᠠᠭᠤᠷᠠᠢ ᠡᠪᠡᠰᠦ ᠶᠢᠨ ᠦᠷᠭᠦᠵᠢᠯᠡᠯᠲᠡ ᠨᠢ 9 101 kg/hm² ᠪᠣᠯᠵᠠᠢ ᠃ ᠲᠠᠷᠢᠮᠠᠯ ᠪᠣᠯᠭᠠᠭᠰᠠᠨ ᠤ ᠲᠠᠷᠢᠶᠠᠯᠠᠩ ᠤᠨ ᠭᠠᠵᠠᠷ ᠤᠨ ᠬᠠᠭᠤᠷᠠᠢ ᠡᠪᠡᠰᠦ ᠶᠢᠨ ᠦᠷᠭᠦᠵᠢᠯᠡᠯᠲᠡ ᠨᠢ 7 928 kg/hm² ᠪᠣᠯᠵᠤ᠂ ᠨᠡᠶᠢᠲᠡ ᠳᠤᠮᠳᠠᠵᠢ ᠬᠠᠭᠤᠷᠠᠢ ᠡᠪᠡᠰᠦ ᠶᠢᠨ ᠦᠷᠭᠦᠵᠢᠯᠡᠯᠲᠡ ᠨᠢ 10 012 kg/hm² ᠪᠣᠯᠵᠠᠢ ᠃ 1984 ~ 1990 ᠣᠨ ᠤ ᠳᠣᠯᠣᠭᠠᠨ ᠵᠢᠯ ᠦᠨ ᠲᠠᠷᠢᠶᠠᠯᠠᠩ ᠤᠨ ᠪᠣᠯᠪᠠᠰᠤᠷᠠᠭᠤᠯᠬᠤ ᠳᠤ᠂ ᠬᠣᠶᠠᠳᠤᠭᠠᠷ ᠵᠢᠯ ᠦᠨ ᠡᠬᠢᠨ ᠡᠴᠡ ᠪᠣᠯᠪᠠᠰᠤᠷᠠᠭᠤᠯᠤᠭᠰᠠᠨ ᠪᠠᠶᠢᠨ᠎ᠠ ᠶᠢᠨ ᠦᠷᠭᠦᠵᠢᠯᠡᠯᠲᠡ ᠶᠢᠨ ᠰᠢᠯᠭᠠᠯᠲᠠ ᠨᠢ ᠪᠣᠯᠪᠠᠯ : 1984 ~ 1986 ᠣᠨ ᠤ ᠳᠤᠮᠳᠠᠵᠢ ᠶᠢᠨ ᠪᠠᠶᠢᠳᠠᠯ ᠢ ᠬᠠᠷᠢᠴᠠᠭᠤᠯᠪᠠᠯ ᠳᠤ᠂ ᠪᠣᠯᠪᠠᠰᠤᠷᠠᠭᠤᠯᠤᠭᠰᠠᠨ ᠪᠠᠶᠢᠨ᠎ᠠ ᠶᠢᠨ ᠬᠠᠭᠤᠷᠠᠢ ᠡᠪᠡᠰᠦ ᠶᠢᠨ

6. ᠬᠦᠰᠦᠨᠦᠭ ᠦᠨ 1 ᠳᠦᠭᠡᠷ ᠬᠡᠰᠡᠭ

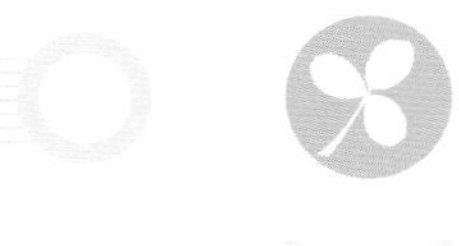

十二、无芒雀麦

无芒雀麦（*Bromus inermis* Leyss.）是高产优质的多年生禾本科牧草，我国东北1923年开始引种，新中国成立后各地普遍种植，在北方地区是一种很有栽培价值的禾本科牧草。

（一）播前准备

1. 种床准备

地块以土层深厚、地势平坦、土壤pH6.8～8.2为宜。清除种植地中的所有杂草和地面障碍物。施腐熟牛粪15 000～30 000 kg/hm^2。深耕，耕翻深度不小于20 cm；精细整地，使土地平整，达到土壤细碎。

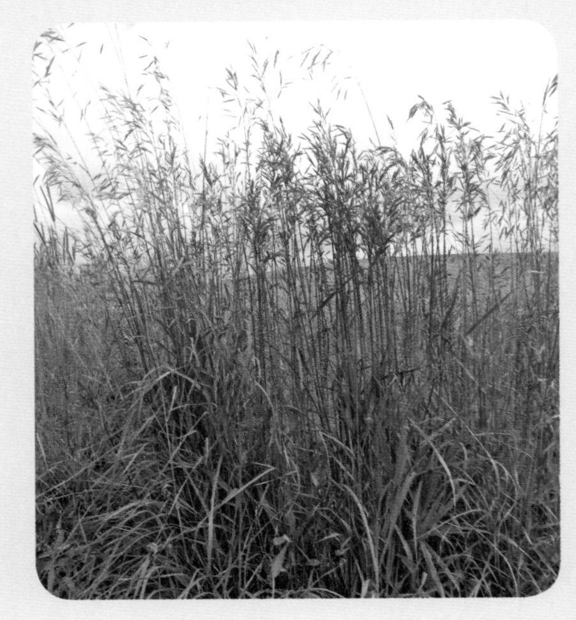

2. 品种选择

选已通过国家或省级审定的品种，包括锡林郭勒无芒雀麦、公农无芒雀麦、卡尔顿等品种。

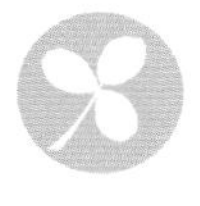

ᠪᠣᠯᠤᠨ᠎ᠠ ᠃

… ᠂ … ᠰᠣᠷᠤᠮ ᠦᠭᠡᠢ ᠰᠢᠯᠤᠭᠠᠰᠤ ᠂ … ᠂ … ᠪᠣᠯᠤᠨ᠎ᠠ ᠃

2. …

… ᠃

… ᠃ … 15 000 ~ 30 000 kg/hm^2 … ᠃ 20 cm … ᠂ … ᠂ … pH … 6.8 ~ 8.2 … ᠃ …

1. …

(ᠬᠣᠶᠠᠷ) ᠰᠣᠷᠤᠮ ᠦᠭᠡᠢ ᠰᠢᠯᠤᠭᠠᠰᠤ

… ᠃

… 1923 … ᠂ … ᠂ … ᠂ …

ᠰᠣᠷᠤᠮ ᠦᠭᠡᠢ ᠰᠢᠯᠤᠭᠠᠰᠤ (*Bromus inermis* Leyss) … ᠂ … ᠂ … ᠃ …

… ᠂ ᠰᠣᠷᠤᠮ ᠦᠭᠡᠢ ᠰᠢᠯᠤᠭᠠᠰᠤ

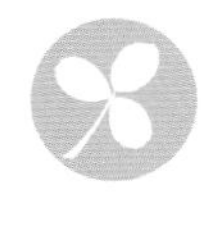

（二）播种技术

1. 播种时期

以5月下旬至6月中旬夏播为宜。

2. 播种方式

机械条播，行距15 ～ 25 cm。

3. 播种量

22.5 ～ 30.0 kg/hm^2。

4. 覆土镇压

覆土厚度2 cm，播后镇压。

（三）田间管理

1. 水肥管理

刈割后追施尿素225 ～ 300 kg/hm^2。

刈割施肥后进行灌溉，灌溉量450 ～ 600 m^3/hm^2。地冻前，进行冻水灌溉，灌溉量750 ～ 900 m^3/hm^2。返青水视土壤墒情而定。

2. 杂草防除

苗期要及时除草，双子叶杂草用900 ml/hm^2 的2，4-D丁酯或1 200 ml/hm^2 的2，4-D钠盐防除。有条件的可进行中耕除草。

3. 更新复壮

对蓄积草皮、生产力衰退的草地用重型圆盘耙进行切根松土。

(ᠭᠤᠷᠪᠠ) ᠲᠠᠷᠢᠬᠤ ᠠᠷᠭᠠᠴᠢᠯᠠᠯ

1. ᠲᠠᠷᠢᠬᠤ ᠴᠠᠭ

5 ᠳᠤᠭᠠᠷ ᠰᠠᠷ᠎ᠠ ᠶ᠋ᠢᠨ ᠡᠬᠢᠨ ᠡᠴᠡ 6 ᠳᠤᠭᠠᠷ ᠰᠠᠷ᠎ᠠ ᠶ᠋ᠢᠨ ᠳᠤᠮᠳᠠ ᠬᠦᠷᠲᠡᠯ᠎ᠡ ᠲᠠᠷᠢᠪᠠᠯ ᠲᠣᠬᠢᠷᠠᠮᠵᠢᠲᠠᠢ ᠃

2. ᠲᠠᠷᠢᠬᠤ ᠠᠷᠭ᠎ᠠ

ᠮᠥᠷ ᠦ᠋ᠨ ᠵᠠᠢ ᠢ᠋ 15 ~ 25 cm ᠪᠣᠯᠭᠠᠨ ᠬᠠᠷᠭᠠᠯᠵᠠᠭᠤᠯᠵᠤ ᠂ ᠰᠠᠴᠤᠷᠠᠩ ᠪᠤᠶᠤ ᠮᠥᠷᠯᠡᠭᠦᠯᠦᠨ ᠲᠠᠷᠢᠨ᠎ᠠ ᠃

3. ᠲᠠᠷᠢᠬᠤ ᠬᠡᠮᠵᠢᠶ᠎ᠡ

22.5 ~ 30 kg/hm² ᠪᠠᠢᠭ᠎ᠠ ᠬᠡᠷᠡᠭᠲᠡᠢ ᠃

4. ᠦᠷ᠎ᠡ ᠪᠤᠯᠤᠭᠠᠬᠤ ᠭᠦᠨ

2 cm ᠭᠦᠨ ᠦᠷ᠎ᠡ ᠪᠡᠨ ᠪᠤᠯᠤᠭᠠᠵᠤ ᠂ ᠲᠠᠷᠢᠯᠭ᠎ᠠ ᠶ᠋ᠢ ᠲᠠᠷᠢᠮᠠᠯ ᠲᠠᠷᠢᠬᠤ ᠬᠡᠷᠡᠭᠲᠡᠢ ᠃

(ᠳᠦᠷᠪᠡ) ᠲᠠᠷᠢᠮᠠᠯ ᠭᠠᠵᠠᠷ ᠤ᠋ᠨ ᠬᠠᠮᠢᠶᠠᠷᠤᠯᠲᠠ

1. ᠤᠰᠤ ᠪᠣᠷᠳᠣᠭᠣ ᠶ᠋ᠢᠨ ᠬᠠᠮᠢᠶᠠᠷᠤᠯᠲᠠ

ᠤᠷᠭᠤᠮᠠᠯ ᠪᠤᠯᠤᠭᠰᠠᠨ ᠤ᠋ ᠳᠠᠷᠠᠭ᠎ᠠ ᠨᠢᠭᠡ ᠤᠳᠠᠭ᠎ᠠ 450 ~ 600 m³/hm² ᠤᠰᠤᠯᠠᠭᠠᠳ ᠪᠠᠰᠠ ᠬᠤᠯᠢᠨ᠎ᠠ ᠃ ᠦᠷ᠎ᠡ ᠪᠣᠯᠪᠠᠰᠤ ᠤ᠋ ᠦᠶ᠎ᠡ ᠳ᠋ᠦ ᠳᠠᠬᠢᠨ ᠤᠰᠤ 750 ~ 900 m³/hm²
ᠤᠰᠤᠯᠠᠬᠤ ᠪᠠᠢᠵᠤ ᠬᠤᠯᠢᠷᠠᠭᠤᠯᠤᠭᠰᠠᠨ ᠪᠣᠷᠳᠣᠭᠣ 225 ~ 300 kg/hm² ᠬᠡᠷᠡᠭᠯᠡᠬᠦ ᠬᠡᠷᠡᠭᠲᠡᠢ ᠃

ᠡᠭᠦᠰᠦᠭᠰᠡᠨ ᠪᠡᠷ ᠬᠤᠯᠢᠨ᠎ᠠ ᠃ ᠬᠣᠶᠠᠷ ᠳᠠᠬᠢ ᠨᠢ ᠪᠣᠯᠤᠭᠰᠠᠨ ᠤ᠋ ᠳᠠᠷᠠᠭ᠎ᠠ ᠳ᠋ᠤ ᠪᠠᠰᠠ ᠨᠢᠭᠡ ᠤᠳᠠᠭ᠎ᠠ ᠤᠰᠤᠯᠠᠨ᠎ᠠ ᠃

2. ᠬᠣᠭ ᠤᠯᠠᠰᠤ ᠶ᠋ᠢ ᠠᠷᠢᠯᠭᠠᠬᠤ

ᠬᠣᠭ ᠤᠯᠠᠰᠤ ᠶ᠋ᠢ ᠭᠠᠷ ᠢ᠋ᠶ᠋ᠠᠷ ᠪᠠ ᠡᠮ ᠢ᠋ᠶ᠋ᠡᠷ ᠠᠷᠢᠯᠭᠠᠬᠤ ᠬᠡᠷᠡᠭᠲᠡᠢ ᠃ ᠭᠣᠯᠳᠠᠭ ᠨᠠᠪᠴᠢᠲᠤ ᠬᠣᠭ ᠤᠯᠠᠰᠤ ᠳ᠋ᠤ 900 ml/hm² ᠤ᠋ 2 , 4 - D ᠪᠤᠲᠢᠯ ᠡᠰᠲᠡᠷ ᠪᠤᠶᠤ ᠡᠰᠲᠡᠷ
1 200 ml/hm² ᠤ᠋ 2 ,4 - D ᠳᠤᠰᠤᠯ ᠤ᠋ᠨ ᠬᠤᠯᠢᠮᠠᠭ ᠢ᠋ ᠴᠠᠦ᠌ᠯᠠᠵᠤ ᠠᠷᠢᠯᠭᠠᠵᠤ ᠪᠣᠯᠤᠨ᠎ᠠ ᠃ ᠨᠠᠷᠢᠯᠢᠭ ᠨᠠᠪᠴᠢᠲᠤ ᠬᠣᠭ ᠤᠯᠠᠰᠤ ᠶ᠋ᠢ ᠴᠢ ᠮᠥᠨ ᠠᠷᠢᠯᠭᠠᠵᠤ ᠪᠣᠯᠤᠨ᠎ᠠ ᠃

3. ᠬᠠᠳᠤᠵᠤ ᠬᠤᠷᠢᠶᠠᠬᠤ

ᠴᠡᠴᠡᠭᠯᠡᠬᠦ ᠡᠬᠢᠯᠡᠯ ᠦ᠋ᠨ ᠦᠶ᠎ᠡ ᠳ᠋ᠦ ᠬᠠᠳᠤᠪᠠᠯ ᠲᠣᠬᠢᠷᠠᠮᠵᠢᠲᠠᠢ ᠃ ᠬᠠᠳᠤᠭᠰᠠᠨ ᠤ᠋ ᠳᠠᠷᠠᠭ᠎ᠠ ᠴᠠᠭ ᠲᠤ ᠨᠢ ᠬᠠᠭᠤᠷᠠᠢᠯᠠᠵᠤ ᠂ ᠬᠠᠳᠠᠭᠯᠠᠬᠤ ᠳ᠋ᠤ ᠪᠡᠨ ᠠᠩᠬᠠᠷᠬᠤ ᠬᠡᠷᠡᠭᠲᠡᠢ ᠃

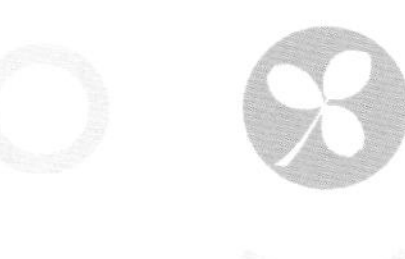

（四）收获

1. 刈割期

第一次刈割以抽穗期为宜，第二次刈割应在霜降前30～40天完成。

2. 留茬高度

第一次刈割留茬3～5 cm，第二次刈割留茬5～8 cm。

3. 刈割次数

夏播当年可刈割1次，第二年及以后每年可刈割2次。

（五）主要品种介绍

1. 公农无芒雀麦

产量表现：据1976～1980年区域试验结果，吉林省公主岭市、黑龙江省齐齐哈尔市、甘肃省武威市、四川省红原县等地平均干草产量为8 280 kg/hm^2（6 450～12 420 kg/hm^2）。据1978～1979年在吉林省公主岭市和山西省太原市生产试验结果，平均产鲜草41 479 kg/hm^2。

适应地区：适宜在北纬37°30′～48°56′，东经106°50′～124°48′，海拔148～1 500 m，10℃以上活动积温1 858～3 017℃的地区种植。

2. 锡林郭勒无芒雀麦

产量表现：据1987～1990年品种比较试验结果，在呼和浩特市南部半干旱大陆性气候条件下，生长第二年全部安全越冬，干草产量为2 055 kg/hm^2，生长第三年干草产量为7 304 kg/hm^2，生长第四年干草产量为7 203 kg/hm^2。另据1988～1990年生产试验结果，在河北省张北县生长第二年干草产量为3 041 kg/hm^2。在内蒙古呼和浩特市生长2～3年的干草产量平均2 631 kg/hm^2。种子产量约300 kg/hm^2。

适应地区：适宜在内蒙古及东北地区年降水量为350～450 mm的地区种植，如有灌溉条件种植范围可扩大。

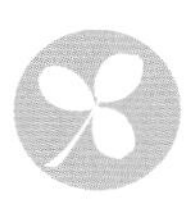

ᠬᠠᠪᠤᠷ ᠲᠠᠷᠢᠯᠭ᠎ᠠ ᠲᠠᠷᠢᠬᠤ ᠭᠦᠨ ᠢ ᠨᠢ 3 ~ 5 cm · ᠨᠠᠮᠤᠷ ᠲᠠᠷᠢᠯᠭ᠎ᠠ ᠲᠠᠷᠢᠬᠤ ᠭᠦᠨ ᠢ ᠨᠢ 5 ~ 8 cm ᠪᠠᠶᠢᠯᠭᠠᠨ᠎ᠠ᠃

ᠪᠦᠲᠦᠭᠡᠯ ᠦᠨ ᠪᠠᠶᠢᠳᠠᠯ : 1976 ~ 1980 ᠣᠨ ᠤ ᠪᠦᠰᠡ ᠨᠤᠲᠤᠭ ᠤᠨ ᠲᠤᠷᠰᠢᠯᠲᠠ ᠳᠤ · ᠬᠠᠷᠠ ᠬᠥᠷᠥᠰᠦ ᠲᠠᠢ ᠲᠠᠯ᠎ᠠ ᠨᠤᠲᠤᠭ · ᠬᠡᠷᠴᠢᠮ ᠬᠥᠷᠥᠰᠦ ᠲᠠᠢ ᠲᠠᠯ᠎ᠠ ᠨᠤᠲᠤᠭ · ᠬᠥᠷᠥᠰᠦ ᠲᠠᠢ ᠡᠯᠡᠰᠦ ᠨᠤᠲᠤᠭ · ᠬᠠᠷᠠ ᠬᠥᠷᠥᠰᠦ ᠲᠠᠢ ᠨᠤᠲᠤᠭ ᠤᠨ ᠳᠤᠮᠳᠠ ᠡᠪᠡᠰᠦ ᠶᠢᠨ ᠬᠠᠭᠤᠷᠠᠢ ᠡᠪᠡᠰᠦ ᠶᠢᠨ ᠳᠤᠮᠳᠠᠵᠢ ᠬᠤᠷᠢᠶᠠᠯᠠᠭᠰᠠᠨ ᠦᠷ᠎ᠡ ᠨᠢ 8 280 kg/hm² (6 450 ~ 12 420 kg/hm²) ᠪᠣᠯᠤᠨ᠎ᠠ᠃ 1978 ~ 1979 ᠣᠨ ᠳᠤ ᠬᠠᠷᠠ ᠬᠥᠷᠥᠰᠦ ᠲᠠᠢ ᠲᠠᠯ᠎ᠠ ᠨᠤᠲᠤᠭ ᠤᠨ ᠤᠰᠤᠯᠠᠯᠲᠠ ᠲᠠᠢ ᠨᠤᠲᠤᠭ ᠲᠤ ᠲᠤᠷᠰᠢᠯᠲᠠ ᠳᠤ · ᠨᠡᠢᠲᠡ ᠡᠪᠡᠰᠦ ᠶᠢᠨ ᠬᠤᠷᠢᠶᠠᠯᠠᠭᠰᠠᠨ ᠦᠷ᠎ᠡ ᠨᠢ 41 479 kg/hm² ᠪᠣᠯᠤᠨ᠎ᠠ᠃

ᠣᠷᠣᠨ ᠨᠤᠲᠤᠭ : ᠬᠣᠢᠳᠤ ᠥᠷᠭᠡᠷᠡᠭ ᠦᠨ 37° 30′ ~ 48° 56′ · ᠵᠡᠭᠦᠨ ᠤᠷᠲᠤᠷᠠᠭ ᠤᠨ 106° 50′ ~ 124° 48′ · ᠳᠠᠯᠠᠢ ᠶᠢᠨ ᠲᠥᠪᠰᠢᠨ ᠡᠴᠡ 148 ~ 1 500 m ᠥᠨᠳᠥᠷ · 10℃ ᠡᠴᠡ ᠳᠡᠭᠡᠭᠰᠢ ᠬᠤᠷᠢᠮᠳᠠᠭ ᠳᠤᠯᠠᠭᠠᠴᠠ ᠨᠢ 1 858 ~ 3 017℃ ᠬᠦᠷᠲᠡᠯ᠎ᠡ ᠪᠠᠶᠢᠨ᠎ᠠ᠃

ᠪᠦᠲᠦᠭᠡᠯ ᠦᠨ ᠪᠠᠶᠢᠳᠠᠯ : 1987 ~ 1990 ᠣᠨ ᠳᠤ ᠭᠠᠵᠠᠷ ᠣᠷᠣᠨ ᠤ ᠲᠤᠷᠰᠢᠯᠲᠠ ᠶᠢᠨ ᠲᠤᠷᠰᠢᠯᠲᠠ ᠳᠤ · ᠪᠦᠭᠦᠳᠡ ᠶᠢᠨ ᠳᠤᠮᠳᠠᠵᠢ ᠨᠢᠭᠡ ᠵᠢᠯ ᠳᠦ ᠨᠢᠭᠡ ᠬᠡᠰᠡᠭ ᠲᠦ ᠬᠤᠷᠢᠶᠠᠯᠠᠭᠰᠠᠨ ᠦᠷ᠎ᠡ ᠨᠢ 7 304 kg/hm² · ᠬᠠᠮᠤᠭ ᠤᠨ ᠨᠢ 7 203 kg/hm² ᠪᠣᠯᠤᠨ᠎ᠠ᠃ ᠮᠥᠨ 1988 ~ 1990 ᠣᠨ ᠳᠤ ᠬᠣᠶᠠᠳᠤᠭᠠᠷ ᠵᠢᠯ ᠦᠨ ᠲᠤᠷᠰᠢᠯᠲᠠ ᠳᠤ · ᠬᠠᠭᠤᠷᠠᠢ ᠲᠠᠯ᠎ᠠ ᠶᠢᠨ ᠬᠤᠷᠢᠶᠠᠯᠠᠭᠰᠠᠨ ᠦᠷ᠎ᠡ ᠨᠢ 2 055 kg/hm² · ᠬᠠᠮᠤᠭ ᠤᠨ ᠨᠢ 3 041 kg/hm² · ᠲᠤᠰ ᠣᠷᠣᠨ ᠤ ᠡᠪᠡᠰᠦ ᠶᠢᠨ ᠳᠤᠮᠳᠠᠵᠢ ᠪᠦᠲᠦᠭᠡᠯ ᠨᠢ 2 ~ 3 ᠵᠢᠯ ᠦᠨ ᠳᠤᠮᠳᠠᠵᠢ ᠬᠤᠷᠢᠶᠠᠯᠠᠭᠰᠠᠨ ᠦᠷ᠎ᠡ ᠨᠢ 2 631 kg/hm² · ᠥᠨᠳᠥᠷ ᠦᠷ᠎ᠡ ᠨᠢ 300 kg/hm² ᠪᠣᠯᠤᠨ᠎ᠠ᠃

ᠣᠷᠣᠨ ᠨᠤᠲᠤᠭ : ᠲᠤᠰ ᠲᠤᠷᠰᠢᠯᠲᠠ ᠶᠢᠨ ᠭᠠᠵᠠᠷ ᠤᠨ ᠵᠢᠯ ᠦᠨ ᠬᠤᠷ᠎ᠠ ᠶᠢᠨ ᠬᠡᠮᠵᠢᠶ᠎ᠡ ᠨᠢ 350 ~ 450 mm ᠪᠣᠯᠬᠤ ᠭᠠᠵᠠᠷ ᠲᠤ ᠪᠠᠶᠢᠨ᠎ᠠ᠃ ᠡᠨᠡ ᠲᠠᠷᠢᠮᠠᠯ ᠤᠨ ᠪᠦᠲᠦᠭᠡᠯ ᠦᠨ ᠠᠵᠢᠯ ᠤᠨ ᠬᠦᠷᠢᠶᠡᠨ ᠳᠦ ᠬᠡᠷᠡᠭᠯᠡᠭᠳᠡᠵᠦ ᠪᠠᠶᠢᠨ᠎ᠠ᠃

3. 新雀1号无芒雀麦

产量表现：1991 ～ 1993年品种比较试验结果，3年平均干草产量为14 336 kg/hm^2。1993 ～ 1995年在乌鲁木齐市和哈密市生产试验结果，在乌鲁木齐市灌溉条件下3年平均干草产量为15 686 kg/hm^2。

适应地区：适宜在新疆海拔1 200 m以上、降水量350 ～ 500 mm的山地和海拔502 m以上平原绿洲有灌溉条件的地区种植。

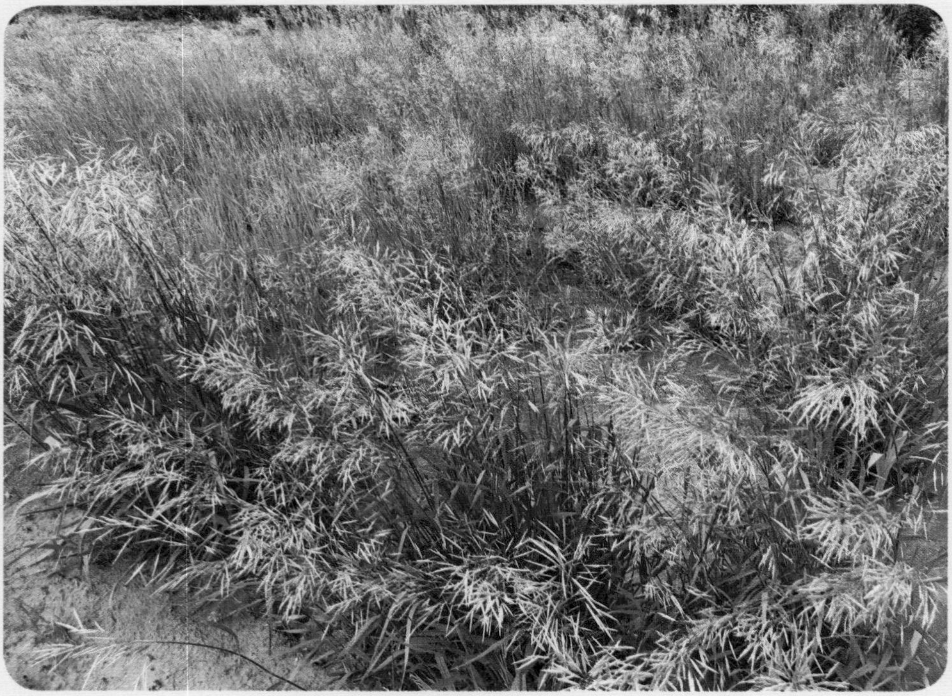

3. ᠬᠦᠯ ᠵᠣᠭᠰᠠᠭᠠᠯ 1 ᠳᠤᠭᠠᠷ ᠬᠠᠷ᠎ᠠ ᠪᠤᠷᠴᠠᠭ ᠲᠣᠭᠤᠰ

ᠦᠷᠡᠵᠢᠯ ᠦᠨ ᠪᠠᠢᠳᠠᠯ : 1991 ~ 1993 ᠣᠨ ᠤ ᠭᠤᠷᠪᠠᠨ ᠵᠢᠯ ᠦᠨ ᠲᠤᠷᠰᠢᠯᠲᠠ ᠳᠤ ᠂ 3 ᠵᠢᠯ ᠦᠨ ᠳᠤᠮᠳᠠᠳᠤ ᠬᠠᠭᠤᠷᠠᠢ ᠡᠪᠡᠰᠦ ᠨᠦ ᠦᠷᠡᠵᠢᠯ ᠨᠢ 14 336 kg/hm² :: 1993 ~ 1995 ᠣᠨ ᠤ ᠪᠦᠰᠡ ᠨᠤᠲᠤᠭ ᠤᠨ ᠲᠤᠷᠰᠢᠯᠲᠠ ᠳᠤ ᠂ ᠦᠷᠡᠵᠢᠯ ᠦᠨ ᠲᠤᠷᠰᠢᠯᠲᠠ ᠶᠢᠨ ᠬᠠᠭᠤᠷᠠᠢ ᠡᠪᠡᠰᠦ ᠨᠢ ᠲᠠᠷᠢᠮᠠᠯ ᠡᠪᠡᠰᠦ ᠨᠦ ᠳᠤᠮᠳᠠᠳᠤ 3 ᠵᠢᠯ ᠦᠨ ᠳᠤᠮᠳᠠᠳᠤ ᠬᠠᠭᠤᠷᠠᠢ ᠡᠪᠡᠰᠦ ᠨᠦ ᠦᠷᠡᠵᠢᠯ ᠨᠢ 15 686 kg/hm² ᠪᠣᠯᠤᠨ᠎ᠠ ::

ᠲᠣᠬᠢᠷᠠᠮᠵᠢᠲᠠᠢ ᠣᠷᠣᠨ : ᠬᠠᠩᠭᠠᠢ ᠶᠢᠨ ᠳᠠᠯᠠᠢ ᠶᠢᠨ ᠲᠦᠪᠰᠢᠨ ᠦ 1 200 m ᠡᠴᠡ ᠳᠣᠷᠣᠭᠰᠢ ᠂ ᠵᠢᠯ ᠦᠨ ᠬᠤᠷ ᠤ ᠬᠡᠮᠵᠢᠶ᠎ᠡ ᠨᠢ 350 ~ 550 mm ᠪᠠᠢᠬᠤ ᠭᠠᠵᠠᠷ ᠲᠤ ᠳᠠᠯᠠᠢ ᠶᠢᠨ ᠲᠦᠪᠰᠢᠨ ᠦ 502m ᠡᠴᠡ ᠳᠣᠷᠣᠭᠰᠢ ᠭᠠᠵᠠᠷ ᠲᠤ ᠲᠠᠷᠢᠯᠠᠪᠠᠯ ᠲᠣᠬᠢᠷᠠᠮᠵᠢᠲᠠᠢ ᠪᠠᠢᠨ᠎ᠠ ::

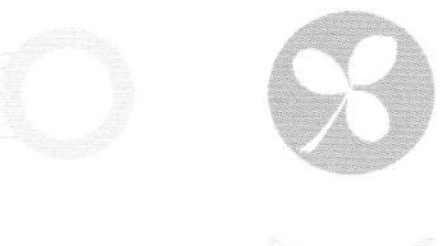

十三、冰　草

冰草［*Agropyron cristatum* (L.) Gaertn. ］是多年生草本牧草，本属共约有15种。在我国冰草主要分布在东北地区，以及内蒙古、河北、甘肃、陕西、青海等干旱草原地带种植，是改良我国干旱、半干旱草原的重要牧草。

（一）播前准备

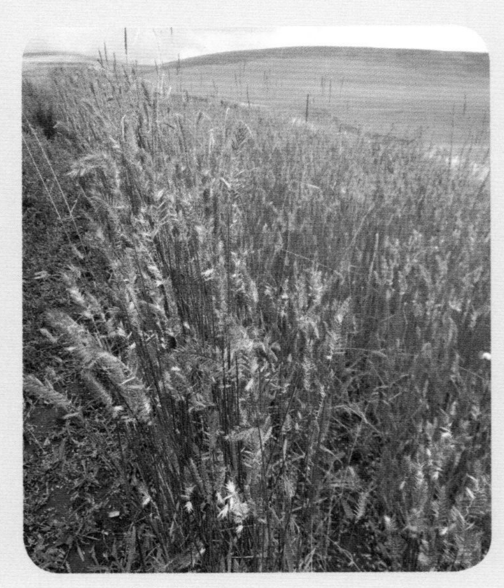

1. 种床准备

冰草种子较大，纯净度高，发芽较好，但整地要精细，土地耕好后，要反复耕耱，充分粉碎土块。若开沟入土深浅不一致，会造成缺苗断垄，影响播种质量。对新垦荒地播前要耙碎草皮，地面整平，且新垦荒地最好种1～2年作物后，再播种冰草易成功。

2. 品种选择

根据土壤气候条件，可选择蒙古冰草、沙生冰草、西伯利亚冰草等。

[illegible]

[illegible] (*Agropyron cristatum* (L.) Gaertn.) [illegible] 15 [illegible]

[illegible]

[illegible]

([illegible]) [illegible]

1\. [illegible]

[illegible] 1 ~ 2 [illegible]

[illegible]

2\. [illegible]

[illegible]

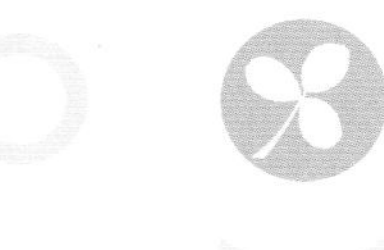

3. 种子处理

将种子摊晒于干净的水泥地面，每天翻动3～4次，暴晒3～4天后进行播种。

（二）播种技术

1. 播种时期

播种期可选择春播和秋播。一般采用春播，在地温稳定在10℃以上时进行播种；秋播时间一般最迟不能超过初霜前40天，保证牧草在初霜前生长到5片叶子。此时温度适宜，土壤墒情好，杂草长势弱，易于出苗和保全苗。

2. 播种方式

采用机械条播，行距30 cm，播种深度3～5 cm。

3. 播种量

根据发芽率和土壤墒情确定播种量，一般为10～15 kg/hm^2。

（三）田间管理

1. 水肥管理

（1）施种肥：种肥为磷酸二铵50～75 kg/hm^2，带肥下种。肥料不得与种子混合，分箱放置。肥料施在种子侧下方，种、肥之间有隔离土，防止种肥直接接触种子。施肥深度8～10 cm。

（2）浇水：种子生产可采用滴灌或喷灌。第二年注重浇返青水，返青后的第一次灌水对冰草生长发育非常关键，特别对种子产量的影响较大。另外，要根据牧草的需水情况在拔节期、抽穗期、开花期适时浇水，灌水量600～800 m^3/hm^2。冬灌对植株安全越冬和第二年返青非常有利，尤其对春季倒春寒有很好的预防作用，但是灌水量也不可过多，一般为700～900 m^3/hm^2。

（3）追施肥料：滴灌追施尿素150～225 kg/hm^2，均分于苗期、拔节期和抽穗期。

3. ᠦᠷ᠎ᠡ [illegible]

ᠦᠷ᠎ᠡ [illegible] 3 ~ 4 [illegible] 3 ~ 4 [illegible] ::

(ᠳᠥᠷᠪᠡ) ᠲᠠᠷᠢᠬᠤ ᠠᠷᠭ᠎ᠠ

1. ᠲᠠᠷᠢᠬᠤ ᠴᠠᠭ : [illegible] 10°C [illegible] 40 [illegible] 5 [illegible] ::

2. ᠲᠠᠷᠢᠬᠤ [illegible]

[illegible] 30 cm [illegible] 3 ~ 5 cm ::

3. ᠲᠠᠷᠢᠬᠤ [illegible]

[illegible] 10 ~ 15 kg/hm² [illegible] ::

(ᠲᠠᠪᠤ) [illegible]

1. [illegible]

(1) [illegible] : [illegible] 50 ~75 kg/hm² [illegible] 8 ~10 cm [illegible] ::

(2) [illegible] : [illegible] 600 ~ 800 m³/hm² [illegible] 700 ~ 900m³/hm² [illegible] ::

(3) [illegible] : [illegible] 150 ~ 225 kg/hm² [illegible] ::

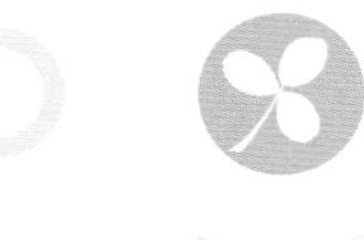

2. 杂草防除

双子叶杂草，可喷施2，4-D丁酯或二甲四氯防除。2，4-D丁酯在冰草返青期每公顷用72% 的2，4-D丁酯乳油600 ～ 750 ml，加水375 ～ 450 kg均匀喷雾。二甲四氯在冰草分蘖末期至拔节前每公顷用20%的二甲四氯钠水剂3 750 ～ 4 500 ml，加水375 ～ 525 kg喷雾。

（四）收获

1. 刈割期

牧草利用，最适宜的刈割期在抽穗期，种子田一般在蜡熟末期或完熟期收获。

2. 留茬高度

5 ～ 7 cm。

3. 刈割次数

冰草再生能力差，一年只能刈割一次。

（五）主要品种介绍

1. 诺丹沙生冰草

产量表现：据1986 ～ 1989年区域试验结果，在内蒙古自治区呼和浩特市，生长第二年干草产量为4 629 kg/hm^2，生长第三年为4 125 kg/hm^2，生长第四年为3 758 kg/hm^2。在鄂尔多斯市东胜区，生长第二年干草产量为2 883 kg/hm^2，生长第三年为1 699 kg/hm^2，生长第四年为1 231.5 kg/hm^2。

适应地区：适宜在内蒙古中西部年降水量达250 mm以上的地区种植。

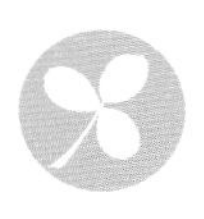

ᠬᠣᠷ ᠬᠣᠭ ᠤᠨ ᠡᠮ ᠬᠣᠷ ᠬᠣᠭ ᠢ 2 , 4 - D ᠪᠤᠲᠢᠯ ᠰᠢᠩᠭᠡᠨ ᠪᠡᠷ ᠬᠣᠷ ᠬᠣᠭ ᠠᠷᠢᠯᠭᠠᠬᠤ ᠡᠮ ᠦᠨ ᠬᠣᠯᠢᠮᠠᠭ ᠬᠡᠷᠡᠭᠯᠡᠵᠦ ᠪᠣᠯᠤᠨ᠎ᠠ ᠃ ᠲᠠᠷᠢᠶ᠎ᠠ ᠶᠢᠨ ᠰᠠᠯᠠᠭᠠᠯᠠᠬᠤ ᠦᠶ᠎ᠡ ᠳᠦ ᠶᠢ
72% ᠲᠠᠢ 2 , 4 - D ᠪᠤᠲᠢᠯ ᠰᠢᠩᠭᠡᠨ ᠦ ᠡᠮ ᠢ 600 ~ 750ml/hm² ᠬᠡᠷᠡᠭᠯᠡᠬᠦ ᠂ 375 ~ 450 kg ᠰᠢᠭᠡᠰᠦ ᠪᠤᠳᠠᠭᠠ ᠬᠤᠯᠢᠮᠠᠭᠯᠠᠵᠤ ᠴᠠᠴᠤᠨ᠎ᠠ ᠃ ᠬᠣᠷ ᠬᠣᠭ ᠠᠷᠢᠯᠭᠠᠬᠤ ᠡᠮ
ᠲᠠᠷᠢᠶ᠎ᠠ ᠶᠢᠨ ᠰᠠᠯᠠᠭᠠᠯᠠᠬᠤ ᠦᠶ᠎ᠡ ᠳᠦ ᠬᠡᠮᠵᠢᠶ᠎ᠡ ᠲᠠᠢ ᠬᠣᠯᠢᠮᠠᠭ ᠬᠣᠷ ᠬᠣᠭ ᠦᠵᠡᠭᠦᠯᠬᠦ ᠡᠮ ᠵᠢ 20%/hm² ᠲᠠᠢ ᠬᠣᠷ ᠬᠣᠭ ᠠᠷᠢᠯᠭᠠᠬᠤ ᠡᠮ ᠲᠠᠷᠢᠶ᠎ᠠ ᠶᠢᠨ ᠨᠢᠭᠡ ᠭᠧᠺᠲ᠋ᠠᠷ 3 750 ~ 4 500 ml
ᠬᠡᠷᠡᠭᠯᠡᠬᠦ ᠂ 375 ~ 525kg ᠰᠢᠭᠡᠰᠦ ᠪᠤᠳᠠᠭᠠ ᠬᠤᠯᠢᠮᠠᠭᠯᠠᠵᠤ ᠴᠠᠴᠤᠨ᠎ᠠ ᠃

ᠦᠷ᠎ᠡ ᠲᠠᠷᠢᠬᠤ ᠭᠦᠨ ᠨᠢ 5 ~ 7 cm ᠪᠠᠢᠯᠭᠠᠨ᠎ᠠ ᠃

4 629kg/hm² ᠂ ᠬᠤᠮᠤᠰᠤᠯᠢᠭ ᠲᠠᠢ ᠳᠤ ᠪᠡᠨ 4 125 kg/hm² ᠂ ᠳᠤᠮᠳᠠᠬᠢ ᠲᠠᠢ ᠳᠤ ᠪᠡᠨ 3 758 kg/hm² ᠪᠣᠯᠵᠠᠢ ᠃ ᠬᠤᠷ᠎ᠠ ᠪᠠᠭ᠎ᠠ ᠲᠠᠢ ᠭᠠᠩᠰᠢᠭᠤᠷ ᠳᠤ ᠤᠭᠤᠵᠢᠮ ᠠᠭᠤᠯᠤᠮᠵᠢ
ᠲᠠᠢ ᠤᠨ ᠤ ᠳᠤᠮᠳᠠᠵᠢ ᠨᠢ 2 883 kg/hm² ᠂ ᠬᠤᠮᠤᠰᠤᠯᠢᠭ ᠲᠠᠢ ᠳᠤ ᠪᠡᠨ 1 699 kg/hm² ᠂ ᠳᠤᠮᠳᠠᠬᠢ ᠲᠠᠢ ᠳᠤ ᠪᠡᠨ 1 231.5 kg/hm² ᠪᠣᠯᠵᠠᠢ ᠃
ᠤᠷᠤᠭᠰᠢᠬᠤ ᠪᠠᠶᠢᠳᠠᠯ : ᠵᠢᠯ ᠦᠨ ᠬᠤᠷ᠎ᠠ ᠲᠤᠨᠠᠳᠠᠰᠤ ᠶᠢᠨ ᠳᠤᠮᠳᠠᠵᠢ ᠬᠡᠮᠵᠢᠶ᠎ᠡ ᠨᠢ 250 mm ᠡᠴᠡ ᠳᠡᠭᠡᠭᠰᠢ ᠣᠷᠤᠨ ᠳᠤ ᠲᠤᠬᠢᠷᠠᠨ᠎ᠠ ᠃

2. 内蒙古沙芦草（蒙古冰草）

产量表现：根据1986～1990年区域试验结果，在呼和浩特市生长第二年和第三年的干草产量分别为4 418 kg/hm^{2}和3 008 kg/hm^2，在鄂尔多斯市东胜区分别为3 054 kg/hm^{2}和2 597 kg/hm^2，在包头市固阳县的荒漠草原分别为2 297 kg/hm^{2}和2 225 kg/hm^2，平均干草产量为2 933 kg/hm^2。另外，在内蒙古自治区呼伦贝尔1988～1989年的生产试验，干草产量为3 030 kg/hm^{2}和3 370 kg/hm^2。

适应地区：适宜内蒙古自治区中、西部地区种植。

3. 蒙农杂种冰草

产量表现：1992～1994年品种比较试验结果，3年平均干草产量为8 949 kg/hm^2。1994～1996年在内蒙古自治区锡林郭勒盟、巴彦淖尔市和呼和浩特市区域试验结果，6个点年平均干草产量为7 362 kg/hm^2。1996～1998年在呼和浩特市、锡林郭勒盟和巴彦淖尔市生产试验结果，7个点年平均干草产量为7 805 kg/hm^2。

适应地区：我国北方年降水量300～400 mm的干旱、半干旱地区均可种植。

4. 蒙农1号蒙古冰草

产量表现：1998～2001年在呼和浩特市品种比较试验结果，生产第二年至第四年平均干草产量为7 660 kg/hm^2。2001～2004年在呼和浩特市、正蓝旗和苏尼特右旗区域试验结果，生长第二年至第四年平均干草产量为5 798 kg/hm^2。2002～2005年在苏尼特右旗生产试验结果，生长第二年至第四年平均干草产量为4 586 kg/hm^2。

适应地区：适宜在我国北方年降水量200～400 mm的干旱、半干旱地区种植。

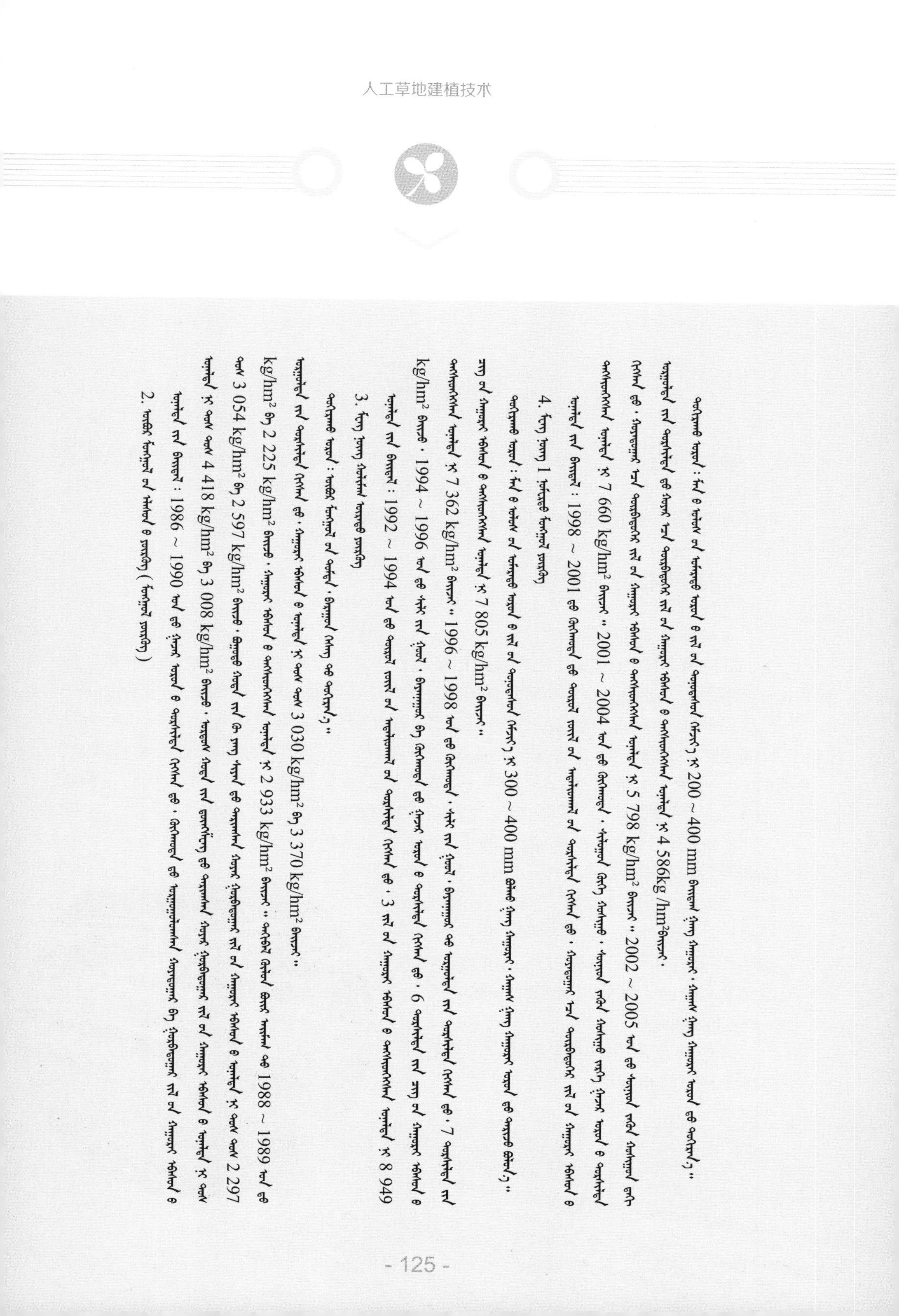

2. [illegible] ([illegible])

[illegible] : 1986 ～ 1990 [illegible] 4 418 kg/hm² [illegible] 3 008 kg/hm² [illegible] 3 054 kg/hm² [illegible] 2 597 kg/hm² [illegible] 2 297 kg/hm² [illegible] 2 225 kg/hm² [illegible] 2 933 kg/hm² [illegible] 1988 ～ 1989 [illegible] 3 030 kg/hm² [illegible] 3 370 kg/hm² [illegible]

[illegible]

3. [illegible]

[illegible] : 1992 ～ 1994 [illegible] 3 [illegible] 8 949 kg/hm² [illegible] 1994 ～ 1996 [illegible] 6 [illegible] 7 362 kg/hm² [illegible] 1996 ～ 1998 [illegible] 7 [illegible] 7 805 kg/hm² [illegible]

[illegible] : [illegible] 300 ～ 400 mm [illegible]

4. [illegible] 1 [illegible]

[illegible] : 1998 ～ 2001 [illegible] 7 660 kg/hm² [illegible] 2001 ～ 2004 [illegible] 5 798 kg/hm² [illegible] 2002 ～ 2005 [illegible] 4 586kg /hm² [illegible]

[illegible] : [illegible] 200 ～ 400 mm [illegible]

十四、碱　茅

碱茅［*Puccinellia tenuiflora* (Griseb.) Scribn.］的栽培主要分为旱作栽培和灌溉栽培。松嫩草原区基本上属于旱作农业区，草原生产仍依靠自然降水，盐碱地改良的投资较大而经济效益相对较低，所以碱茅的种植多采用旱作栽培。

（一）播前准备

1. 种床准备

播种碱茅的地块多数是重盐碱化草地，但并不是所有的盐碱地都能种植。应选择地势较平的连片地和雨季有短期积水的盐碱地。这类盐碱地多数是由于羊草草甸利用过重而退化成光板碱斑或因积水内涝使羊草根茎死亡而形成的重盐碱地。这类土地一般地势较低，盐碱含量在1%～2%（耕层）的碳酸类盐碱地，pH9.2～9.8，碱化度40%～60%。雨季浅层积水不能超过7天以上，为防止积水内涝，应挖筑排水沟，使多余水分排出，这类大片碱斑地适于种植碱茅。

整地要细致，光板盐碱地要结合翻耙压，尽量使地面平整，播种前10～15天用机引五铧犁翻深10～20 cm，用重耙碎土，拖土板拖平，再用轻耙作业1～2遍，达到地面平整，土细碎。如果土层不够坚实，也可用重型圆盘耙纵横交叉耙松土，然后用轻型耙作业并拖平。

2. 品种选择

因地制宜选用高寒地区适宜，且已通过国家或省级审定的品种。

[illegible] ::

2. [illegible]

[illegible] ::

[illegible] 1 ~ 2 [illegible] :: [illegible]

[illegible] 10 ~ 20 cm [illegible] ·

[illegible] :: [illegible] 10 ~ 15 [illegible] ::

[illegible] · pH [illegible] 9.2 ~ 9.8 [illegible] · 40% ~ 60% [illegible] :: [illegible] 7 [illegible] :: [illegible] 1% ~ 2% ([illegible]) [illegible] :: [illegible] ·

1. [illegible]

([illegible]) [illegible]

[illegible] :: [illegible] ::

[illegible] :: [illegible] · [illegible]

[illegible] [*Puccinellia tenuiflora* (Griseb.)Scribn.] [illegible] :: [illegible]

[illegible]

（二）播种技术

1. 播种时期

碱茅从4月至10月均可播种。但旱作栽培主要是利用自然降水，所以播种期应在雨季到来前或雨季中播种。

2. 播种方式

碱茅的种植采用条播，大面积种植碱茅可用24行或48行条播机播种，行距30 cm。为防止播种过深，对于新翻耙的土地，土质较松软的可先用镇压器镇压一遍，然后再播种，并调试好播种机的限深轮。小面积播种或缺乏机器设备时，可人工撒播。为使种子撒落均匀，可掺入3～5倍的细沙土，播种后用树枝耢子覆土，纵横各一遍，以防种子覆盖不严。

3. 播种量

碱茅旱种是依靠自然降水，需考虑到降水量大小和持续天数多少，且年度间差异较大，所以有一定的风险。但碱茅不会坏种，即第一次降水不出苗，再待以后降水，甚至当年不出苗，第二年仍然可以正常出苗。因碱茅的种子细小，千粒重仅0.14 g，为了留有余地，播种量25～30 kg/hm^2为宜。人工播种，播种量为30～35 kg/hm^2。

4. 覆土镇压

播种深度为0.5 cm以下至种子不露出地面为准。无论人工或机器播种，播后随之镇压，用镇压器压实。碱茅种子细小，必须重镇压才能使种子与土壤紧密结合，便于吸收水分而生根发芽。

(ᠬᠣᠶᠠᠷ) ᠲᠠᠷᠢᠬᠤ ᠠᠷᠭᠠᠴᠢᠯᠠᠯ

1. ᠲᠠᠷᠢᠬᠤ ᠴᠠᠭ

ᠬᠥᠷᠥᠰᠥᠨ ᠳᠤᠯᠠᠭᠠᠴᠠ 4 ~ 10 ᠭᠷᠠᠳᠦ᠋ᠰ ᠬᠦᠷᠪᠡᠯ ᠲᠠᠷᠢᠵᠤ ᠪᠣᠯᠣᠨ᠎ᠠ ᠃ ᠬᠠᠪᠤᠷ ᠤᠨ ᠲᠠᠷᠢᠯᠭ᠎ᠠ ᠳᠤ ᠬᠥᠷᠥᠰᠥᠨ ᠦ ᠴᠢᠢᠭ ᠢ ᠬᠠᠮᠠᠭᠠᠯᠠᠬᠤ ᠳᠤ ᠠᠩᠬᠠᠷᠤᠯ ᠲᠠᠯᠪᠢᠵᠤ ᠬᠠᠪᠤᠷ ᠪᠤᠶᠤ ᠵᠤᠨ ᠤ ᠡᠬᠢᠨ ᠳᠦ ᠲᠠᠷᠢᠨ᠎ᠠ ᠃

2. ᠲᠠᠷᠢᠬᠤ ᠠᠷᠭ᠎ᠠ

ᠬᠥᠷᠥᠰᠥᠨ ᠦ ᠴᠢᠢᠭ ᠢ ᠬᠠᠩᠭᠠᠯᠲᠠ ᠲᠠᠢ ᠪᠠᠢᠯᠭᠠᠨ᠎ᠠ ᠃ ᠦᠷ᠎ᠡ ᠶᠢ ᠲᠠᠷᠢᠬᠤ ᠶᠢᠨ ᠡᠮᠦᠨ᠎ᠡ 24 ᠡᠴᠡ 48 ᠴᠠᠭ ᠤᠰᠤᠨ ᠳᠤ ᠳᠡᠪᠲᠡᠭᠡᠵᠦ ᠮᠥᠷ ᠤᠨ ᠵᠠᠢ 30 cm ᠪᠠᠢᠯᠭᠠᠵᠤ ᠲᠠᠷᠢᠨ᠎ᠠ ᠃ ᠲᠠᠷᠢᠬᠤ ᠶᠢᠨ ᠡᠮᠦᠨ᠎ᠡ ᠬᠥᠷᠥᠰᠥ ᠶᠢ ᠰᠠᠢᠲᠤ ᠬᠠᠭᠤᠯᠠᠵᠤ ᠲᠡᠭᠰᠢᠯᠡᠭᠡᠳ ᠂ ᠦᠨᠳᠦᠰᠦᠨ ᠪᠣᠣᠷᠤᠭ ᠢ ᠰᠠᠢᠳᠤ ᠬᠠᠩᠭᠠᠨ᠎ᠠ ᠃ ᠦᠷ᠎ᠡ ᠶᠢᠨ ᠭᠦᠨ ᠢ 3 ~ 5 ᠰᠠᠨᠲᠢᠮᠧᠲᠷ ᠪᠠᠢᠯᠭᠠᠨ᠎ᠠ ᠃ ᠲᠠᠷᠢᠭᠰᠠᠨ ᠤ ᠳᠠᠷᠠᠭ᠎ᠠ ᠳᠠᠷᠤᠵᠤ ᠬᠥᠷᠥᠰᠥ ᠶᠢ ᠴᠢᠩᠭᠠᠳᠬᠠᠨ᠎ᠠ ᠃

3. ᠲᠠᠷᠢᠬᠤ ᠬᠡᠯᠪᠡᠷᠢ

ᠮᠥᠷ ᠲᠠᠷᠢᠯᠭ᠎ᠠ ᠪᠤᠶᠤ ᠴᠠᠴᠤᠵᠤ ᠲᠠᠷᠢᠬᠤ ᠬᠡᠯᠪᠡᠷᠢ ᠪᠡᠷ ᠲᠠᠷᠢᠵᠤ ᠪᠣᠯᠣᠨ᠎ᠠ ᠃ ᠮᠥᠷ ᠤᠨ ᠵᠠᠢ 30 cm ᠂ ᠲᠠᠷᠢᠬᠤ ᠭᠦᠨ 2 ~ 3 cm ᠪᠠᠢᠨ᠎ᠠ ᠃ ᠲᠠᠷᠢᠭᠰᠠᠨ ᠤ ᠳᠠᠷᠠᠭ᠎ᠠ ᠬᠥᠷᠥᠰᠥ ᠶᠢ ᠳᠠᠷᠤᠨ᠎ᠠ ᠃

4. ᠲᠠᠷᠢᠬᠤ ᠬᠡᠮᠵᠢᠶ᠎ᠡ

ᠦᠷ᠎ᠡ ᠶᠢᠨ ᠵᠢᠩᠭ᠎ᠠ ᠨᠢ 30 ~ 35 kg/hm² ᠪᠣᠯᠬᠤ ᠪᠠ ᠲᠠᠷᠢᠯᠭ᠎ᠠ ᠶᠢᠨ ᠬᠡᠮᠵᠢᠶ᠎ᠡ ᠪᠣᠯᠣᠨ᠎ᠠ ᠃ ᠮᠢᠩᠭᠠᠨ ᠦᠷ᠎ᠡ ᠶᠢᠨ ᠵᠢᠩ 0.14 g ᠪᠣᠯᠣᠨ᠎ᠠ ᠃ ᠬᠣᠯᠢᠮᠠᠭ ᠲᠠᠷᠢᠯᠭ᠎ᠠ ᠳᠤ ᠂ 25 ~ 30 kg/hm² ᠪᠣᠯᠭᠠᠨ ᠲᠠᠷᠢᠨ᠎ᠠ ᠃ ᠲᠠᠷᠢᠭᠰᠠᠨ ᠤ ᠳᠠᠷᠠᠭ᠎ᠠ ᠬᠥᠷᠥᠰᠥᠨ ᠦ ᠴᠢᠢᠭ ᠢ ᠬᠠᠮᠠᠭᠠᠯᠠᠬᠤ ᠳᠤ ᠠᠩᠬᠠᠷᠤᠯ ᠲᠠᠯᠪᠢᠨ᠎ᠠ ᠃ ᠦᠷ᠎ᠡ ᠶᠢᠨ ᠭᠦᠨ 0.5 cm ᠡᠴᠡ ᠬᠡᠲᠦᠷᠡᠬᠦ ᠦᠭᠡᠢ ᠪᠠᠢᠬᠤ ᠬᠡᠷᠡᠭᠲᠡᠢ ᠃ ᠥᠰᠭᠡᠨ ᠪᠠᠢᠭᠤᠯᠬᠤ ᠶᠠᠪᠤᠴᠠ ᠳᠤ ᠬᠣᠭ ᠨᠣᠭᠣᠭ᠎ᠠ ᠶᠢ ᠴᠠᠭ ᠲᠤ ᠨᠢ ᠠᠷᠢᠯᠭᠠᠨ ᠂ ᠤᠰᠤᠯᠠᠭᠠ ᠪᠣᠣᠷᠤᠭ ᠢ ᠰᠠᠢᠲᠤ ᠬᠢᠨ᠎ᠡ ᠃

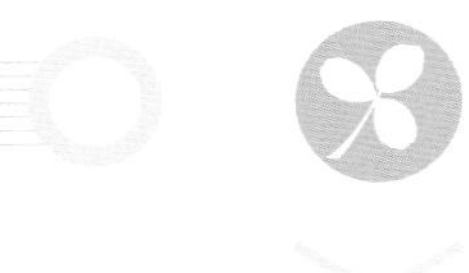

（三）田间管理

碱茅出草后，第一片叶子如头发一般纤细，必须加强保护，防止人畜进入。

1. 水肥管理

最好在播种前一年对土地施足底肥，以有机肥22.2 ～ 30 t/hm^{2}为宜。播种当年在种植前5 ～ 7天进行灌溉，之后播种。

2. 杂草防除

秋季杂草以碱蓬为主，可在幼苗期用2，4-D丁酯原油喷洒。

（四）收获

播种第一年和第二年的碱茅地绝不能放牧，待3年后，株丛扩大连片、能耐牲畜踩踏时才宜放牧。

1. 刈割期

播种当年一般禁止刈割，第二年或第三年可在开花期进行刈割。

2. 留茬高度

7 ～ 8 cm，以利再生草的萌发。

ᠨᠣᠭᠣᠭᠠᠨ ᠢ ᠨᠢ 7 ~ 8 cm ᠬᠦᠷᠬᠦ ᠦᠶ᠎ᠡ ᠳᠦ ᠬᠠᠳᠤᠯᠬᠤ ᠳᠤ ᠲᠣᠬᠢᠷᠠᠮᠵᠢᠲᠠᠢ ::

ᠪᠠᠯᠠᠷ ᠤᠨ ᠨᠠᠮᠤᠷ ᠤᠨ ᠲᠠᠷᠢᠶᠠᠯᠠᠩ ᠢ ᠬᠠᠮᠢᠶᠠᠷᠤᠯᠤᠨ᠎ᠠ :: ᠬᠣᠷᠣ ᠶᠢ 2 , 4 - D ᠪᠤᠶᠤ ᠪᠤᠰᠤᠳ ᠡᠮ ᠢᠶᠡᠷ ᠤᠰᠠᠳᠬᠠᠨ᠎ᠠ ::

ᠬᠠᠳᠤᠯᠬᠤ ᠵᠢᠯ ᠳᠦ ᠨᠢᠭᠡ ᠤᠳᠠᠭ᠎ᠠ ᠬᠠᠳᠤᠯᠪᠠᠯ ᠨᠣᠭᠣᠭᠠᠨ ᠲᠡᠵᠢᠭᠡᠯ ᠦᠨ ᠦᠷ᠎ᠡ ᠲᠦᠷᠦᠮᠵᠢ ᠶᠡᠬᠡ ᠪᠣᠯᠤᠨ᠎ᠠ :: ᠨᠣᠭᠣᠭᠠᠨ ᠲᠡᠵᠢᠭᠡᠯ ᠨᠢ 22.2 ~ 30 t/hm² ᠬᠦᠷᠳᠡᠭ :: ᠬᠠᠳᠤᠯᠬᠤ ᠵᠢᠯ ᠳᠦ

（五）主要品种介绍

1. 白城朝鲜碱茅

产量表现：1988 ～ 1994年在吉林省大安市、内蒙古自治区巴彦淖尔市、甘肃酒泉市、新疆维吾尔自治区伊犁哈萨克自治州重盐碱地区区域试验结果，多年平均鲜草产量为6 840 kg/hm^2。其他牧草在重盐碱地上不能生长。1985 ～ 1994年吉林省大安市前榆村在重盐碱地上的生产试验结果，10年平均鲜草产量为5 589 kg/hm^2。其他牧草因不能出苗，不能生长。

适应地区：适宜我国东北、华北、西北不同类型盐碱地种植。

2. 吉农朝鲜碱茅

产量表现：1996 ～ 1998年品种比较试验结果，3年平均鲜草产量为3 670 kg/hm^2，比对照野生种增产23.66%。1997 ～ 1999年区域试验结果，平均鲜草产量为3 745 kg/hm^2，比对照野生种增产24.1%。

适应地区：适宜在我国东北、华北、西北地区的碳酸盐盐土、氯化物盐土和硫酸盐盐土等类型的盐碱地种植。

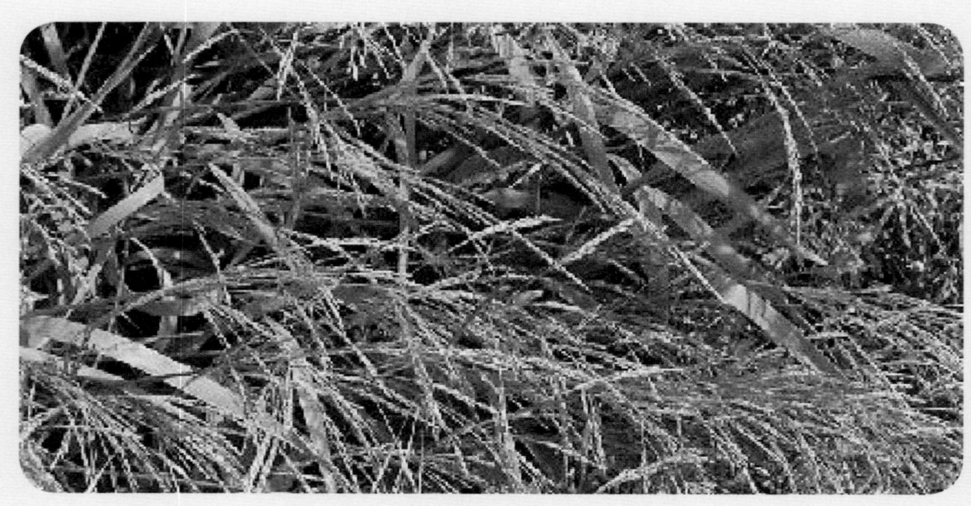

(ᠭᠤᠷᠪᠠ) ᠬᠣᠯᠢᠮᠠᠭ ᠲᠠᠷᠢᠯᠭ᠎ᠠ ᠶᠢᠨ ᠠᠰᠢᠭᠲᠠᠢ ᠲᠠᠯ᠎ᠠ

1. ᠪᠣᠳᠤ ᠮᠠᠯ ᠤᠨ ᠲᠡᠵᠢᠭᠡᠯ

ᠲᠣᠭ᠎ᠠ ᠶᠢᠨ ᠪᠠᠷᠢᠮᠲᠠ : 1988 ~ 1994 ᠣᠨ ᠤ ᠬᠣᠯᠢᠮᠠᠭ ᠲᠠᠷᠢᠯᠭ᠎ᠠ ᠶᠢᠨ ᠭᠠᠷᠤᠭᠠᠯᠲᠠ ᠶᠢ ᠪᠣᠳᠤᠭᠰᠠᠨ ᠳᠤ ᠃ ᠬᠣᠯᠢᠮᠠᠭ ᠲᠠᠷᠢᠯᠭ᠎ᠠ ᠶᠢᠨ ᠪᠡᠯᠴᠢᠭᠡᠷ ᠦᠨ ᠡᠪᠡᠰᠦ ᠶᠢᠨ ᠭᠠᠷᠤᠯᠲᠠ ᠨᠢ ᠃ ᠨᠢᠭᠡ ᠲᠠᠯ᠎ᠠ ᠶᠢᠨ ᠲᠠᠷᠢᠯᠭ᠎ᠠ ᠶᠢᠨ ᠬᠡᠮᠵᠢᠶ᠎ᠡ ᠨᠢ ᠃ ᠲᠤᠰ ᠪᠡᠯᠴᠢᠭᠡᠷ ᠦᠨ ᠡᠪᠡᠰᠦ ᠶᠢᠨ ᠬᠣᠣᠰᠠ ᠲᠠᠷᠢᠯᠭ᠎ᠠ ᠶᠢᠨ ᠭᠠᠷᠤᠯᠲᠠ ᠨᠢ ᠤᠯᠠᠮ ᠪᠠᠷ ᠦᠨᠳᠦᠷ ᠃ ᠲᠠᠷᠢᠯᠭ᠎ᠠ ᠶᠢᠨ 10 ᠵᠢᠯ ᠦᠨ ᠳᠤᠮᠳᠠᠳᠤ ᠭᠠᠷᠤᠯᠲᠠ ᠨᠢ ᠭᠡᠬᠡᠷᠡᠭ ᠮᠡᠷᠭᠡᠨ ᠤ ᠬᠡᠮᠵᠢᠶ᠎ᠡ ᠨᠢ 5 589 kg/hm² ᠪᠣᠯᠵᠤ ᠃ ᠬᠣᠯᠢᠮᠠᠭ ᠲᠠᠷᠢᠯᠭ᠎ᠠ ᠶᠢᠨ
6 840 kg/hm² ᠪᠣᠯᠵᠤ ᠃ ᠬᠣᠯᠢᠮᠠᠭ ᠲᠠᠷᠢᠯᠭ᠎ᠠ ᠶᠢᠨ ᠭᠠᠷᠤᠯᠲᠠ ᠨᠢ ᠨᠢᠭᠡ ᠲᠠᠯ᠎ᠠ ᠶᠢᠨ ᠲᠠᠷᠢᠯᠭ᠎ᠠ ᠠᠴᠠ ᠬᠡᠳᠦᠢ ᠬᠡᠳᠦᠢ ᠬᠤᠪᠢ ᠥᠨᠳᠦᠷ ᠪᠣᠯᠵᠠᠢ ᠃ ᠪᠡᠯᠴᠢᠭᠡᠷ ᠦᠨ ᠡᠪᠡᠰᠦ ᠶᠢᠨ ᠭᠠᠷᠤᠯᠲᠠ ᠨᠢ ᠨᠢᠭᠡ ᠲᠠᠯ᠎ᠠ ᠶᠢᠨ ᠲᠠᠷᠢᠯᠭ᠎ᠠ ᠠᠴᠠ ᠬᠡᠳᠦᠢ ᠬᠤᠪᠢ ᠥᠨᠳᠦᠷ ᠪᠣᠯᠵᠠᠢ ᠃

2. ᠵᠢᠭᠠᠬᠠᠨ ᠮᠠᠯ ᠤᠨ ᠲᠡᠵᠢᠭᠡᠯ

ᠲᠣᠭ᠎ᠠ ᠶᠢᠨ ᠪᠠᠷᠢᠮᠲᠠ : 1996 ~ 1998 ᠣᠨ ᠤ ᠬᠣᠯᠢᠮᠠᠭ ᠲᠠᠷᠢᠯᠭ᠎ᠠ ᠶᠢᠨ ᠲᠤᠷᠰᠢᠯᠲᠠ ᠶᠢᠨ ᠳᠦᠩ ᠳᠤ ᠃ 3 ᠵᠢᠯ ᠦᠨ ᠳᠤᠮᠳᠠᠳᠤ ᠭᠠᠷᠤᠯᠲᠠ ᠨᠢ ᠭᠡᠬᠡᠷᠡᠭ ᠮᠡᠷᠭᠡᠨ ᠤ ᠬᠡᠮᠵᠢᠶ᠎ᠡ ᠨᠢ 3 670 kg/hm²
ᠪᠣᠯᠵᠤ ᠃ ᠨᠢᠭᠡ ᠲᠠᠯ᠎ᠠ ᠶᠢᠨ ᠲᠠᠷᠢᠯᠭ᠎ᠠ ᠠᠴᠠ ᠥᠨᠳᠦᠷ ᠬᠤᠪᠢ ᠨᠢ 23.66% ᠬᠦᠷᠪᠡ ᠃ 1997 ~ 1999 ᠣᠨ ᠤ ᠬᠣᠯᠢᠮᠠᠭ ᠲᠠᠷᠢᠯᠭ᠎ᠠ ᠶᠢᠨ ᠳᠦᠩ ᠳᠤ ᠃ ᠭᠡᠬᠡᠷᠡᠭ ᠮᠡᠷᠭᠡᠨ ᠤ ᠬᠡᠮᠵᠢᠶ᠎ᠡ ᠨᠢ
3 745 kg/hm² ᠪᠣᠯᠵᠤ ᠃ ᠨᠢᠭᠡ ᠲᠠᠯ᠎ᠠ ᠶᠢᠨ ᠲᠠᠷᠢᠯᠭ᠎ᠠ ᠠᠴᠠ ᠥᠨᠳᠦᠷ ᠬᠤᠪᠢ ᠨᠢ 24.1% ᠬᠦᠷᠪᠡ ᠃
ᠲᠣᠭ᠎ᠠ ᠶᠢᠨ ᠪᠠᠷᠢᠮᠲᠠ : ᠬᠣᠯᠢᠮᠠᠭ ᠲᠠᠷᠢᠯᠭ᠎ᠠ ᠶᠢᠨ ᠲᠤᠷᠰᠢᠯᠲᠠ ᠶᠢᠨ ᠬᠡᠮᠵᠢᠶ᠎ᠡ ᠨᠢ ᠪᠣᠯᠪᠠᠰᠤᠷᠠᠭᠤᠯᠤᠭᠰᠠᠨ ᠪᠣᠯᠪᠠᠰᠤᠷᠠᠯ ᠪᠣᠯᠤᠨ ᠪᠣᠯᠵᠤ ᠃ ᠲᠠᠷᠢᠯᠭ᠎ᠠ ᠶᠢᠨ ᠭᠠᠷᠤᠯᠲᠠ ᠶᠢᠨ
ᠪᠣᠯᠪᠠᠰᠤᠷᠠᠯ ᠤᠨ ᠲᠦᠪᠰᠢᠨ ᠢ ᠳᠡᠭᠡᠭᠰᠢᠯᠡᠭᠦᠯᠦᠨ᠎ᠡ ᠃

3. 白城小花碱茅

产量表现：1988 ～ 1994年在吉林省大安市、内蒙古自治区巴彦淖尔市、甘肃酒泉市、新疆维吾尔自治区伊犁哈萨克自治州重盐碱地区区域试验结果，多年多点年平均鲜草产量为6 645 kg/hm^2。另据1985 ～ 1994年吉林省大安市前榆村在重盐碱地上的生产试验结果，10年平均鲜草产量为4 944 kg/hm^2。

适应地区：适宜我国东北、华北、西北不同类型盐碱地种植。

4. 同德小花碱茅（星星草）

产量表现：耐寒、耐旱、耐盐碱，在pH8.5 ～ 9.0的土壤中生长良好。播种第二年及以后干草产量3 000 kg/hm^2，种子产量300 kg/hm^2。

适应地区：东北、华北、西北及西南等地区，以及青海省海拔4 000 m以下地区。

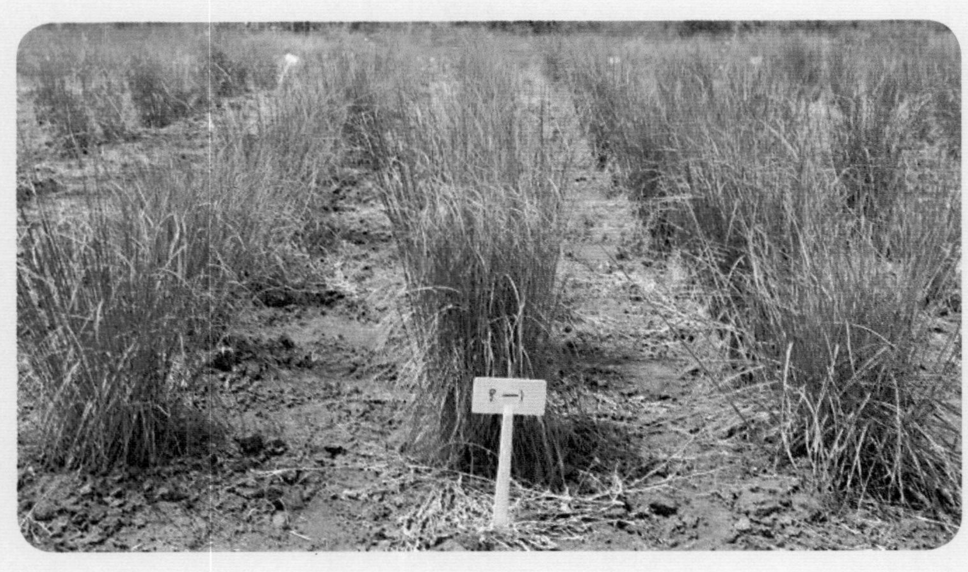

ᠠᠮᠢᠳᠤᠷᠠᠯ ᠢ ::

ᠠᠮᠢᠳᠤᠷᠠᠬᠤ ᠣᠷᠴᠢᠨ : ᠰᠡᠷᠢᠭᠦᠨ ᠳᠤᠯᠠᠭᠠᠰᠢᠭ᠂ ᠬᠠᠭᠤᠷᠠᠢᠰᠢᠭ᠂ ᠬᠠᠭᠠᠰ ᠬᠠᠭᠤᠷᠠᠢᠰᠢᠭ ᠠᠭᠠᠷ ᠤᠨ ᠪᠦᠰᠡ ᠳᠦ ᠲᠣᠬᠢᠷᠠᠮᠵᠢᠲᠠᠢ᠂ ᠳᠠᠯᠠᠢ ᠶ᠋ᠢᠨ ᠲᠦᠪᠰᠢᠨ ᠡᠴᠡ ᠳᠡᠭᠡᠭᠰᠢ 4 000 m ᠬᠦᠷᠲᠡᠯᠡ ᠭᠠᠵᠠᠷ ᠲᠤ ᠲᠠᠷᠢᠵᠤ ᠪᠣᠯᠤᠨ᠎ᠠ ᠃ ᠬᠠᠭᠤᠷᠠᠢ ᠳᠤ ᠲᠡᠰᠪᠦᠷᠢ ᠰᠠᠢᠲᠠᠢ᠂ ᠬᠠᠭᠤᠷᠠᠢ ᠡᠪᠡᠰᠦ ᠶ᠋ᠢᠨ ᠭᠠᠷᠴᠠ 3 000 kg/hm²᠂ ᠦᠷᠡ ᠶ᠋ᠢᠨ ᠭᠠᠷᠴᠠ 300 kg/hm² ᠪᠣᠯᠤᠨ᠎ᠠ ::

ᠬᠥᠷᠦᠰᠦᠨ ᠦ ᠰᠢᠨᠵᠢ : ᠳᠤᠮᠳᠠ᠂ ᠬᠥᠩᠭᠡᠨ ᠬᠥᠷᠦᠰᠦ᠂ ᠬᠤᠵᠢᠷ ᠲᠠᠢ ᠬᠥᠷᠦᠰᠦᠨ ᠳᠦ ᠲᠣᠬᠢᠷᠠᠮᠵᠢᠲᠠᠢ :: pH ᠬᠡᠮᠵᠢᠶ᠎ᠡ ᠨᠢ 8.5 ~ 9.0 ᠶ᠋ᠢᠨ ᠬᠥᠷᠦᠰᠦᠨ ᠳᠦ ᠴᠦ ᠤᠷᠭᠤᠨ᠎ᠠ :: ᠰᠠᠯᠬᠢᠨ ᠬᠠᠮᠠᠭᠠᠯᠠᠬᠤ ᠴᠢᠳᠠᠪᠬᠢ ᠨᠢ ᠬᠦᠴᠦᠲᠡᠢ ::

4. ᠬᠠᠭᠤᠷᠠᠢ ᠡᠪᠡᠰᠦ ᠪᠠ ᠦᠷᠡ ᠶ᠋ᠢᠨ ᠭᠠᠷᠴᠠ

ᠠᠮᠢᠳᠤᠷᠠᠬᠤ ᠣᠷᠴᠢᠨ : ᠺᠠᠩ ᠪᠣ ᠰᠢᠶᠠᠨ ᠤ ᠰᠡᠷᠢᠭᠦᠨ ᠳᠤᠯᠠᠭᠠᠰᠢᠭ᠂ ᠬᠠᠭᠤᠷᠠᠢᠰᠢᠭ᠂ ᠬᠠᠭᠠᠰ ᠬᠠᠭᠤᠷᠠᠢᠰᠢᠭ ᠠᠭᠠᠷ ᠤᠨ ᠪᠦᠰᠡ ᠶ᠋ᠢᠨ ᠲᠤᠷᠰᠢᠯᠲᠠ ᠶ᠋ᠢᠨ ᠲᠠᠯᠠᠪᠠᠢ ᠳᠤ ᠲᠠᠷᠢᠭᠰᠠᠨ ᠨᠢ᠂ 10 ᠵᠢᠯ ᠦᠨ ᠳᠤᠮᠳᠠᠵᠢ ᠬᠠᠭᠤᠷᠠᠢ ᠡᠪᠡᠰᠦ ᠶ᠋ᠢᠨ ᠭᠠᠷᠴᠠ 4 944 kg/hm² ᠪᠣᠯᠵᠠᠢ :: ᠬᠠᠭᠤᠷᠠᠢ ᠡᠪᠡᠰᠦ ᠶ᠋ᠢᠨ ᠬᠠᠮᠤᠭ ᠤᠨ ᠥᠨᠳᠦᠷ ᠭᠠᠷᠴᠠ 6 645 kg/hm² ᠪᠣᠯᠵᠤ᠂ 1985 ~ 1994 ᠣᠨ ᠤ ᠬᠤᠭᠤᠷᠤᠨᠳᠤ ᠲᠠᠷᠢᠭᠰᠠᠨ ᠠᠮᠢᠳᠤᠷᠠᠯ ᠤᠨ ᠲᠣᠭ᠎ᠠ ᠪᠠᠷ ᠪᠣᠳᠣᠪᠠᠯ᠂ ᠡᠩ ᠤᠨ ᠬᠠᠭᠤᠷᠠᠢ ᠡᠪᠡᠰᠦ ᠶ᠋ᠢᠨ ᠳᠤᠮᠳᠠᠵᠢ ᠭᠠᠷᠴᠠ ᠨᠢ ᠥᠨᠳᠦᠷ ᠪᠠᠶᠢᠨ᠎ᠠ᠂ ᠲᠠᠷᠢᠮᠠᠯ ᠤᠨ ᠪᠦᠲᠦᠭᠡᠴᠡ : 1988 ~ 1994 ᠣᠨ ᠤ ᠬᠤᠭᠤᠷᠤᠨᠳᠤ ᠲᠠᠷᠢᠭᠰᠠᠨ ᠮᠠᠯ ᠤᠨ ᠡᠪᠡᠰᠦ᠂ ᠦᠷᠡ ᠶ᠋ᠢᠨ ᠭᠠᠷᠴᠠ ᠥᠨᠳᠦᠷ᠂ ᠴᠢᠨᠠᠷ ᠰᠠᠢᠲᠠᠢ

3. ᠪᠣᠳᠣ ᠮᠠᠯ ᠤᠨ ᠡᠪᠡᠰᠦ ᠶ᠋ᠢᠨ ᠭᠠᠷᠴᠠ

十五、老芒麦与披碱草

披碱草（*Elymus dahuricus* Turcz.）是禾本科披碱草属多年生丛生草本植物。耐旱、耐寒、耐碱、耐风沙，自1958年开始先后在河北、新疆、内蒙古、青海等地进行栽培驯化工作。老芒麦（*Elymus sibiricus* Linn.）是披碱草属中饲用价值较高的一种，是疏丛型多年生禾本科牧草。俄罗斯作为新的牧草栽培开始于1927年，中国20世纪60年代开始在西北、华北、东北等地推广种植，由于对土壤要求不严，根系入土深，抗寒性很强，已成为北方地区一种重要的栽培牧草，也是很有经济价值的栽培牧草。

（一）播前准备

1. 种床准备

新开垦地应先将地表推平，清除杂物后进行耕翻，耕深18 ～ 22 cm，耕翻土壤应在秋季进行，耕翻后耙碎土块，整平地面。熟地耕深15 ～ 20 cm，播种前要清除杂草、石块等。

2. 品种选择

播种前处理人工草地种子要达到国家规定的三级标准以上；种子田种子要达到国家规定的二级以上标准。严格检验种子病虫携带情况。带有严重病虫害的种子要立即销毁，轻度病虫害的种子经药物处理后可使用。

3. 种子处理

播种前采用碾压等方式进行种子断芒处理。选种时用种子清选机或人工筛选。

ᠲᠠᠪᠤᠳᠤᠭᠠᠷ ᠬᠡᠰᠡᠭ · ᠰᠢᠪᠢᠷ ᠰᠢᠯᠢ ᠡᠪᠡᠰᠦ ᠪᠠ ᠰᠢᠯᠢ ᠡᠪᠡᠰᠦ

ᠰᠢᠯᠢ ᠡᠪᠡᠰᠦ (*Elymus dahuricus* Turcz) [illegible] ᠰᠢᠪᠢᠷ ᠰᠢᠯᠢ ᠡᠪᠡᠰᠦ (*Elymus sibiricus* Linn) [illegible] 1927 [illegible] 20 [illegible] 60 [illegible] 1958 [illegible]

([illegible]) [illegible]

1. [illegible]

[illegible] 18 ~ 22 cm [illegible] 15 ~ 20 cm [illegible]

2. [illegible]

[illegible]

3. [illegible]

[illegible]

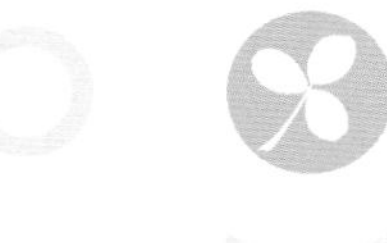

（二）播种技术

1. 播种时期

根据气候和土壤水分状况确定适宜的播种期。以春播为宜，在4～5月进行。在春旱严重地区宜采取夏播，在6～7月进行。

2. 播种方式

种子田播种宜采用条播方法，行距为30 cm，播种深度为3～4 cm。人工草地可采用条播或撒播，条播行距为15～30 cm。撒播一般采用人工和飞机撒播，播种后需要耙耱覆土。

3. 播种量

遵循适量播种、合理密植的原则。人工草地播种量22.5～30 kg/hm^2。种子田播种量15～22.5 kg/hm^2。

4. 覆土镇压

播种后要进行覆土，深度2～3 cm。除潮湿而黏重的土壤外，需进行镇压处理。

（三）田间管理

1. 水肥管理

播种前施肥根据土壤肥力状况施入适量的肥料，施磷酸二铵75～100 kg/hm^{2}或农家肥22 500～30 000 kg/hm^{2}作基肥。

采用封育管护措施。在牧草拔节至孕穗期，有灌溉条件的，应及时灌水1次，灌水900～1 200 m^3/hm^2，同时追施尿素75～150 kg/hm^2。

2. 杂草防除

种子田应在分蘖期用中耕除草机或化学除莠剂除草。

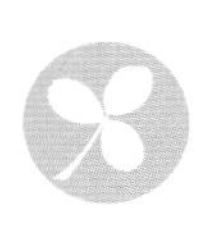

([illegible]) [illegible]

1. [illegible]

[illegible] 4 ~ 5 [illegible] 6 ~ 7 [illegible]

2. [illegible]

[illegible] 30 cm [illegible] 3 ~ 4 cm [illegible] 15 ~ 30 cm [illegible]

3. [illegible]

[illegible] 22.5 ~ 30 kg/hm^2 [illegible] 15 ~ 22.5 kg/hm^2 [illegible]

4. [illegible]

[illegible] 2 ~ 3 cm [illegible]

([illegible]) [illegible]

1. [illegible]

[illegible] 75 ~ 100 kg/hm^2 [illegible] 22 500 ~ 30 000 kg/hm^2 [illegible]

[illegible] 900 ~ 1 200 m^3/hm^2 [illegible] 75 ~ 150 kg/hm^2 [illegible]

2. [illegible]

[illegible]

（四）收获

1. 刈割期

老芒麦可在抽穗期至始花期进行刈割利用。

2. 刈割次数

在北方地区每年可刈割1次。

（五）主要品种介绍

1. 吉林老芒麦

产量表现：据1979～1982年区域试验结果，在内蒙古自治区呼伦贝尔市草原站4年平均鲜草产量为12 863 kg/hm^2（3 705～23 205 kg/hm^2），在内蒙古呼和浩特市为13 200 kg/hm^2（8 550～20 400 kg/hm^2），在青海省西宁市为18 615 kg/hm^2（10 410～27 870 kg/hm^2）。据1975～1983年在内蒙古乌兰察布市生产试验结果，多年平均干草产量为2 250～3 750 kg/hm^2。

适应区域：适宜在内蒙古、辽宁、吉林、黑龙江等地种植。

2. 农牧老芒麦

产量表现：1974～1978年小区栽培试验，在浇灌条件下，5年平均干草产量为5 840 kg/hm^2，种子产量为954 kg/hm^2；生长第二年干草产量最高为7 274 kg/hm^2，种子产量最高为1 749 kg/hm^2。1989～1990年在内蒙古自治区呼和浩特市试验结果，2年平均干草产量为3 572 kg/hm^2。

适应区域：适宜在内蒙古中东部地区及气候条件相似的地区种植，内蒙古西部有灌溉条件时也可种植。

ᠬᠠᠷᠢᠴᠠᠭᠤᠯᠤᠯᠲᠠ ᠶᠢᠨ ᠬᠦᠷᠢᠶᠡᠯᠡᠩ ᠳᠦ ᠲᠠᠷᠢᠬᠤ ᠳᠤ ᠲᠣᠬᠢᠷᠠᠮᠵᠢᠲᠠᠢ ᠪᠣᠯᠤᠨ᠎ᠠ᠃

ᠪᠦᠲᠦᠭᠡᠭᠳᠡᠬᠦᠨ ᠲᠠᠷᠢᠮᠠᠯ: ᠲᠠᠷᠢᠮᠠᠯ ᠤᠨ ᠪᠦᠲᠦᠭᠡᠭᠳᠡᠬᠦᠨ ᠳᠤ ᠪᠠᠢᠭᠠ ᠴᠢᠩ ᠭᠣᠣᠯ ᠤᠨ ᠬᠠᠷᠢᠴᠠᠭᠤᠯᠤᠯᠲᠠ ᠳᠤ ᠬᠦᠷᠬᠦ ᠪᠡᠷ ᠲᠠᠷᠢᠬᠤ ᠳᠤ ᠲᠣᠬᠢᠷᠠᠮᠵᠢᠲᠠᠢ ᠪᠣᠯᠤᠨ᠎ᠠ᠃ ᠲᠠᠷᠢᠮᠠᠯ ᠤᠨ ᠬᠠᠷᠢᠴᠠᠭᠤᠯᠤᠯᠲᠠ ᠶᠢᠨ kg/hm² ᠪᠣᠯᠤᠨ᠎ᠠ᠃

ᠳᠤᠮᠳᠠᠵᠢᠨ 1 749 kg/hm² ᠪᠣᠯᠤᠨ᠎ᠠ᠃ 1989 ~ 1990 ᠣᠨ ᠤ ᠲᠤᠷᠰᠢᠯᠲᠠ ᠳᠤ 2 ᠵᠢᠯ ᠦᠨ ᠨᠠᠰᠤᠲᠠᠢ ᠬᠠᠳᠠᠭᠠᠯᠠᠯᠲᠠ ᠶᠢᠨ ᠦᠨᠳᠦᠷ ᠨᠢ 7 274 kg/hm² ᠪᠣᠯᠵᠤ, 5 ᠵᠢᠯ ᠦᠨ ᠨᠠᠰᠤᠲᠠᠢ ᠬᠠᠳᠠᠭᠠᠯᠠᠯᠲᠠ ᠶᠢᠨ ᠦᠨᠳᠦᠷ ᠨᠢ 3 572 ~ 5 840 kg/hm², ᠳᠤᠮᠳᠠᠵᠢᠨ 954 kg/hm², ᠬᠠᠮᠤᠭ ᠤᠨ ᠢᠬᠡ ᠨᠢ 1974 ~ 1978 ᠣᠨ ᠤ ᠲᠤᠷᠰᠢᠯᠲᠠ ᠳᠤ ᠬᠦᠷᠦᠭᠰᠡᠨ ᠪᠣᠯᠤᠨ᠎ᠠ᠃

2. ᠮᠣᠩᠭᠣᠯ ᠤᠨ ᠰᠠᠯᠠᠭᠠ ᠪᠡᠯᠴᠢᠷ

ᠪᠦᠲᠦᠭᠡᠭᠳᠡᠬᠦᠨ ᠲᠠᠷᠢᠮᠠᠯ: ᠲᠠᠷᠢᠮᠠᠯ ᠤᠨ ᠪᠦᠲᠦᠭᠡᠭᠳᠡᠬᠦᠨ, ᠬᠠᠳᠠᠭᠠᠯᠠᠯᠲᠠ, ᠦᠪᠡᠰᠦ ᠶᠢᠨ ᠬᠠᠳᠠᠭᠠᠯᠠᠯᠲᠠ ᠶᠢᠨ ᠦᠨᠳᠦᠷ ᠨᠢ 2 250 ~ 3 750 kg/hm² ᠪᠣᠯᠤᠨ᠎ᠠ᠃ ᠬᠠᠳᠠᠭᠠᠯᠠᠯᠲᠠ ᠶᠢᠨ kg/hm² (10 410 ~ 27 870 kg/hm²) ᠪᠣᠯᠤᠨ᠎ᠠ᠃ 1975 ~ 1983 ᠣᠨ ᠤ ᠲᠤᠷᠰᠢᠯᠲᠠ ᠳᠤ 13 200 kg/hm² (8 550 ~ 20 400 kg/hm²), ᠳᠤᠮᠳᠠᠵᠢᠨ 4 ᠵᠢᠯ ᠦᠨ ᠬᠠᠳᠠᠭᠠᠯᠠᠯᠲᠠ ᠶᠢᠨ ᠦᠨᠳᠦᠷ ᠨᠢ 12 863 kg/hm² (3 705 ~ 23 205 kg/hm²), ᠲᠠᠷᠢᠮᠠᠯ ᠤᠨ ᠲᠤᠷᠰᠢᠯᠲᠠ ᠳᠤ 18 615 ᠪᠣᠯᠤᠨ᠎ᠠ: 1979 ~ 1982 ᠣᠨ ᠤ ᠲᠤᠷᠰᠢᠯᠲᠠ ᠶᠢᠨ ᠬᠠᠳᠠᠭᠠᠯᠠᠯᠲᠠ ᠶᠢᠨ ᠦᠨᠳᠦᠷ ᠦᠨ ᠳᠤᠮᠳᠠᠵᠢᠨ ᠨᠢ ᠪᠣᠯᠤᠨ᠎ᠠ᠃

1. ᠬᠠᠷᠢ ᠶᠢᠨ ᠰᠠᠯᠠᠭᠠ ᠪᠡᠯᠴᠢᠷ

(ᠲᠠᠪᠤ) ᠦᠷ᠎ᠡ ᠪᠣᠯᠭᠠᠬᠤ ᠠᠷᠭ᠎ᠠ ᠶᠢᠨ ᠪᠣᠯᠪᠠᠰᠤᠷᠠᠭᠤᠯᠤᠯᠲᠠ

ᠬᠠᠳᠠᠭᠠᠯᠠᠬᠤ ᠲᠠᠷᠢᠮᠠᠯ ᠤᠨ ᠵᠢᠯ ᠦᠨ 1 ᠲᠠᠷᠢᠯᠲᠠ ᠬᠠᠳᠠᠭᠠᠯᠠᠬᠤ ᠪᠣᠯᠤᠨ᠎ᠠ᠃

2. ᠬᠠᠳᠠᠭᠠᠯᠠᠬᠤ ᠲᠠᠷᠢᠯᠲᠠ

ᠰᠠᠯᠠᠭᠠ ᠪᠡᠯᠴᠢᠷ ᠬᠠᠷᠢ ᠶᠢᠨ ᠪᠣᠯᠪᠠᠰᠤᠷᠠᠭᠤᠯᠬᠤ ᠦᠷ᠎ᠡ ᠬᠠᠳᠠᠭᠠᠯᠠᠯᠲᠠ ᠶᠢᠨ ᠬᠠᠮᠤᠭ ᠦᠨ ᠬᠠᠳᠠᠭᠠᠯᠠᠬᠤ ᠪᠣᠯᠤᠨ᠎ᠠ᠃

1. ᠬᠠᠳᠠᠭᠠᠯᠠᠬᠤ ᠴᠠᠭ

(ᠵᠢᠷᠭᠤᠭ᠎ᠠ) ᠬᠡᠷᠡᠭᠯᠡᠭᠡ

3. 青牧1号老芒麦

产量表现：1995 ～ 1997年在青海省西宁市品种比较试验结果，3年平均干草产量为11 341 kg/hm^2。1997 ～ 2000年在大通、刚察、达日、共和的区域试验结果，生长第二年至第四年年平均干草产量9 178 kg/hm^2。2000 ～ 2003年在大通、刚察和同德等县的生产试验结果，年平均干草产量为8 411 kg/hm^2。

适应区域：适宜在青海省海拔4 500 m以下高寒地区种植。

4. 阿坝老芒麦

产量表现：青藏高原4 年平均干草产量为10 503.4 kg/hm^2，比对照甘南垂穗披碱草增产25.4%，差异显著；种子产量年平均为2 874.4 kg/hm^2。该品种比较抗寒，在海拔3 000 ～ 4 500 m的地区可安全越冬（越冬率95.5%）。

适应地区：适宜在四川阿坝海拔2 000 ～ 4 000 m地区种植，能够获得较高的种子和牧草产量。

5. 察北披碱草

产量表现：据1980 ～ 1983年在河北省沽源县旱作，生产第一年至第四年干草产量依次为3 250 kg/hm^2、6 166 kg/hm^2、6 630 kg/hm^2、3 669 kg/hm^2，产量较高的是生长第二年至第三年。1981 ～ 1984年在河北省沽源县、康保县、张北县试验结果，不同年份3点平均干草产量依次为2 067 kg/hm^2、4 966 kg/hm^2、3 567 kg/hm^2、788 kg/hm^2，生长的第二年、第三年产量较高，生长第四年产量急剧下降。种子产量也以第二年、第三年产量较高，3点平均产量为510 kg/hm^2、375 kg/hm^2。

适应地区：适宜在寒冷干旱地区种植，如河北省北部、山西省北部，以及内蒙古、青海、甘肃等地均可种植。

3. [illegible] 1 [illegible]

[illegible]: 1995 ~ 1997 [illegible] 3 [illegible] 11 341 kg/hm² [illegible] 1997 ~ 2000 [illegible] 9 178 kg/hm² [illegible] · 2000 ~ 2003 [illegible] 8 411 kg/hm² [illegible]

[illegible]: [illegible] 4 500 m [illegible]

4. [illegible]

[illegible]: [illegible] 4 [illegible] 10 503.4 kg/hm² [illegible] 2 874. 4 kg/hm² [illegible] 25.4 % [illegible] 3 000 ~ 4 500 m [illegible] ([illegible] 95.5 % [illegible])

[illegible]: [illegible] 2 000 ~ 4 000 m [illegible]

5. [illegible]

[illegible]: 1980 ~ 1983 [illegible] 3 250 kg/hm² · 6 166 kg/hm² · 6 630 kg/hm² · 3 669 kg/hm² [illegible] 1981 ~ 1984 [illegible] 3 [illegible] 2 067 kg/hm² · 4 966 kg/hm² · 3 567 kg/hm² · 788 kg/hm² [illegible]

[illegible] 510 kg/hm² · 375 kg/hm² [illegible]

[illegible]

十六、短芒大麦草

短芒大麦草［*Hordeum brevisubulatum* (Trin.) Link］属禾本科牧草，适口性好、适应性广，且具有较强的耐盐性，是一种良好的放牧刈割兼用青饲料。短芒大麦草分布于中国东北、内蒙古、陕西北部、宁夏、甘肃、青海、新疆、西藏等地。

（一）播前准备

1. 种床准备

短芒大麦草喜欢生长在湿润的轻度盐碱地上，因此应将该草地建设在湖盆四周、山谷滩地、地下水位较高的地段上。在干旱的砂质地上应适当灌溉才能获得满意的产量。

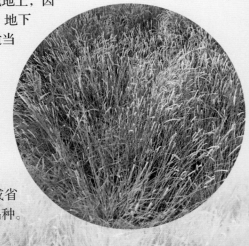

秋季将土地深翻耙平，施用有机肥 15 000 ～ 30 000 kg/hm^2，第二年早春播前再行耙地、耱地。如果采用夏播时，播前还应中耕除草，这样才能保证出苗及减少杂草的危害。

2. 品种选择

种子质量应符合国家要求。选用国家或省级审定登记、符合当地生产条件和需求的品种。

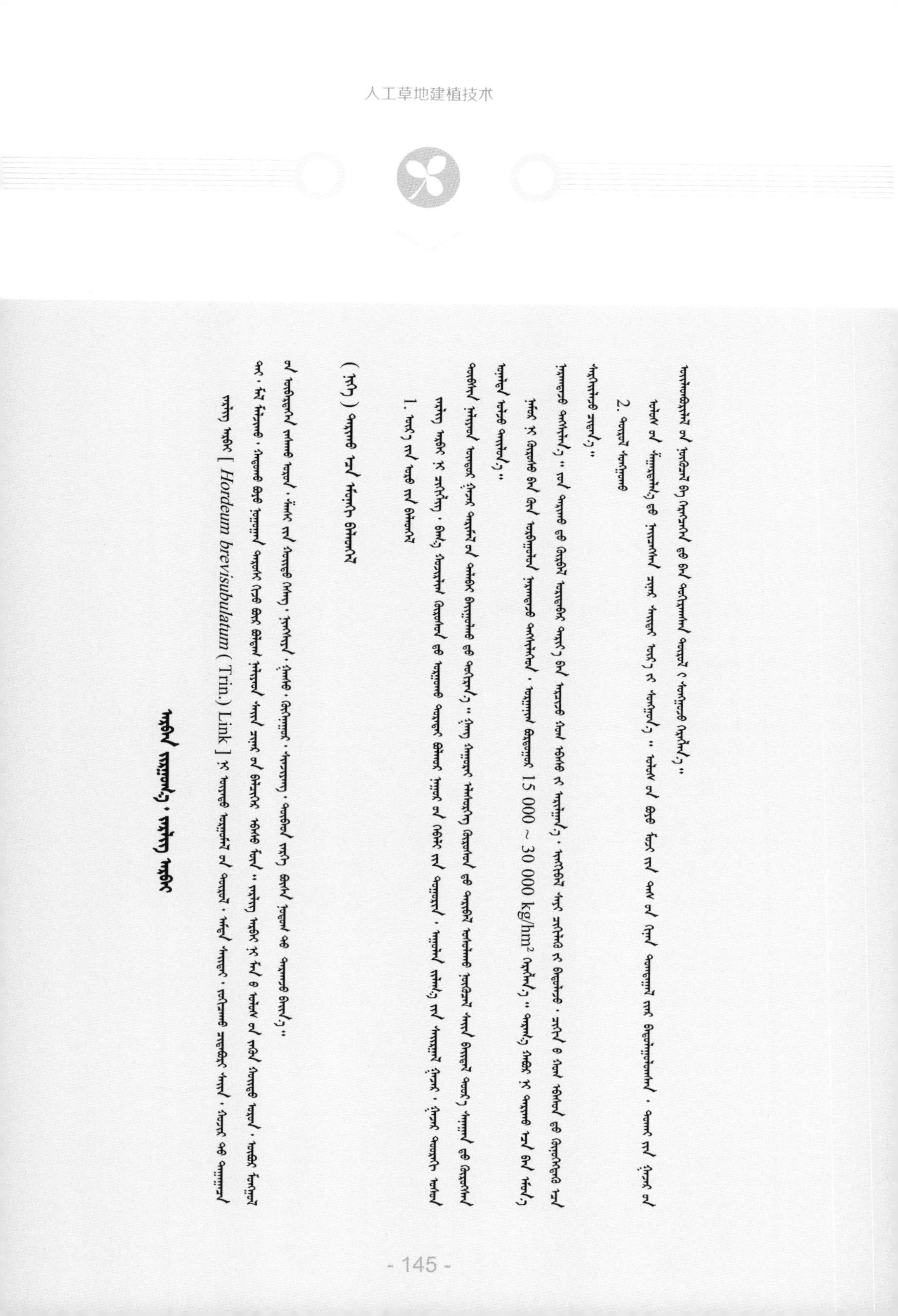

[illegible]

[illegible]

2. [illegible]

[illegible] 15 000 ~ 30 000 kg/hm^2 [illegible]

[illegible]

1. [illegible]

([illegible]) [illegible]

[illegible]

[illegible] [*Hordeum brevisubulatum* (Trin.) Link] [illegible]

[illegible]

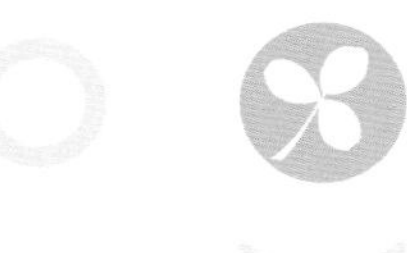

3. 种子处理

种子播种前需清选和晒种。

（二）播种技术

1. 播种时期

有灌溉条件或春墒较好时，可在春季播种，否则需要在夏季或秋季雨后播种。

2. 播种方式

通常为条播，播深3 ～ 4 cm，行距为15 ～ 30 cm。

3. 播种量

播种量为7.5 ～ 15 kg/hm^2。

4. 覆土镇压

播后及时镇压。

（三）田间管理

1. 水肥管理

拔节期至孕穗期可灌水1 ～ 2次，第二年早春有条件地区可灌1次返青水，孕、抽穗期结合灌水追施尿素150 kg/hm^2。第一次刈割后可结合灌水再追肥1次。

2. 杂草防除

播种当年幼苗生长缓慢，易受杂草抑制，因此要及时消灭杂草。

3. ᠲᠠᠷᠢᠯᠭ᠎ᠠ ᠪᠣᠯᠪᠠᠰᠤᠷᠠᠭᠤᠯᠬᠤ

ᠲᠠᠷᠢᠯᠭ᠎ᠠ ᠬᠠᠮᠠᠭᠠᠯᠠᠬᠤ ᠶᠠᠮᠠᠷ ᠲᠠᠷᠢᠯᠭ᠎ᠠ ᠪᠠᠨ ᠰᠢᠯᠵᠢᠭᠦᠯᠬᠦ ᠲᠠᠷᠢᠯᠭ᠎ᠠ ᠪᠠᠨ ᠬᠠᠮᠠᠭᠠᠯᠠᠬᠤ ᠬᠡᠷᠡᠭᠲᠡᠢ ::

(ᠭᠤᠷᠪᠠ) ᠲᠠᠷᠢᠬᠤ ᠠᠷᠭ᠎ᠠ

1. ᠲᠠᠷᠢᠬᠤ ᠴᠠᠭ

ᠬᠠᠪᠤᠷ ᠤᠨ ᠲᠠᠷᠢᠯᠭ᠎ᠠ ᠪᠣᠯᠣᠨ ᠵᠤᠨ ᠤ ᠲᠠᠷᠢᠯᠭ᠎ᠠ ᠵᠢ ᠬᠣᠶᠠᠭᠤᠯᠠ ᠨᠢ ᠲᠠᠷᠢᠵᠤ ᠪᠣᠯᠬᠤ ᠪᠠᠢᠨ᠎ᠠ :: ᠬᠠᠪᠤᠷ ᠤᠨ ᠲᠠᠷᠢᠯᠭ᠎ᠠ ᠨᠢ ᠡᠷᠲᠡ ᠲᠠᠷᠢᠬᠤ ᠪᠠᠢᠨ᠎ᠠ ::

2. ᠲᠠᠷᠢᠬᠤ ᠭᠦᠨ

3 ~ 4 cm ᠪᠠᠢᠨ᠎ᠠ᠂ ᠮᠥᠷ ᠤᠨ ᠵᠠᠢ 15 ~ 30 cm ᠪᠠᠢᠯᠭᠠᠬᠤ ᠬᠡᠷᠡᠭᠲᠡᠢ ::

3. ᠲᠠᠷᠢᠬᠤ ᠬᠡᠮᠵᠢᠶ᠎ᠡ

7.5 ~ 15 kg/hm^2 ᠪᠠᠢᠨ᠎ᠠ ::

(ᠳᠥᠷᠪᠡ) ᠲᠠᠷᠢᠶᠠᠯᠠᠩ ᠤᠨ ᠬᠠᠮᠠᠭᠠᠯᠠᠯᠲᠠ

1. ᠪᠣᠲᠠᠭ᠎ᠠ ᠣᠷᠣᠭᠤᠯᠬᠤ

ᠰᠠᠯᠠᠭᠠᠯᠠᠬᠤ ᠦᠶ᠎ᠡ ᠳᠦ ᠰᠠᠯᠠᠭᠠᠯᠠᠬᠤ ᠦᠶ᠎ᠡ ᠶᠢᠨ ᠡᠮᠦᠨ᠎ᠡ 1 ~ 2 ᠤᠳᠠᠭ᠎ᠠ ᠣᠷᠣᠭᠤᠯᠬᠤ ᠪᠣᠯᠤᠨ᠎ᠠ :: ᠬᠠᠳᠤᠯᠠᠬᠤ ᠪᠦᠷᠢ ᠳᠦ ᠪᠣᠲᠠᠭ᠎ᠠ ᠣᠷᠣᠭᠤᠯᠬᠤ ᠬᠡᠷᠡᠭᠲᠡᠢ ᠪᠥᠭᠡᠳ ᠨᠢᠭᠡ ᠤᠳᠠᠭ᠎ᠠ ᠳᠤ

ᠣᠷᠣᠭᠤᠯᠬᠤ ᠪᠣᠯᠤᠨ᠎ᠠ :: ᠰᠠᠯᠠᠭᠠᠯᠠᠬᠤ ᠦᠶ᠎ᠡ ᠶᠢᠨ ᠡᠮᠦᠨ᠎ᠡ ᠪᠣᠲᠠᠭ᠎ᠠ ᠣᠷᠣᠭᠤᠯᠬᠤ ᠬᠡᠮᠵᠢᠶ᠎ᠡ ᠨᠢ 150 kg/hm^2 ᠪᠠᠢᠯᠭᠠᠬᠤ ᠪᠣᠯᠤᠨ᠎ᠠ :: ᠬᠠᠳᠤᠯᠠᠭᠰᠠᠨ ᠤ ᠳᠠᠷᠠᠭ᠎ᠠ

ᠬᠠᠳᠤᠯᠠᠬᠤ ᠪᠦᠷᠢ 1 ᠤᠳᠠᠭ᠎ᠠ ᠣᠷᠣᠭᠤᠯᠬᠤ ᠨᠢ ᠳᠡᠭᠡᠳᠦ ᠦᠷ᠎ᠡ ᠲᠠᠢ ᠪᠣᠯᠤᠨ᠎ᠠ ::

2. ᠤᠰᠤ ᠤᠰᠤᠯᠠᠬᠤ ᠪᠠ ᠬᠤᠭᠤᠷᠠᠢ ᠰᠢᠭᠦᠷᠬᠦ

ᠤᠰᠤᠯᠠᠬᠤ ᠨᠥᠬᠥᠴᠡᠯ ᠲᠡᠢ ᠭᠠᠵᠠᠷ ᠲᠤ ᠬᠠᠳᠤᠯᠠᠭᠰᠠᠨ ᠤ ᠳᠠᠷᠠᠭ᠎ᠠ ᠤᠰᠤᠯᠠᠬᠤ ᠪᠣᠯᠪᠠᠯ᠂ ᠪᠣᠷᠤᠭᠤᠨ ᠤ ᠤᠰᠤ ᠪᠠᠭᠠᠲᠠᠢ ᠦᠶ᠎ᠡ ᠳᠦ ᠣᠯᠠᠨ ᠤᠳᠠᠭ᠎ᠠ ᠤᠰᠤᠯᠠᠬᠤ ᠬᠡᠷᠡᠭᠲᠡᠢ ::

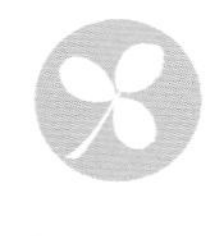

（四）收获

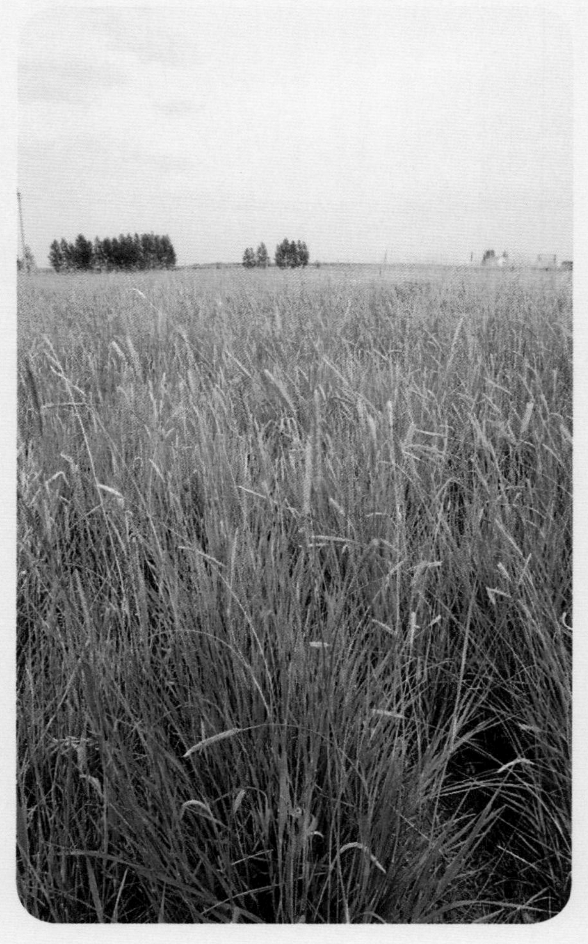

1. 刈割期

播种当年最好不进行刈割或放牧，第二年在抽穗至开花期进行第一次刈割，第二次刈割在孕穗期、抽穗期进行刈割。第二次刈割不得迟于停止生长前30天。

2. 留茬高度

一般为2 ～ 3 cm。

3. 刈割次数

一年可刈割2次。

（五）主要品种介绍

林西短芒大麦草

产量表现：据2004 ～ 2006年在内蒙古赤峰市林西县良种场研究显示，平均产量为6 515.2 kg/hm^2，种子产量为320.34 kg/hm^2。

适应区域：适宜在内蒙古干旱、半干旱地区种植。

ᠭᠠᠷᠤᠯᠲᠠ ᠢ 6 515.2 kg/hm^2 ᠂ ᠦᠷ᠎ᠡ ᠶᠢᠨ ᠭᠠᠷᠤᠯᠲᠠ ᠢ 320.34 kg/hm^2 ᠪᠣᠯᠤᠨ᠎ᠠ᠃

ᠭᠦᠨ ᠢ ᠨᠢ 2 ~ 3 cm ᠪᠠᠢᠯᠭᠠᠨ᠎ᠠ᠃

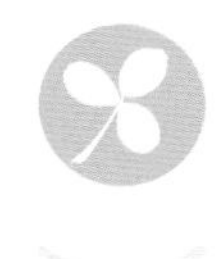

十七、直穗鹅观草

鹅观草［*Roegneria kamoji* (Ohwi)］为禾本科鹅观草属下的一个种，是一种常见的多年生草本植物。春季返青早，穗状花序弯曲下垂，姿态潇洒别致，具有一定的观赏价值。在我国，除青海、西藏以外，各地均有种植。

（一）播前准备

1. 种床准备

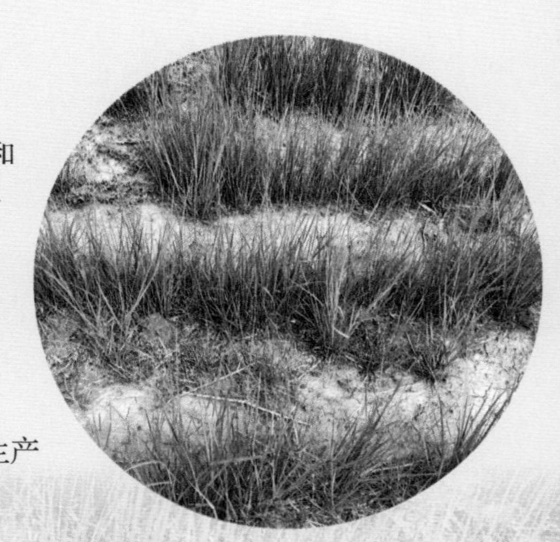

最适宜在地势平坦、土层深厚的中性和偏碱性的壤土或砂壤土上生长，也可在弃耕地、退化草地、山坡地种植。

地面清理后，施入30 000 kg/hm^{2}农家肥，进行耕翻。耕翻后要耙碎土块，耱平地面。

2. 品种选择

选用国家或省级审定登记、符合当地生产条件和需求的品种。

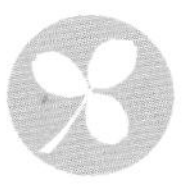

ᠥᠪᠡᠰᠦ ᠬᠤᠷᠢᠶ᠎ᠠ ᠶᠢᠨ ᠦᠢᠯᠡᠳᠪᠦᠷᠢ ᠡᠯᠪᠡᠭ᠂ ᠨᠢᠭᠡ ᠵᠢᠯ ᠤᠨ ᠡᠬᠢ ᠳᠤ ᠭᠤᠷᠪᠠ ᠤᠳᠠᠭ᠎ᠠ ᠬᠤᠷᠢᠶᠠᠵᠤ ᠪᠣᠯᠬᠤ ᠪᠥᠭᠡᠳ ᠨᠠᠢᠮᠠᠳᠤᠭᠠᠷ ᠵᠢᠯ ᠳᠤ ᠡᠭᠦᠰᠬᠡᠬᠦ ᠪᠠᠷ ᠬᠤᠷᠢᠶᠠᠵᠤ ᠪᠣᠯᠤᠨ᠎ᠠ᠃ ᠪᠣᠷᠤᠭᠤᠭᠠᠷ ᠵᠢᠯ ᠡᠴᠡ ᠡᠬᠢᠯᠡᠨ᠂ ᠬᠤᠷᠢᠶ᠎ᠠ ᠶᠢᠨ ᠨᠢᠭᠡᠳᠦᠭᠡᠷ ᠶᠢᠨ ᠥᠪᠡᠰᠦ ᠶᠢᠨ ᠦᠢᠯᠡᠳᠪᠦᠷᠢ ᠨᠢ 30 000 kg/hm^2 ᠬᠦᠷᠬᠦ ᠪᠣᠯᠤᠨ᠎ᠠ᠃

ᠬᠠᠮᠤᠵᠢ [*Roegneria kamoji* (Ohwi)] ᠨᠢ ᠦᠨᠳᠦᠰᠦᠲᠡᠨ ᠦ ᠡᠪᠡᠰᠦ ᠶᠢᠨ ᠬᠠᠮᠤᠵᠢ ᠶᠢᠨ ᠲᠥᠷᠥᠯ ᠦᠨ ᠣᠯᠠᠨ ᠨᠠᠰᠤᠲᠤ ᠡᠪᠡᠰᠦ ᠮᠦᠨ᠃ ᠬᠠᠭᠤᠴᠢᠨ ᠨᠡᠷ᠎ᠡ ᠨᠢ ᠲᠣᠯᠣᠭᠠᠢ ᠶᠢᠨ ᠡᠪᠡᠰᠦ᠂ ᠭᠠᠯᠠᠭᠤ ᠶᠢᠨ ᠡᠪᠡᠰᠦ᠂ ᠰᠢᠷᠭᠤᠯᠵᠢᠨ ᠡᠪᠡᠰᠦ ᠬᠡᠮᠡᠨ ᠡ᠃ ᠤᠯᠤᠰ ᠤᠨ ᠨᠢᠭᠡᠨ ᠬᠡᠰᠡᠭ ᠳᠦ ᠲᠠᠷᠬᠠᠵᠤ ᠣᠷᠣᠰᠢᠵᠤ ᠪᠠᠢᠨ᠎ᠠ᠃

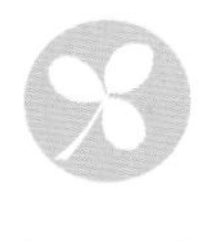

（二）播种技术

1. 播种时期

有灌溉条件的宜在春季播种，播种前灌足底水。旱作应在雨季抢墒播种。

2. 播种方式

以条播为宜，行距25～35 cm。

3. 播种量

播种量30～37.5 kg/hm^2。

4. 覆土镇压

播种深度2～2.5 cm，播种后应适度镇压，干旱与半干旱地区或在砂壤土地上种植应镇压2遍。

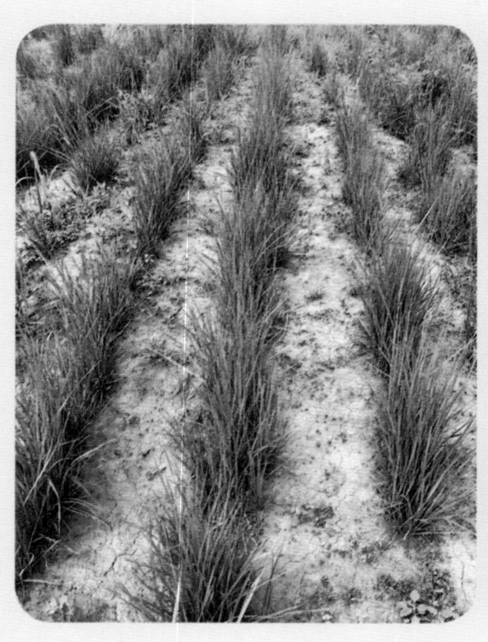

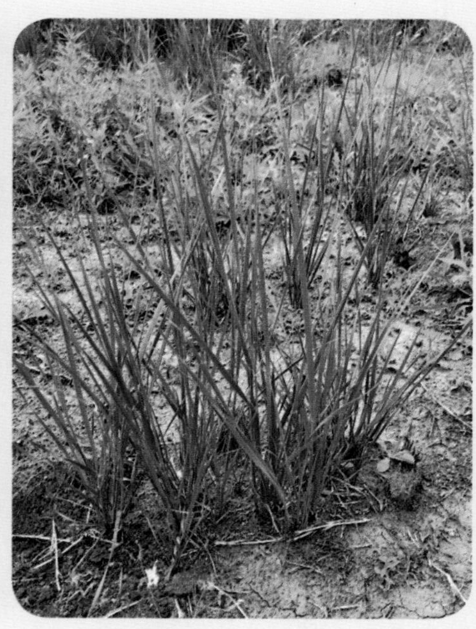

(ᠳᠥᠷᠪᠡ) ᠲᠠᠷᠢᠬᠤ ᠠᠷᠭ᠎ᠠ

1. ᠲᠠᠷᠢᠬᠤ ᠴᠠᠭ

ᠬᠠᠪᠤᠷᠵᠢᠨ ᠨᠠᠮᠤᠷᠵᠢᠨ ᠴᠤ ᠪᠡᠨ ᠲᠠᠷᠢᠵᠤ ᠪᠤᠯᠤᠨ᠎ᠠ ᠄ ᠬᠠᠪᠤᠷ ᠬᠠᠭᠤᠷᠠᠢ ᠭᠠᠵᠠᠷ ᠲᠤ ᠪᠤᠷᠤᠭᠤᠨ ᠤ ᠡᠮᠦᠨ᠎ᠡ ᠳᠦ ᠲᠠᠷᠢᠪᠠᠯ ᠳᠤᠬᠢᠷᠠᠮᠵᠢᠲᠠᠢ᠃ ᠪᠤᠷᠤᠭᠤᠨ ᠤ ᠡᠭᠦᠨ ᠢ ᠲᠠᠷᠢᠬᠤ ᠬᠤᠭᠤᠴᠠᠭ᠎ᠠ ᠄

2. ᠲᠠᠷᠢᠬᠤ ᠠᠷᠭ᠎ᠠ

ᠮᠥᠷ ᠲᠠᠷᠢᠯᠭ᠎ᠠ ᠪᠠᠷ ᠲᠠᠷᠢᠬᠤ ᠪᠤᠯᠪᠠᠰᠤ ᠂ ᠮᠥᠷ ᠤᠨ ᠬᠤᠭᠤᠷᠤᠨᠳᠤ ᠵᠠᠢ 22 ~ 35 cm ᠪᠠᠢᠯᠭᠠᠬᠤ ᠬᠡᠷᠡᠭᠲᠡᠢ ᠄

3. ᠲᠠᠷᠢᠬᠤ ᠬᠡᠮᠵᠢᠶ᠎ᠡ

30 ~ 37.5 kg/hm² ᠪᠠᠢᠬᠤ ᠬᠡᠷᠡᠭᠲᠡᠢ ᠄

4. ᠬᠥᠷᠡᠰᠦ ᠪᠦᠷᠬᠦᠬᠦ ᠭᠦᠨ

2 ~ 2.5 cm ᠪᠣᠯ ᠲᠠᠷᠢᠬᠤ ᠂ ᠬᠠᠪᠤᠷ ᠬᠠᠭᠤᠷᠠᠢ ᠶᠢᠨ ᠬᠥᠷᠡᠰᠦ ᠪᠦᠷᠬᠦᠭᠡᠳ ᠲᠠᠷᠢᠬᠤ ᠪᠣᠯᠤᠨ᠎ᠠ ᠄ ᠲᠠᠷᠢᠯᠭ᠎ᠠ 2 ᠤᠳᠠᠭ᠎ᠠ
ᠲᠠᠷᠢᠬᠤ ᠬᠤᠭᠤᠴᠠᠭ᠎ᠠ ᠄

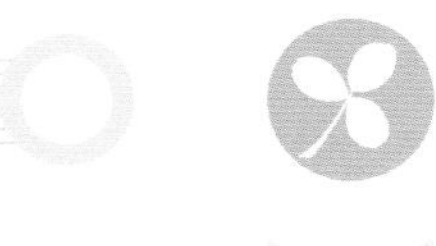

(三)田间管理

1. 水肥管理

返青前灌溉1次，秋季封冻前灌溉1次，每次刈割后进行灌溉。

施肥可以撒施、条施，结合趟耕培土及灌溉进行施肥为宜。在幼苗期，施氮肥75.0 kg/hm^2，分蘖期和刈割后施用过磷酸钙150 ～ 300 kg/hm^2。施肥也可在降雨前进行。

2. 杂草防除

幼苗高度5 ～ 10 cm 时，要进行杂草防除，株高20 cm 左右时要进行中耕锄草1次。

(四)收获

一年内可刈割2次，第一次刈割在抽穗至开花初期进行，留茬高度5 cm。

(五)主要品种介绍

林西直穗鹅观草

产量表现：早春播种，当年干草产量3 300 ～ 3 500 kg/hm^2。从第二 年开始，干草产量达到9 000 ～ 10 000 kg/hm^2。

适应区域：分布于中国东北、内蒙古、河北、山西、陕西、新疆等地。生长在海拔1 350 ～ 2 300 m的山坡草地、林中沟边、平坡地。

300 m [illegible] 1 350 ~ 2 [illegible] 9 000 ~ 10 000 kg/hm^2 [illegible]

[illegible] 3 300 ~ 3 500 kg/hm^2 [illegible]

([illegible]) [illegible]

[illegible] 2 [illegible] 5 cm [illegible]

([illegible]) [illegible]

[illegible] 5 ~ 10 cm [illegible] 20 cm [illegible]

2. [illegible]

[illegible] 75.0 kg/hm^2 [illegible] 150 ~ 300 kg/hm^2 [illegible] 1 [illegible] 1 [illegible]

1. [illegible]

([illegible]) [illegible]

十八、小黑麦

小黑麦是由小麦属（*Triticum*）和黑麦属（*Secale*）物种经属间有性杂交和杂种染色体数加倍而人工结合成的新物种。中国在20世纪70年代育成的八倍体小黑麦，表现出小麦的丰产性和种子的优良品质，又保持了黑麦抗逆性强和赖氨酸含量高的特点，且能适应不同的气候和环境条件，是一种很有前途的粮食、饲料兼用作物。

（一）播前准备

1. 种床准备

精细整地应达到地面平整。播前墒情要求，0 ～ 20 cm土壤含水量：黏土20%为宜，壤土18%为宜，沙土15%为宜。

2. 品种选择

选用国家或省级审定登记、符合当地生产条件和需求的饲用小黑麦品种。

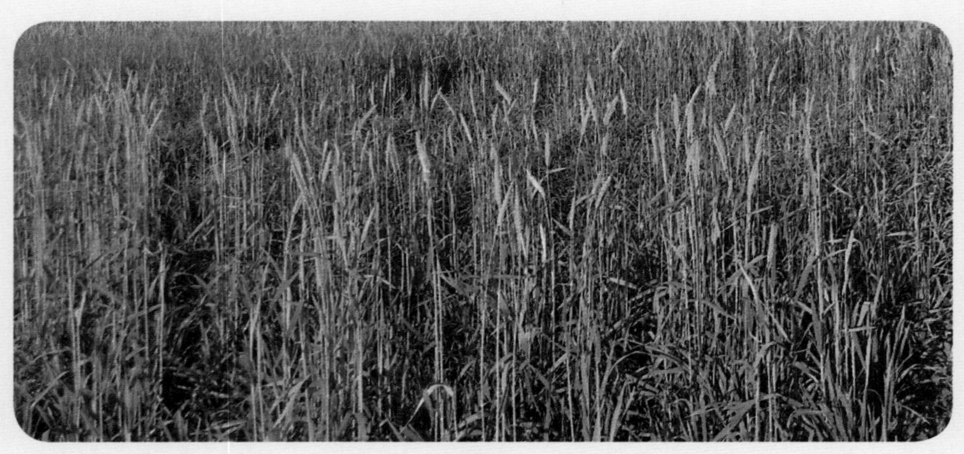

ᠠᠷᠪᠠᠨ ᠨᠢᠭᠡ ᠂ ᠵᠢᠵᠢᠭ ᠬᠠᠷ᠎ᠠ ᠪᠤᠭᠤᠳᠠᠢ

ᠵᠢᠵᠢᠭ ᠬᠠᠷ᠎ᠠ ᠪᠤᠭᠤᠳᠠᠢ ᠪᠣᠯ ᠪᠤᠭᠤᠳᠠᠢ ᠶᠢᠨ ᠲᠥᠷᠦᠯ (*Triticum*) ᠪᠠ ᠬᠠᠷ᠎ᠠ ᠪᠤᠭᠤᠳᠠᠢ ᠶᠢᠨ ᠲᠥᠷᠦᠯ (*Secale*) ᠢ ᠡᠷᠯᠢᠵᠢᠭᠦᠯᠦᠨ ᠪᠣᠯᠪᠠᠰᠤᠷᠠᠭᠤᠯᠤᠭᠰᠠᠨ ᠰᠢᠨ᠎ᠡ ᠪᠣᠳᠠᠰ ᠤᠨ ᠲᠥᠷᠦᠯ ᠪᠣᠯᠤᠨ᠎ᠠ ᠃ ᠡᠨᠡ ᠨᠢ ᠪᠤᠭᠤᠳᠠᠢ ᠶᠢᠨ ᠥᠨᠳᠥᠷ ᠦᠷ᠎ᠡ ᠲᠥᠷᠦᠮᠵᠢ ᠪᠠ ᠬᠠᠷ᠎ᠠ ᠪᠤᠭᠤᠳᠠᠢ ᠶᠢᠨ ᠬᠦᠢᠲᠡᠨ ᠳᠦ ᠲᠡᠰᠪᠦᠷᠢ ᠰᠠᠢᠲᠠᠢ ᠂ ᠡᠪᠡᠳᠴᠢᠨ ᠳᠦ ᠲᠡᠰᠪᠦᠷᠢ ᠰᠠᠢᠲᠠᠢ ᠵᠡᠷᠭᠡ ᠣᠨᠴᠠᠯᠢᠭ ᠢ ᠨᠢᠭᠡᠳᠬᠡᠨ ᠂ ᠦᠷ᠎ᠡ ᠲᠠᠷᠢᠶ᠎ᠠ ᠪᠣᠯᠤᠨ ᠲᠡᠵᠢᠭᠡᠯ ᠤᠨ ᠡᠳ ᠪᠣᠯᠵᠤ ᠴᠢᠳᠠᠬᠤ ᠠᠰᠢᠭ᠎ᠠ ᠲᠤᠰᠠ ᠶᠡᠬᠡ ᠲᠠᠷᠢᠮᠠᠯ ᠤᠷᠤᠭ ᠪᠣᠯᠤᠨ᠎ᠠ ᠃

(ᠨᠢᠭᠡ) ᠠᠮᠢᠳᠤᠷᠠᠬᠤ ᠣᠷᠴᠢᠨ ᠪᠠᠢᠳᠠᠯ

1\. ᠬᠥᠷᠰᠦ ᠶᠢᠨ ᠴᠢᠭ ᠤᠨ ᠪᠠᠢᠳᠠᠯ

ᠬᠥᠷᠰᠦ ᠶᠢᠨ ᠴᠢᠭᠢᠭ ᠬᠡᠮᠵᠢᠶ᠎ᠡ ᠃ 0～20 cm ᠦᠨ ᠭᠦᠨ ᠳᠦ ᠬᠥᠷᠰᠦ ᠶᠢᠨ ᠴᠢᠭᠢᠭ ᠨᠢ ᠄ ᠨᠠᠢᠮᠠᠨ ᠰᠠᠷ᠎ᠠ ᠳᠤ 20 % ᠂ ᠶᠢᠰᠦᠨ ᠰᠠᠷ᠎ᠠ ᠳᠤ 18 % ᠂ ᠠᠷᠪᠠᠨ ᠰᠠᠷ᠎ᠠ ᠳᠤ 15 % ᠪᠠᠢᠬᠤ ᠶᠢ ᠱᠠᠭᠠᠷᠳᠠᠨ᠎ᠠ ᠃

2\. ᠬᠥᠷᠰᠦ ᠱᠠᠭᠠᠷᠳᠠᠯᠭ᠎ᠠ

ᠲᠡᠭᠦᠨ ᠪᠣᠯ ᠬᠥᠷᠰᠦ ᠶᠢᠨ ᠲᠥᠷᠦᠯ ᠳᠦ ᠣᠨᠴᠠ ᠱᠠᠭᠠᠷᠳᠠᠯᠭ᠎ᠠ ᠦᠭᠡᠢ ᠂ ᠡᠯᠡᠰᠦ ᠶᠢᠨ ᠬᠥᠷᠰᠦ ᠪᠠ ᠳᠠᠪᠤᠰᠤᠵᠢᠭᠰᠠᠨ ᠬᠥᠷᠰᠦ ᠳᠦ ᠴᠥᠮ ᠲᠠᠷᠢᠵᠤ ᠪᠣᠯᠬᠤ ᠪᠥᠭᠡᠳ ᠠᠮᠢᠳᠤᠷᠠᠬᠤ ᠴᠢᠳᠠᠯ ᠨᠢ ᠰᠠᠢᠨ ᠃

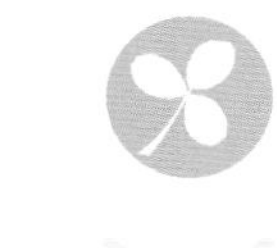

3. 种子处理

播前将种子晾晒1～2天，每天翻动2～3次。地下害虫易发地区，可使用药剂拌种或种子包衣进行防治。采用甲基辛硫磷拌种防治蛴螬、蝼蛄等地下害虫。

（二）播种技术

1. 播种时期

有灌溉条件的宜在春季播种，播种前灌足底水。旱作应在雨季抢墒播种。

2. 播种方式

以条播为宜，行距18～20 cm。一般采用小麦播种机播种。

3. 播种量

一般为150 kg/hm^2。

4. 覆土镇压

播种深度控制在3～4 cm，播种后应及时镇压。

（三）田间管理

1. 水肥管理

结合整地施足基肥，化肥施用量为：氮105～120 kg、磷90～135 kg、钾30～45 kg。施用有机肥的地块施腐熟有机肥45～60 m^3/hm^2。刈割后结合灌水追施氮70～85 kg/hm^2。

拔节期或刈割后进行灌溉，每次灌水450～675 m^3/hm^2。

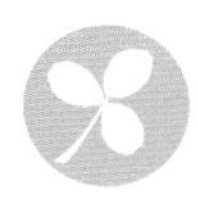

3. ᠬᠣᠰ ᠮᠥᠷᠴᠢᠭᠯᠡᠬᠦ

ᠪᠣᠯᠤᠭᠰᠠᠨ ᠪᠠᠢᠬᠤ ᠶᠢᠨ ᠲᠠᠷᠢᠬᠤ ᠰᠠᠭᠤᠯᠢᠨ ᠬᠣᠯᠢᠯᠳᠠ ᠪᠣᠯᠭᠠᠨ᠎ᠠ :: ᠡᠨᠡ ᠬᠣᠯᠢᠯᠳᠠ ᠳᠤ ᠪᠠᠭᠤᠰᠤ ᠲᠠᠷᠢᠮᠠᠯ ᠤᠨ ᠬᠣᠰ ᠮᠥᠷ ᠪᠣᠯᠬᠤ ᠳᠤ ᠲᠣᠬᠢᠷᠠᠮᠵᠢᠲᠠᠢ ᠰᠢᠯᠭᠠᠨ ᠰᠢᠯᠭᠠᠭᠰᠠᠨ ᠳᠡᠭᠡᠷᠡ ᠪᠠᠭᠤᠰᠤ ᠶᠢᠨ ᠦᠷ᠎ᠡ ᠶᠢ ᠪᠣᠯᠭᠣᠮᠵᠢᠲᠠᠢ

ᠬᠣᠰ ᠮᠥᠷᠢᠶᠠᠷ ᠲᠠᠷᠢᠬᠤ ᠳᠤ 1 ~ 2 ᠮᠥᠷ ᠲᠠᠷᠢᠬᠤ · ᠮᠥᠷ ᠬᠣᠭᠣᠷᠣᠨᠳᠤ 2 ~ 3 ᠮᠥᠷ ᠲᠠᠷᠢᠨ᠎ᠠ :: ᠪᠠᠭᠤᠰᠤ ᠶᠢᠨ ᠪᠣᠯᠤᠭᠰᠠᠨ ᠰᠢᠯᠭᠠᠨ ᠢ ᠪᠠᠰᠠ ᠮᠥᠷ ᠤᠨ ᠬᠣᠭᠣᠷᠣᠨᠳᠤ ᠶᠢᠨ ᠮᠥᠷ ᠤᠨ ᠳᠤ

ᠰᠢᠯᠭᠠᠨ ᠢ ᠰᠠᠢᠵᠢᠷᠠᠭᠤᠯᠬᠤ ᠬᠡᠷᠡᠭᠲᠡᠢ ::

(ᠭᠤᠷᠪᠠ) ᠲᠠᠷᠢᠬᠤ ᠮᠡᠷᠭᠡᠵᠢᠯ

1. ᠲᠠᠷᠢᠬᠤ ᠴᠠᠭ

ᠬᠠᠪᠤᠷ ᠤᠨ ᠲᠠᠷᠢᠯᠭ᠎ᠠ ᠪᠠ ᠵᠤᠨ ᠤ ᠲᠠᠷᠢᠯᠭ᠎ᠠ ᠬᠢᠵᠦ ᠪᠣᠯᠣᠨ᠎ᠠ · ᠲᠠᠷᠢᠬᠤ ᠴᠠᠭ ᠢ ᠬᠠᠪᠤᠷ ᠤᠨ ᠳᠤᠮᠳᠠ ᠰᠠᠷ᠎ᠠ ᠳᠤ ᠲᠣᠬᠢᠷᠠᠭᠤᠯᠪᠠᠯ ᠰᠠᠢᠨ :: ᠰᠢᠷᠤᠢ ᠶᠢᠨ ᠴᠢᠭ ᠪᠣᠯ ᠬᠠᠩᠭᠠᠯᠲᠠ ᠲᠠᠢ ᠦᠶ᠎ᠡ ᠳᠦ ᠲᠠᠷᠢᠬᠤ ᠬᠡᠷᠡᠭᠲᠡᠢ ᠪᠥᠭᠡᠳ ᠬᠠᠪᠤᠷ ᠤᠨ

ᠲᠠᠷᠢᠨ᠎ᠠ ::

2. ᠲᠠᠷᠢᠬᠤ ᠠᠷᠭ᠎ᠠ

ᠮᠥᠷ ᠤᠨ ᠵᠠᠢ ᠶᠢ 18 ~ 20 cm ᠪᠣᠯᠭᠠᠨ ᠮᠥᠷᠯᠡᠨ ᠲᠠᠷᠢᠨ᠎ᠠ :: ᠬᠤᠯᠤᠰᠤᠨ ᠪᠣᠷᠣᠭᠣ ᠲᠠᠷᠢᠬᠤ ᠠᠷᠭ᠎ᠠ ᠶᠢ ᠬᠡᠷᠡᠭᠯᠡᠨ᠎ᠡ ::

3. ᠲᠠᠷᠢᠬᠤ ᠬᠡᠮᠵᠢᠶ᠎ᠡ

ᠬᠤᠯᠤᠰᠤᠨ 150 kg/hm² ᠪᠠᠢᠬᠤ ᠬᠡᠷᠡᠭᠲᠡᠢ ::

4. ᠰᠢᠷᠤᠢ ᠪᠥᠭᠡᠯᠡᠬᠦ ᠭᠦᠨ

3 ~ 4 cm ᠪᠣᠯᠭᠠᠨ᠎ᠠ · ᠲᠠᠷᠢᠭᠰᠠᠨ ᠤ ᠳᠠᠷᠠᠭ᠎ᠠ ᠪᠠᠷᠢᠨ᠎ᠠ ::

(ᠳᠥᠷᠪᠡ) ᠲᠠᠷᠢᠯᠠᠩ ᠤᠷᠭᠤᠮᠠᠯ ᠤᠨ ᠬᠠᠮᠠᠭᠠᠯᠠᠯᠲᠠ

1. ᠤᠰᠤ ᠪᠣᠷᠤᠭᠤᠯᠬᠤ ᠶᠢᠨ ᠬᠠᠮᠠᠭᠠᠯᠠᠯᠲᠠ

ᠥᠰᠦᠭᠡ ᠶᠢᠨ ᠭᠡᠵᠢᠭᠡ ᠶᠢᠨ ᠤᠰᠤ ᠰᠢᠮᠡᠭᠳᠡᠬᠦ ᠪᠣᠷᠤᠭᠤᠯᠬᠤ ᠳᠤ ᠬᠣᠯᠢᠯᠳᠠ ᠲᠤ ᠬᠡᠷᠡᠭᠯᠡᠨ᠎ᠡ :: ᠪᠣᠷᠤᠭᠤᠯᠬᠤ ᠬᠡᠮᠵᠢᠶ᠎ᠡ : ᠠᠵᠤᠲᠤ 105 ~ 120 kg · ᠹᠣᠰᠹᠣᠷ 90 ~ 135 kg · ᠺᠠᠯᠢ 30 ~

45kg :: ᠬᠤᠯᠤᠰᠤᠨ ᠪᠣᠷᠤᠭᠤᠯᠬᠤ ᠬᠡᠮᠵᠢᠶ᠎ᠡ · ᠰᠢᠮᠡᠭᠳᠡᠬᠦ ᠪᠣᠷᠤᠭᠤᠯᠬᠤ ᠬᠤᠯᠤᠰᠤᠨ ᠪᠣᠷᠤᠭᠤᠯᠬᠤ ᠳᠤ 45 ~ 60 m³/hm² ᠪᠠᠢᠨ᠎ᠠ :: ᠰᠣᠶᠤᠯᠠᠯ ᠤᠨ ᠤᠰᠤ ᠬᠣᠯᠢᠯᠳᠠ ᠶᠢᠨ ᠲᠤᠬᠠᠢ ᠶᠢ ᠠᠵᠤᠲᠤ ᠳᠤ 70 ~ 85

kg/hm² ᠪᠠᠢᠨ᠎ᠠ ::

ᠬᠣᠯᠢᠯᠳᠠᠭᠤ ᠰᠢᠮᠡᠭᠳᠡᠯ ᠪᠣᠯᠤᠨ ᠰᠣᠶᠤᠯᠠᠯ ᠤᠨ ᠤᠰᠤ ᠬᠣᠯᠢᠯᠳᠠ ᠪᠣᠯᠭᠠᠨ᠎ᠠ :: ᠤᠰᠤ ᠶᠢ ᠨᠢᠭᠡ ᠤᠳᠠᠭ᠎ᠠ 450 ~ 675 m³/hm² ᠤᠷᠤᠰᠬᠠᠨ ᠬᠣᠯᠢᠯᠳᠠ ::

2. 杂草防除

出苗后要及时进行杂草防除。

3. 虫害防治

根据虫害发生情况，及时进行虫害防治。蚜虫一般在抽穗期发生，防治优先选用植物源农药，可使用0.3%的印楝素90 ～ 150 ml/hm^2，或10%吡虫啉300 ～ 450 g/hm^2。刈割前15天内不得使用农药。

（四）收获

1. 刈割期

青饲可在植株拔节后期或株高30 cm左右刈割；青贮、调制干草时，在乳熟期一次性刈割。

2. 留茬高度

全年刈割2次的，第一次刈割留茬高度一般为3 ～ 5 cm。

（五）主要品种介绍

冀饲3号小黑麦

产量表现：在国家草品种区试点北京双桥、天津大港、河北衡水、山东泰安和河南郑州连续两年干草产量均表现较好，平均干草产量为13 943.55 kg/hm^2。

适应区域：黄淮海地区及类似地区种植。

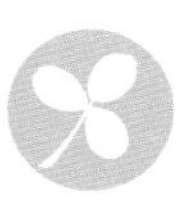

[illegible] ::

13 943.55 kg /hm² [illegible] ::

[illegible]

[illegible] 3 [illegible]

([illegible]) [illegible]

[illegible] 2 [illegible] :: [illegible] 3 ~ 5 cm [illegible] ::

2. [illegible]

[illegible] ::

[illegible] 30 cm [illegible] :: [illegible]

1. [illegible]

([illegible]) [illegible]

300 ~ 450 g/hm² [illegible] :: [illegible] 15 [illegible] ::

[illegible] · 0.3 % [illegible] 90 ~ 150 ml/hm² [illegible] 10 % [illegible]

[illegible] :: [illegible]

3. [illegible]

[illegible] ::

2. [illegible]

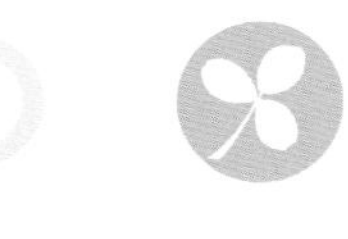

十九、苏丹草与饲用甜高粱

苏丹草［*Sorghum sudanense* (Piper) Stapf.］和饲用甜高粱适口性好，一般年刈割2 ～ 3次，可青饲、青贮和调制干草。

（一）播前准备

1. 种床准备

选择土壤有机质丰富、土层深厚、肥力较高、排灌方便、前茬未使用对高粱属作物有害除草剂的地块。前茬作物以种植大豆、玉米、小麦或苜蓿为宜，不宜在种植高粱的地块重茬、迎茬。

在前茬作物收获后进行整地作业。将基肥施入整理地块，对土地进行深松、耙耢和镇压，耕深25 ～ 30 cm。

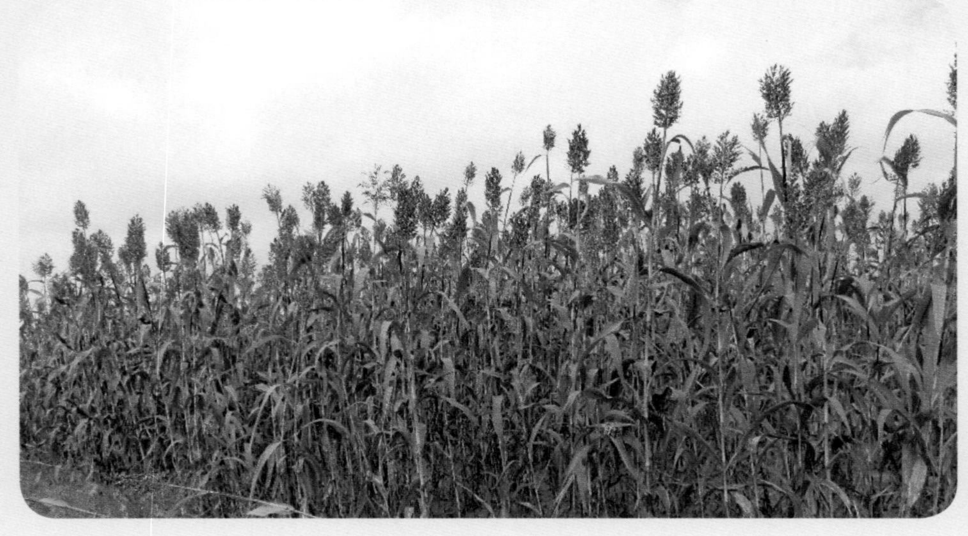

30 cm

20 ~

1.

( )

[*Sorghum sudanense* (Piper) Stapf.] 2 ~ 3

2. 品种选择

选用通过国家或省级审定登记推广的高产、优质的苏丹草和饲用甜高粱品种。

3. 种子处理

播种前进行选种和晒种。在晴天选阳光充足、通风良好的地方进行晒种。种子厚度不超过3 cm，晒种1 ～ 2天，并经常翻动。

（二）播种技术

1. 播种时期

以春播为好。

2. 播种方式

当种植地块墒情良好时，采用机械抢墒播种。当土壤墒情差，天气比较干燥时，需催芽和坐水播种。播种前一天，将种子在30 ～ 40℃的温水中浸泡2 ～ 3 h，捞出沥干后保湿催芽不少于20 h。每隔4 h过一遍水，温度保持在25 ～ 30℃。待种子萌动（露白）时放在通风处阴干后播种。播种时采用机械一次完成开沟、坐水、播种和覆土。

3. 播种量

条播用量为30 ～ 37.5 kg/hm^2，撒播用量为37.5 ～ 45 kg/hm^2。

4. 覆土镇压

机械直播时，应随播随镇压；坐水播种时，隔天镇压。镇压后播种深度应为3 ～ 5 cm。

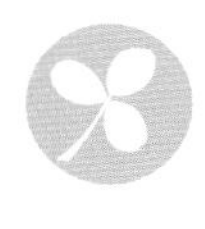

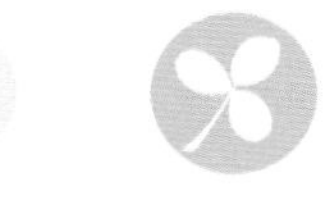

（三）田间管理

1. 水肥管理

春播苏丹草与饲用甜高粱在播后30 ～ 35天或幼苗4 ～ 5叶时施尿素120 ～ 150 kg/hm^2。基肥不足的田块，应加大用量。刈割后，施用一定数量的氮肥，每次施尿素150 kg/hm^2。

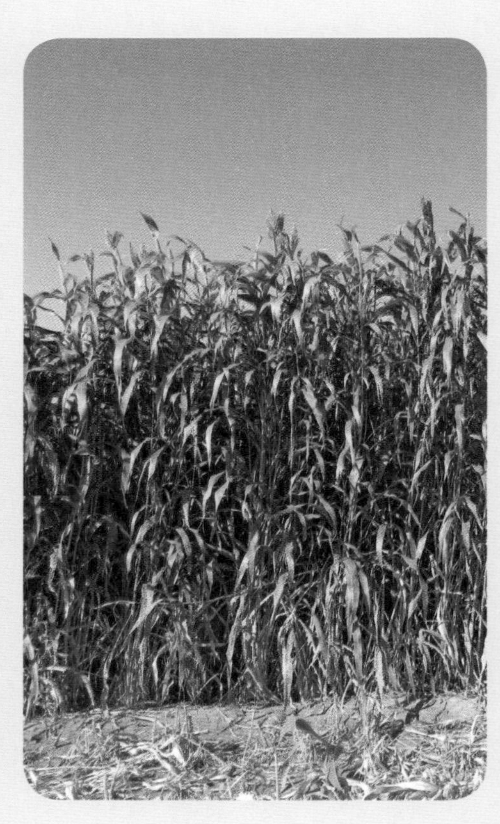

苏丹草植株高大，需水较多。夏季干旱时，应进行灌溉，以保持土壤湿润。

2. 杂草防除

苏丹草与饲用甜高粱苗期生长缓慢，注意中耕除草。视杂草生长和土壤板结情况，进行中耕除杂1 ～ 2次。苗前封闭除草，可使用异丙甲草胺乳油1 296 ～ 1 584 g/hm^2，或使用38 %莠去津悬浮剂1 710 ～ 2 137.5 g/hm^2，配制成960 L药液，均匀喷洒土壤表面。

3. 病虫害防治

苏丹草糖分含量较高，易遭蚜虫为害。当发生虫害时，立即刈割利用以防蔓延。

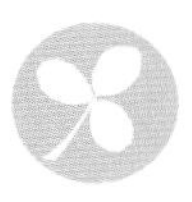

(ᠭᠤᠷᠪᠠ) ᠲᠠᠷᠢᠯᠭ᠎ᠠ ᠶᠢᠨ ᠠᠷᠭ᠎ᠠ ᠬᠡᠮᠵᠢᠶ᠎ᠡ

1. ᠲᠠᠷᠢᠬᠤ ᠬᠤᠭᠤᠴᠠᠭ᠎ᠠ ᠶᠢᠨ ᠰᠣᠩᠭᠣᠯᠲᠠ

ᠲᠠᠷᠢᠮᠠᠯ ᠤᠷᠭᠤᠮᠠᠯ ᠢ ᠪᠣᠳᠣᠭᠠᠯ ᠲᠠᠢ ᠬᠠᠷᠢᠴᠠᠭᠤᠯᠪᠠᠯ ᠬᠠᠪᠤᠷ ᠤᠨ ᠲᠠᠷᠢᠯᠭ᠎ᠠ ᠶᠢ ᠭᠡᠳᠦᠭᠡᠨ 30 ~ 35 ᠬᠣᠨᠤᠭ ᠤᠨ ᠡᠮᠦᠨ᠎ᠡ ᠪᠤᠶᠤ ᠵᠢᠯ ᠦᠨ 4 ~ 5 ᠰᠠᠷ᠎ᠠ ᠳᠤ ᠲᠠᠷᠢᠵᠤ ᠪᠣᠯᠤᠨ᠎ᠠ ᠶᠢ ᠬᠡᠷᠡᠭᠯᠡᠬᠦ ᠨᠢ 120 ~ 150 kg/hm² ᠪᠣᠯᠭᠠᠨ᠎ᠠ :: ᠨᠠᠮᠤᠷ ᠤᠨ ᠲᠠᠷᠢᠯᠭ᠎ᠠ ᠳᠤ ᠬᠡᠮᠵᠢᠶ᠎ᠡ ᠶᠢ ᠨᠢ ᠨᠡᠮᠡᠭᠳᠡᠭᠦᠯᠵᠦ ᠪᠣᠯᠭᠠᠨ᠎ᠠ :: ᠪᠠᠶᠢᠳᠠᠯ ᠤᠨ ᠬᠡᠮᠵᠢᠶ᠎ᠡ ᠳᠦ ᠬᠡᠷᠡᠭᠯᠡᠬᠦ ᠨᠢ 150 kg/hm² ᠪᠣᠯᠭᠠᠨ᠎ᠠ ::

ᠲᠠᠷᠢᠮᠠᠯ ᠬᠡᠮᠵᠢᠶ᠎ᠡ ᠶᠢ ᠲᠠᠷᠢᠮᠠᠯ ᠤᠷᠭᠤᠮᠠᠯ ᠤᠨ ᠲᠠᠷᠢᠬᠤ ᠠᠷᠭ᠎ᠠ ᠪᠠᠷ ᠬᠠᠷᠢᠭᠤᠴᠠᠨ᠎ᠠ :: ᠵᠢᠱᠢᠶᠡᠯᠡᠪᠡᠯ ᠮᠥᠷ ᠲᠠᠷᠢᠬᠤ ᠳᠤ ᠪᠠᠭ᠎ᠠ ᠬᠡᠷᠡᠭᠯᠡᠵᠦ ᠪᠣᠯᠭᠠᠨ᠎ᠠ ::

2. ᠲᠠᠷᠢᠬᠤ ᠬᠡᠮᠵᠢᠶ᠎ᠡ ᠶᠢ ᠲᠣᠭᠲᠠᠭᠠᠬᠤ

ᠲᠠᠷᠢᠮᠠᠯ ᠤᠷᠭᠤᠮᠠᠯ ᠤᠨ ᠬᠣᠣᠷᠲᠠᠨ ᠢ ᠤᠷᠢᠳᠠᠴᠢᠯᠠᠨ ᠰᠡᠷᠭᠡᠶᠢᠯᠡᠬᠦ ᠬᠡᠷᠡᠭᠲᠡᠢ :: ᠲᠠᠷᠢᠬᠤ ᠡᠴᠡ 1 ~ 2 ᠬᠣᠨᠤᠭ ᠤᠨ ᠡᠮᠦᠨ᠎ᠡ ᠬᠣᠣᠷᠤ ᠡᠮ ᠢᠶᠡᠷ ᠬᠡᠮᠵᠢᠶ᠎ᠡ ᠪᠡᠷ 1 296 ~ 1 584 g /hm² ᠪᠤᠶᠤ 38% ᠲᠠᠢ ᠡᠮ ᠢᠶᠡᠷ 1 710 ~ 2 137.5 g/hm² ᠪᠣᠯᠭᠠᠵᠤ 960 L ᠤᠰᠤ ᠳᠤ ᠨᠡᠢᠯᠡᠭᠦᠯᠵᠦ ᠴᠠᠴᠤᠨ᠎ᠠ ::

3. ᠬᠣᠣᠷᠲᠠᠨ ᠰᠡᠷᠭᠡᠶᠢᠯᠡᠬᠦ ᠶᠢᠨ ᠠᠷᠭ᠎ᠠ ᠬᠡᠮᠵᠢᠶ᠎ᠡ

ᠲᠠᠷᠢᠮᠠᠯ ᠤᠷᠭᠤᠮᠠᠯ ᠤᠨ ᠬᠤᠮᠤᠰᠤ ᠪᠠᠨ ᠬᠣᠣᠷᠲᠠᠨ ᠲᠠᠢ ᠲᠡᠮᠡᠴᠡᠬᠦ ᠴᠢᠳᠠᠪᠬᠢ ᠮᠠᠭᠤ :: ᠬᠣᠣᠷᠲᠠᠨ ᠢ ᠴᠠᠭ ᠲᠤ ᠨᠢ ᠰᠡᠷᠭᠡᠶᠢᠯᠡᠬᠦ ᠬᠡᠷᠡᠭᠲᠡᠢ ::

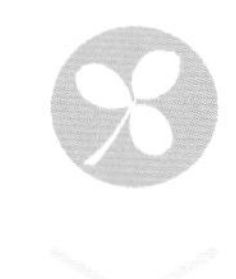

（四）收获和利用

1. 刈割期

刈割青饲或制作干草时，饲用高粱株高70 ～ 120 cm时刈割，苏丹草50 ～ 70 cm时刈割。

2. 留茬高度

10 ～ 15 cm，留茬太低会影响再生。

3. 刈割次数

苏丹草与饲用甜高粱每年可多次刈割。

4. 青贮饲草

苏丹草与饲用甜高粱可在秋季一次刈割收获制作青贮饲料。适宜收割期，苏丹草在孕穗期到开花期，饲用甜高粱在蜡熟早期到中期。刈割过早植株水分含量高，不易青贮；刈割过晚，植株营养价值和产量下降，影响青贮饲草品质。制作青贮饲料时，刈割收获植株的水分含量65 % ～ 70 %为宜。

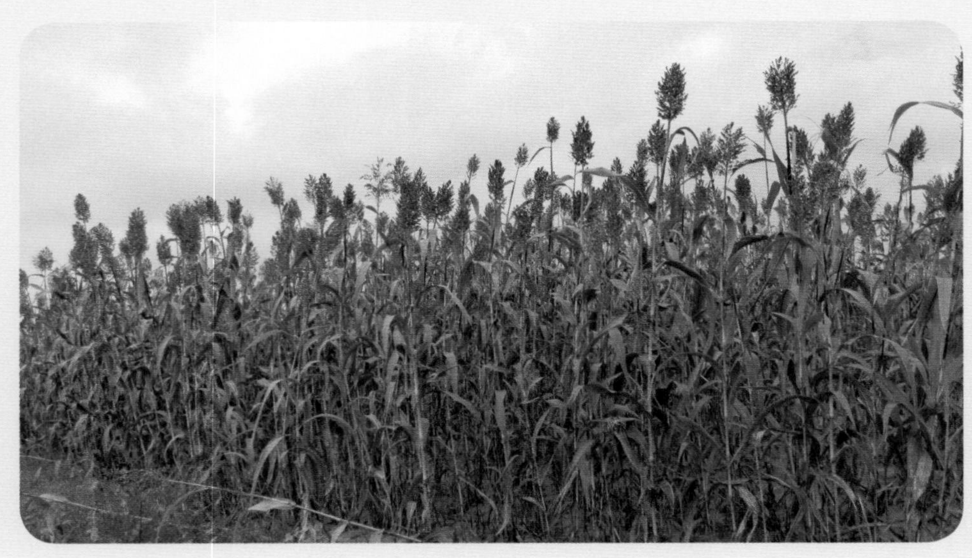

ᠨᠣᠭᠣᠭᠠᠨ ᠪᠣᠳᠣᠭᠠᠷ ᠤᠨ ᠲᠠᠷᠢᠯᠭ᠎ᠠ ᠳᠤ ᠮᠥᠷ ᠬᠣᠭᠣᠷᠤᠨᠳᠤ ᠪᠣᠳᠣᠭᠠᠷ ᠤᠨ ᠨᠣᠭᠣᠭᠠᠨ ᠤ ᠬᠡᠮᠵᠢᠶ᠎ᠡ ᠪᠣᠯᠭᠠᠨ 70 ~120 cm · ᠮᠥᠷ ᠬᠣᠭᠣᠷᠤᠨᠳᠤ 50 ~ 70 cm ᠪᠠᠢᠯᠭᠠᠬᠤ ᠬᠡᠮᠵᠢᠶ᠎ᠡ ᠪᠣᠯᠭᠠᠨ᠎ᠠ ::

ᠨᠢᠭᠡ ᠪᠦᠭᠡᠷ ᠲᠠᠷᠢᠭᠰᠠᠨ ᠤ ᠳᠠᠷᠠᠭ᠎ᠠ ᠭᠡᠭᠡᠨ ᠰᠡᠭᠡᠯᠡᠬᠦ ᠪᠡᠷ ᠰᠢᠷᠣᠢ ᠳᠤ ᠶᠢ 10 ~ 15 cm ᠭᠦᠨ ᠳᠦ ᠪᠣᠯᠭᠠᠨ᠎ᠠ ::

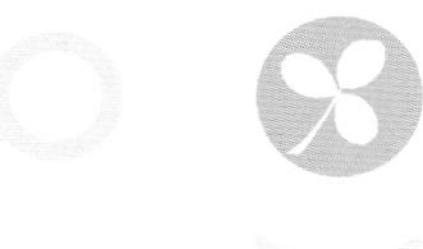

二十、高丹草

高丹草（*Sorghum bicolor*×*S.sudanense*）是根据杂种优势原理，用高粱和苏丹草杂交而成的。为由第三届全国牧草品种审定委员会最新审定通过的新牧草。高丹草综合了高粱茎粗、叶宽和苏丹草分蘖力、再生力强的优点，杂种优势非常明显。干草中含粗蛋白和糖分量较高，适宜青贮。

（一）播前准备

1. 种床准备

选择地势平整、土壤肥力中等且均匀、前茬作物一致、无严重土传病害发生、具有良好排灌条件、四周无高大建筑物或树木影响的地块。

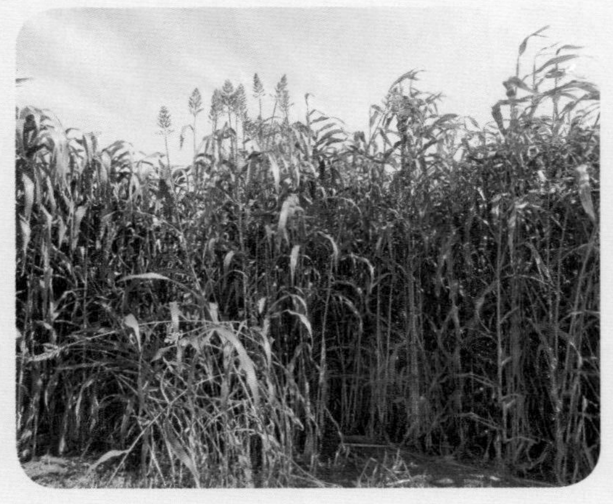

土地应深耕细耙、施足基肥，施农家肥2 m^3/hm^2，施磷酸二铵300 kg/hm^2。如土壤过分干旱，可先浇水后播种。

2. 品种选择

种子质量应符合国家要求。

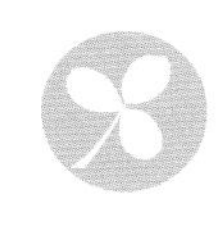

ᠰᠢᠷᠢᠭ᠂ ᠰᠤᠳᠠᠨ ᠡᠪᠡᠰᠦ

ᠰᠢᠷᠢᠭ᠂ ᠰᠤᠳᠠᠨ ᠡᠪᠡᠰᠦ (*Sorghum bicolor×S.sudanense*) ᠶᠢ ᠰᠢᠷᠢᠭ ᠤᠨ ᠡᠮ᠎ᠡ ᠲᠦᠷᠦᠯ ᠢ ᠡᠬᠡ ᠮᠠᠲ᠋ᠧᠷᠢᠶᠠᠯ᠂ ᠰᠤᠳᠠᠨ ᠡᠪᠡᠰᠦ ᠶᠢ ᠡᠴᠢᠭᠡ ᠮᠠᠲ᠋ᠧᠷᠢᠶᠠᠯ ᠪᠣᠯᠭᠠᠨ ᠡᠷᠯᠢᠵᠢᠭᠦᠯᠦᠨ ᠭᠠᠷᠭᠠᠭᠰᠠᠨ ᠡᠪᠡᠰᠦ ᠪᠣᠯᠤᠨᠠ᠃ [illegible]

[illegible]

[illegible]

ᠪᠣᠯᠤᠨᠠ᠃

(ᠭᠤᠷᠪᠠ) ᠲᠠᠷᠢᠮᠠᠯ ᠤᠨ ᠠᠷᠭ᠎ᠠ ᠬᠡᠮᠵᠢᠶ᠎ᠡ

1. ᠲᠠᠷᠢᠬᠤ ᠶᠢᠨ ᠴᠠᠭ ᠤᠨ ᠪᠠᠶᠢᠳᠠᠯ

[illegible]

[illegible] 2 m^3/hm^2 ᠂ [illegible]

300 kg/hm^2 ᠪᠣᠯᠭᠠᠨ᠎ᠠ᠃ [illegible]

2. ᠲᠠᠷᠢᠬᠤ ᠠᠷᠭ᠎ᠠ

ᠠᠳᠣᠭᠤ ᠶᠢᠨ [illegible]

（二）播种技术

1. 播种时期

播种时间为4月底至5月初。

2. 播种方式

宜条播，行距40 ～ 50 cm，播种深3 ～ 5 cm。沙性土壤的播种深度要深，黏性土壤的播种深度要浅。

3. 播种量

7.5 ～ 15 kg/hm^2。

4. 覆土镇压

播后应镇压。

（三）田间管理

1. 水肥管理

进入拔节期如遇干旱应及时灌溉。中等肥力的土壤底肥氮、磷、钾的用量分别为：纯氮150 ～ 225 kg/hm^2，五氧化二磷150 ～ 225 kg/hm^2，氧化钾75 ～ 100 kg/hm^2，拔节期或第一茬草刈割后追施氮肥1次，纯氮110 ～ 150 kg/hm^2，追肥最好结合灌水或降雨进行。

2. 杂草防除

在苗前或刚出苗1 cm高时及时除草。可选90%的莠去津，用量2 kg/hm^2，兑水量450 kg。

3. 病虫害防治

同苏丹草。

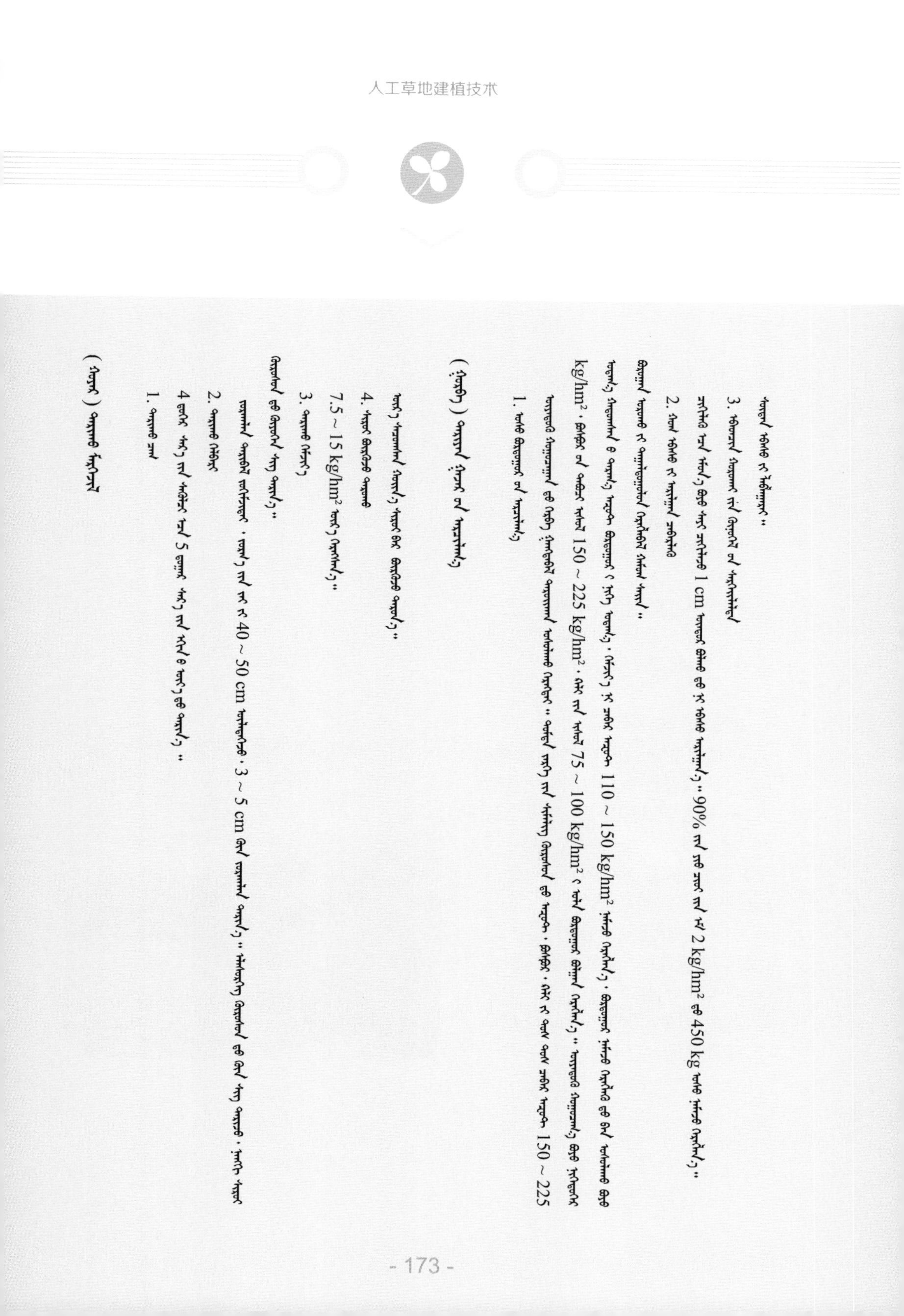

[illegible] ᠃

3. [illegible]

[illegible] 1 cm [illegible] ᠃ 90% [illegible] 2 kg/hm² [illegible] 450 kg [illegible] ᠃

2. [illegible]

[illegible] ᠃

[illegible] 110 ~ 150 kg/hm² [illegible]

kg/hm² · [illegible] 150 ~ 225 kg/hm² · [illegible] 75 ~ 100 kg/hm² [illegible] ᠃ [illegible]

[illegible] 150 ~ 225

1. [illegible]

([illegible]) [illegible]

[illegible] ᠃

4. [illegible]

7.5 ~ 15 kg/hm² [illegible] ᠃

3. [illegible]

[illegible] ᠃

[illegible] 40 ~ 50 cm [illegible] · 3 ~ 5 cm [illegible] ᠃ [illegible]

2. [illegible]

4 [illegible] 5 [illegible] ᠃

1. [illegible]

([illegible]) [illegible]

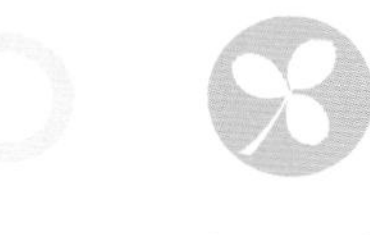

（四）收获

1. 刈割期

当植株生长至200 cm高时，进行第一次刈割。如果植株高度低于150 cm刈割，需要晾晒至萎蔫再饲喂，以防氢氰酸中毒。

2. 留茬高度

刈割时留茬高度15 ～ 20 cm。

3. 刈割次数

生长期可刈割2 ～ 3次。

（五）主要品种介绍

冀草2号高丹草

产量表现：在南方地区春夏播均可。春播条件下，抽穗期或株高250 cm左右时刈割，全年可刈割3 ～ 4次；北方地区2 ～ 3次。一般产鲜草105 000 ～ 210 000 kg/hm^2。河北平原区春夏播均可，株高250 cm左右时刈割。在河北平原区春播可刈割3次，夏播可刈割2次，每茬产鲜草可达52 500 kg/hm^2。

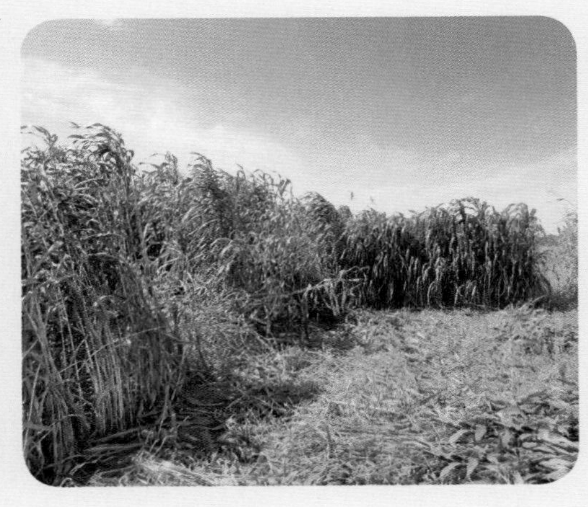

适应区域：全国各地适宜高粱、苏丹草种植的地区均可种植。

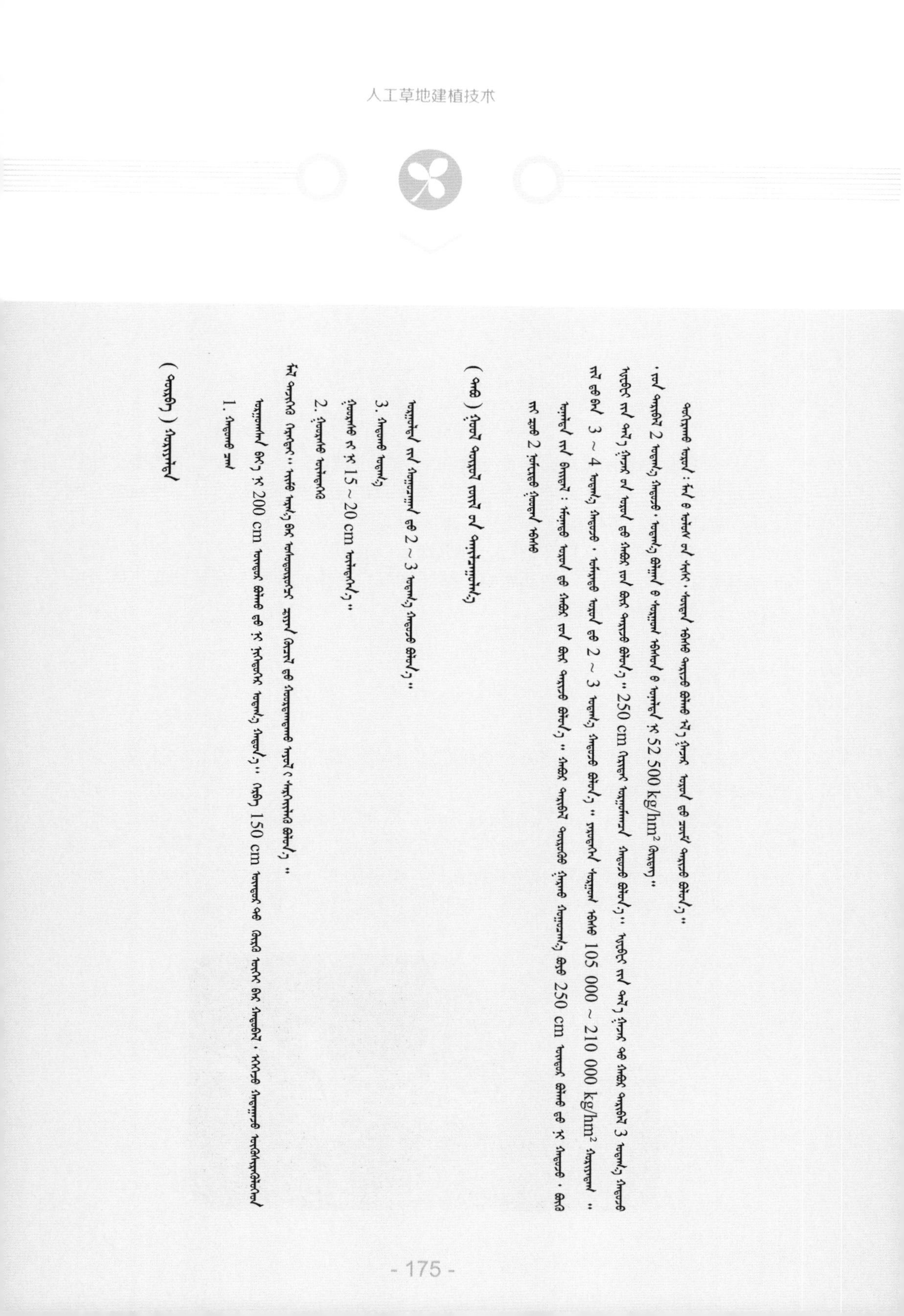

[illegible] : [illegible]

[illegible] 2 [illegible] 52 500 kg/hm^2 [illegible]

[illegible] 3 [illegible] 3～4 [illegible] 250 cm [illegible]

[illegible] 2～3 [illegible] 105 000～210 000 kg/hm^2 [illegible] 250 cm [illegible] 2 [illegible]

([illegible]) [illegible]

[illegible] 2～3 [illegible]

3. [illegible]

[illegible] 15～20 cm [illegible]

2. [illegible]

[illegible]

[illegible] 200 cm [illegible] 150 cm [illegible]

1. [illegible]

([illegible]) [illegible]

二十一、青贮玉米

青贮玉米是按收获物和用途来进行划分的玉米（*Zea mays*）三大类型（籽粒玉米、青贮玉米、鲜食玉米）之一；是指在适宜收获期内收获包括果穗在内的地上全部绿色植株，经切碎、加工，并适宜用青贮发酵的方法来制作青贮饲料，以饲喂牛、羊等为主的草食牲畜的一种玉米。一般与普通（籽粒）玉米相比，青贮玉米具有生物产量高、纤维品质好、持绿性好、干物质和水分含量适宜用厌氧发酵的方法进行封闭青贮的特点。

（一）播前准备

1. 种床准备

选择土层深厚、结构良好、土质肥沃、保水保肥的土壤。机械化作业应选择平坦和交通便利的地块。

在播种前一年，当前茬作物收获后，撒施腐熟有机肥60 ～ 75 t/hm^2，秋深耕20 ～ 25 cm。用犁耕翻后及时平整土地并起埂，封冻前浇透冬灌水，灌水量900 ～ 1 500 m^3/hm^2。早春顶凌耙耱保墒，使表层20 cm土层含水量达到田间持水量60 %以上。要求耕层上虚下实、无根茬、土壤容重小于1.2 g/cm^3。

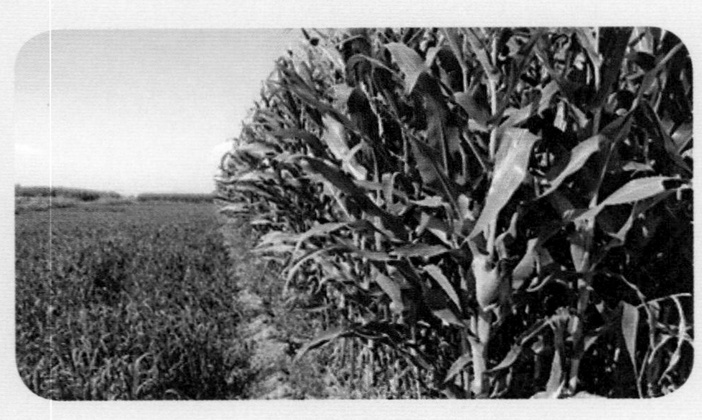

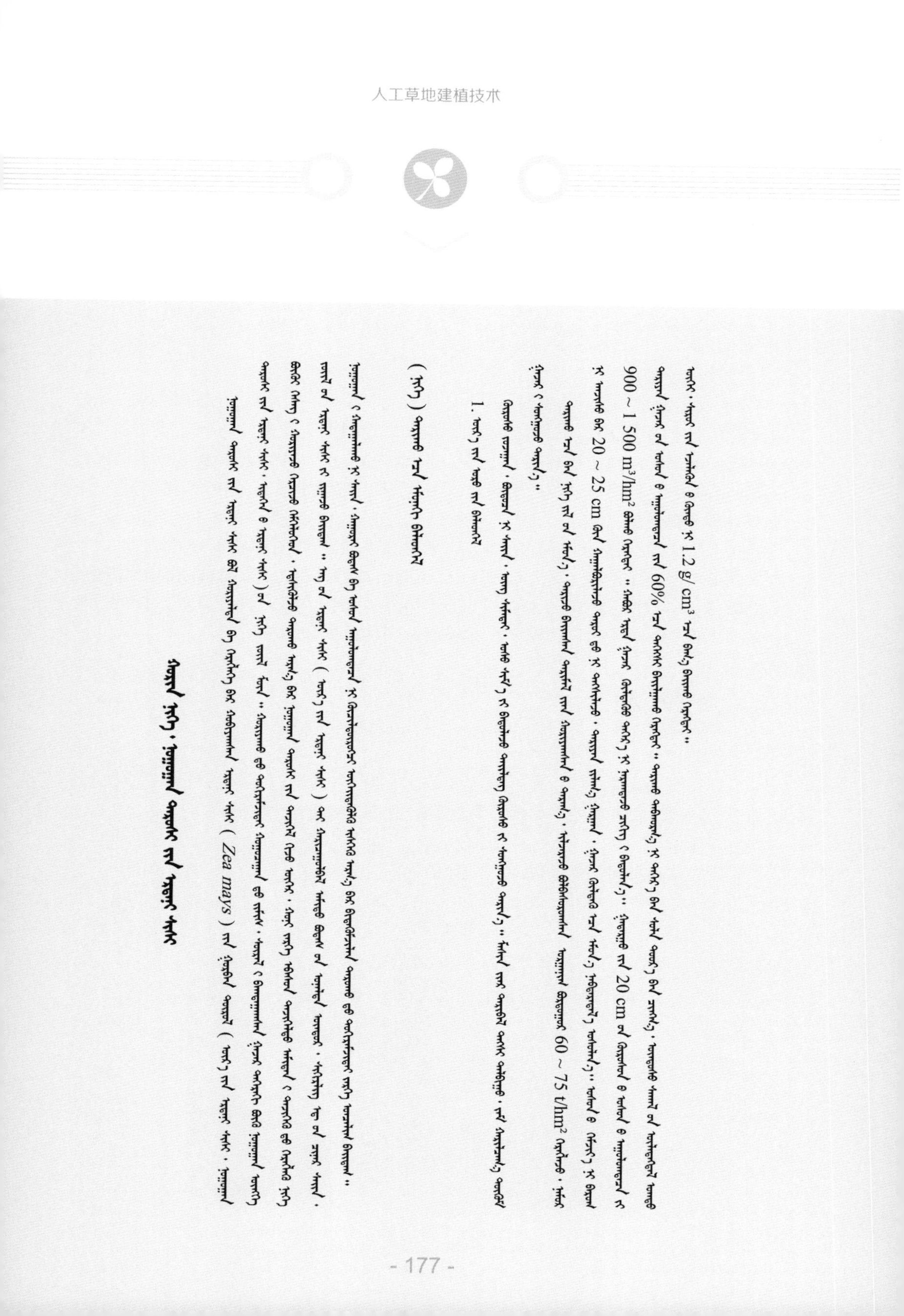

1.2 g/ cm³

60%

900 ~ 1 500 m³/hm²

20 cm

20 ~ 25 cm

60 ~ 75 t/hm²

1.

(*Zea mays*)

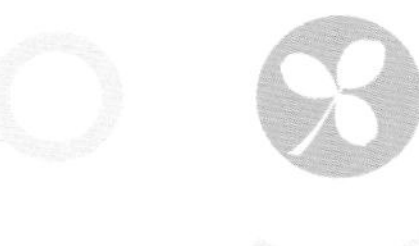

2. 品种选择

品种形态特征应选用持绿性好、叶片繁茂、茎叶多汁、组织柔软鲜嫩、绿色体产量高；生物学性状具有抗病（如大斑病、小斑病、弯孢叶斑病、茎腐病等）、耐密植、抗倒伏、宜于机械收割；生育期要求长，至少135天以上，在本地区籽粒一般不能正常成熟，籽粒后期脱水速率较平缓，适收期长，茎叶消化率高。

3. 种子处理

种子精选后，播前晒种2 ～ 3天，有包衣条件也可用种衣剂进行包衣处理。地下害虫为害严重的地方，可以按每公斤玉米种子量用2 mg 20 %甲基异柳磷乳剂稀释100 ～ 120倍液或50 %锌硫磷乳剂稀释500倍液进行拌种处理。拌种过程中要注意适当加水，边拌边搅混，尽可能做到拌种均匀。

（二）播种技术

1. 播种时期

当春季距地面5 ～ 10 cm 土层温度稳定在10 ～ 12℃时尽早播种。一般在4月下旬至5月上旬播种。如采用地膜覆盖栽培技术，可提前1周播种。

2. 播种方式

采用穴播，播种行距50 cm，株距20 cm。

3. 播种量

45 ～ 52.5 kg/hm^2，即每穴2 ～ 3粒种子。

4. 覆土镇压

播深5 ～ 6 cm，播后及时覆土，适度镇压1次。

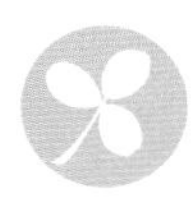

2. ᠦᠷ᠎ᠡ ᠶᠢᠨ ᠠᠷᠢᠯᠭᠠᠯᠲᠠ

ᠦᠷ᠎ᠡ ᠶᠢᠨ ᠪᠦᠷᠬᠦᠭᠦᠯ ᠢ ᠮᠠᠭᠠᠳ ᠬᠤᠭᠤᠯᠤᠭᠰᠠᠨ ᠤ ᠳᠠᠷᠠᠭ᠎ᠠ ᠪᠡᠯᠡᠳᠬᠡᠨ᠎ᠡ᠃ ᠦᠷ᠎ᠡ ᠶᠢ ᠨᠠᠷᠠᠨ ᠳᠤ ᠬᠠᠢᠯᠠᠳᠤᠭᠰᠠᠨ ᠪᠤᠶᠤ 135 d ᠡᠴᠡ ᠳᠡᠭᠡᠭᠰᠢ᠂ ᠲᠠᠷᠢᠬᠤ ᠡᠮᠦᠨ᠎ᠡ ᠬᠡᠳᠦᠨ ᠡᠳᠦᠷ ᠦᠷ᠎ᠡ ᠶᠢ ᠬᠠᠢᠯᠠᠳᠤᠭᠤᠯᠬᠤ᠂ ᠡᠮ ᠢᠶᠡᠷ ᠪᠤᠯᠪᠠᠰᠤᠷᠠᠭᠤᠯᠬᠤ (ᠵᠢᠱᠢᠶᠡᠯᠡᠪᠡᠯ᠄ ᠮᠢᠨ ᠱᠠᠯ᠂ ᠪᠤᠯᠤᠨ ᠭᠠᠷᠠᠭᠠᠰᠤ ᠳᠠᠯᠠ᠂ ᠨᠤᠭᠤᠭᠠᠨ ᠦᠨᠳᠦᠰᠦ ᠶᠢᠨ ᠡᠮ) ᠵᠡᠷᠭᠡ ᠠᠷᠭ᠎ᠠ ᠪᠠᠷ ᠦᠷ᠎ᠡ ᠶᠢ ᠠᠷᠢᠯᠭᠠᠨ᠎ᠠ᠃ ᠲᠠᠷᠢᠬᠤ ᠡᠮᠦᠨ᠎ᠡ ᠦᠷ᠎ᠡ ᠶᠢ ᠨᠠᠷᠠᠨ ᠳᠤ ᠬᠠᠢᠯᠠᠳᠤᠭᠤᠯᠵᠤ ᠬᠠᠲᠠᠭᠠᠵᠤ ᠬᠢᠭᠡᠳ ᠲᠠᠷᠢᠨ᠎ᠠ᠃

3. ᠦᠷ᠎ᠡ ᠶᠢ ᠪᠠᠺᠲ᠋ᠧᠷᠢ ᠪᠡᠷ ᠨᠡᠷᠢᠯᠡᠬᠦ

ᠦᠨᠳᠦᠰᠦᠨ ᠪᠠᠭᠤᠴᠠᠭ᠎ᠠ ᠶᠢᠨ ᠪᠠᠺᠲ᠋ᠧᠷᠢ ᠪᠡᠷ ᠦᠷ᠎ᠡ ᠶᠢ ᠨᠡᠷᠢᠯᠡᠬᠦ ᠳᠤ᠂ ᠦᠷ᠎ᠡ ᠶᠢᠨ 1 kg ᠲᠤ 2 mg ᠪᠠᠺᠲ᠋ᠧᠷᠢ ᠪᠤᠶᠤ 20% ᠤᠨ ᠱᠢᠩᠭᠡᠨ ᠢ ᠨᠡᠮᠡᠵᠦ 100 ~ 200 ᠤᠳᠠᠭ᠎ᠠ ᠶᠢᠨ ᠦᠷ᠎ᠡ ᠳᠦ ᠨᠡᠷᠢᠯᠡᠨ᠎ᠡ᠂ 50% ᠤᠨ ᠴᠤᠯᠤ ᠶᠢ 500 ᠤᠳᠠᠭ᠎ᠠ ᠶᠢᠨ ᠤᠰᠤ ᠳᠤ ᠨᠡᠮᠡᠵᠦ ᠦᠷ᠎ᠡ ᠳᠦ ᠨᠡᠷᠢᠯᠡᠨ᠎ᠡ᠃ ᠨᠡᠷᠢᠯᠡᠭᠰᠡᠨ ᠦᠷ᠎ᠡ ᠶᠢ ᠨᠠᠷᠠᠨ ᠳᠤ ᠪᠤᠰᠤ ᠰᠡᠭᠦᠳᠡᠷ ᠲᠦ ᠬᠠᠲᠠᠭᠠᠵᠤ 2 ~ 3 ᠡᠳᠦᠷ ᠦᠨ ᠳᠤᠲᠤᠷ᠎ᠠ ᠲᠠᠷᠢᠨ᠎ᠠ᠃ ᠪᠠᠺᠲ᠋ᠧᠷᠢ ᠪᠡᠷ ᠨᠡᠷᠢᠯᠡᠭᠰᠡᠨ ᠦᠷ᠎ᠡ ᠶᠢ ᠠᠴᠢᠯᠠᠬᠤ ᠳᠤ ᠰᠠᠶᠢᠨ ᠪᠠᠢᠳᠠᠭ᠃

(ᠭᠤᠷᠪᠠ) ᠲᠠᠷᠢᠬᠤ ᠠᠷᠭ᠎ᠠ

1. ᠲᠠᠷᠢᠬᠤ ᠴᠠᠭ

ᠬᠠᠪᠤᠷ ᠤᠨ ᠲᠠᠷᠢᠯᠭ᠎ᠠ ᠳᠤ 5 ~ 10 cm ᠦᠨ ᠭᠦᠨ ᠳᠦ ᠬᠦᠷᠰᠦ ᠶᠢᠨ ᠳᠤᠯᠠᠭᠠᠴᠠ 10 ~ 12℃ ᠬᠦᠷᠬᠦ ᠦᠶ᠎ᠡ ᠳᠦ ᠲᠠᠷᠢᠵᠤ ᠪᠤᠯᠤᠨ᠎ᠠ᠃ ᠶᠡᠷᠦᠳᠡ 4 ᠰᠠᠷ᠎ᠠ ᠠᠴᠠ 5 ᠰᠠᠷ᠎ᠠ ᠶᠢᠨ ᠳᠤᠮᠳᠠ ᠦᠶ᠎ᠡ ᠳᠦ ᠲᠠᠷᠢᠨ᠎ᠠ᠃ ᠵᠤᠨ ᠤ ᠲᠠᠷᠢᠯᠭ᠎ᠠ ᠪᠡᠷ ᠪᠣᠯ ᠬᠤᠷ᠎ᠠ ᠶᠢᠨ ᠳᠠᠷᠠᠭ᠎ᠠ ᠴᠢᠭᠢᠭ ᠲᠠᠢ ᠦᠶ᠎ᠡ ᠳᠦ ᠲᠠᠷᠢᠨ᠎ᠠ᠃

2. ᠲᠠᠷᠢᠬᠤ ᠠᠷᠭ᠎ᠠ

ᠮᠥᠷ ᠲᠠᠷᠢᠯᠭ᠎ᠠ᠃ ᠮᠥᠷ ᠬᠤᠭᠤᠷᠤᠨᠳᠤ ᠶᠢᠨ ᠵᠠᠢ 50 cm ᠪᠠᠢᠬᠤ᠂ ᠤᠭᠯᠠᠭ᠎ᠠ ᠶᠢᠨ ᠬᠤᠭᠤᠷᠤᠨᠳᠤ ᠶᠢᠨ ᠵᠠᠢ 20 cm ᠪᠠᠢᠨ᠎ᠠ᠃

3. ᠲᠠᠷᠢᠬᠤ ᠬᠡᠮᠵᠢᠶ᠎ᠡ

45 ~ 52.5 kg/hm^2 ᠦᠷ᠎ᠡ ᠲᠠᠷᠢᠨ᠎ᠠ᠃ ᠲᠠᠷᠢᠬᠤ ᠨᠦᠬᠡ ᠪᠦᠷᠢ ᠳᠦ 2 ~ 3 ᠰᠢᠷᠬᠡᠭ ᠲᠠᠷᠢᠨ᠎ᠠ᠃

4. ᠦᠷ᠎ᠡ ᠪᠤᠯᠤᠭᠠᠬᠤ ᠭᠦᠨ

5 ~ 6 cm ᠦᠨ ᠭᠦᠨ ᠳᠦ ᠲᠠᠷᠢᠬᠤ᠂ ᠲᠠᠷᠢᠭᠰᠠᠨ ᠤ ᠳᠠᠷᠠᠭ᠎ᠠ ᠬᠦᠷᠰᠦ ᠪᠠᠷ ᠪᠦᠷᠬᠦᠵᠦ 1 ᠤᠳᠠᠭ᠎ᠠ ᠳᠠᠷᠤᠨ᠎ᠠ᠃

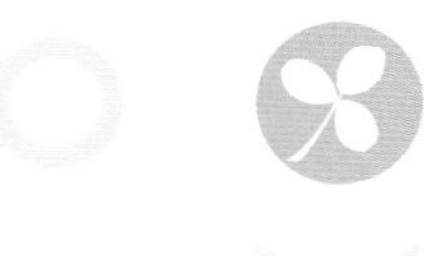

（三）田间管理

1. 水肥管理

用磷酸二铵作种肥，施用量225～300 kg/hm^2，采用分层播种机，使肥料分布于种子下方4～5 cm。拔节期一次性追施氮肥150～300 kg/hm^2。有灌溉条件的可进行灌溉。

2. 杂草防除

播种前夕用化学药剂进行封闭除草，如使用38%阿特拉津250～350 g，50%的阿特拉津180～260 g，90%阿特拉津110～130 g。用水溶液喷施土壤表面。

3～4片叶时，应结合浅中耕进行除草间苗；5～6片叶时，结合深中耕进行除草定苗；也可在苗期用化学除莠剂防除杂草，常用的药剂有玉农乐、磺草酮、烟嘧磺隆、阿特拉津、异丙莠、乙草胺，2，4-D丁酯等。

3. 病虫害防治

玉米发生病害的情况不多，主要有地老虎、红蜘蛛、玉米螟、蚜虫和黏虫等虫害。如发病，可参照普通玉米病虫害防治方法处理。但应注意，在刈割前不要使用农药，以防家畜食后中毒。

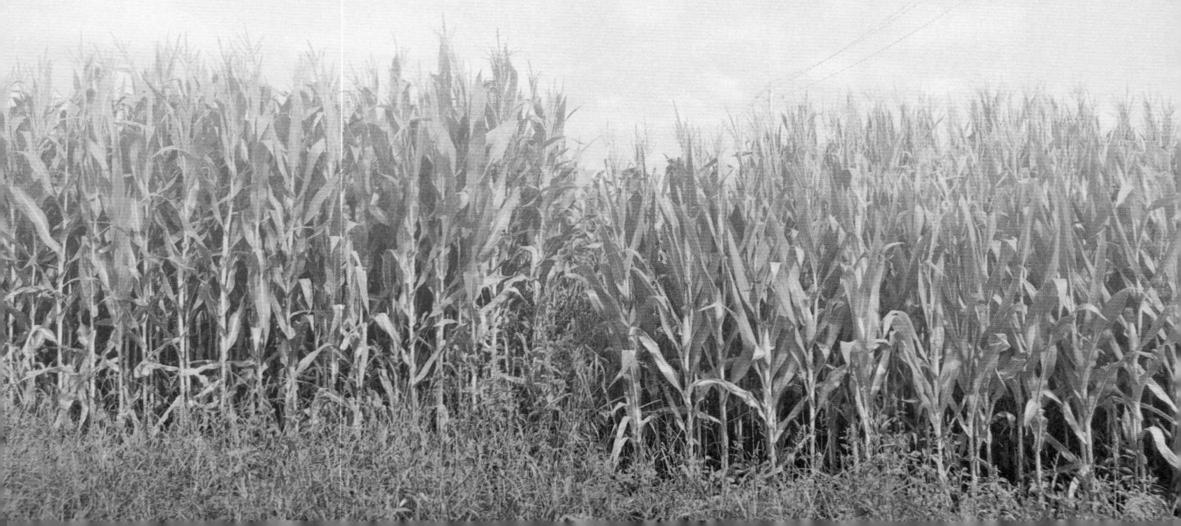

(ᠭᠤᠷᠪᠠ) ᠲᠠᠷᠢᠶᠠᠯᠠᠩ ᠭᠠᠵᠠᠷ ᠤ᠋ᠨ ᠬᠠᠮᠠᠭᠠᠯᠠᠯᠲᠠ

1. ᠰᠠᠯᠠᠭᠠ ᠪᠣᠯᠵᠣᠭᠠᠨ ᠤ᠋ ᠬᠠᠮᠠᠭᠠᠯᠠᠯᠲᠠ

ᠪᠣᠯᠵᠣᠭᠠᠨ ᠳᠠᠭᠠᠭᠠᠨ ᠤ᠋ ᠰᠠᠯᠠᠭᠠ ᠬᠡᠮᠵᠢᠶ᠎ᠡ 225 ~ 300 kg/hm^2 ᠤ᠋ ᠬᠡᠷᠡᠭᠯᠡᠭᠡᠳ ᠰᠠᠯᠠᠭᠠ ᠤ᠋ᠨ ᠪᠣᠳᠣᠭ᠎ᠠ ᠪᠣᠯᠭᠠᠬᠤ ᠂ ᠨᠢᠭᠤᠯᠬᠤ ᠰᠠᠯᠠᠭᠠ ᠶ᠋ᠢᠨ ᠨᠠᠰᠤ ᠂ ᠪᠣᠳᠣᠭ᠎ᠠ ᠳ᠋ᠤ ᠬᠡᠷᠡᠭᠯᠡᠨ᠎ᠡ 4 ~ 5 cm ᠤ᠋ ᠦᠨᠳᠦᠷ ᠲᠡᠢ ᠪᠣᠯᠤᠭᠰᠠᠨ ᠤ᠋ ᠳᠠᠷᠠᠭ᠎ᠠ ᠬᠠᠭᠤᠷᠠᠢ ᠪᠣᠷᠣᠭᠤ ᠬᠡᠮᠵᠢᠶ᠎ᠡ 150 ~ 300 kg/hm^2 ᠬᠡᠷᠡᠭᠯᠡᠨ᠎ᠡ ᠃ ᠬᠡᠷᠡᠭᠯᠡᠬᠦ ᠪᠣᠯᠤᠨ᠎ᠠ ᠃

2. ᠶᠠᠮᠠᠷ ᠬᠣᠷᠣ ᠶ᠋ᠢ ᠠᠷᠢᠯᠭᠠᠬᠤ ᠠᠷᠭ᠎ᠠ

ᠪᠠᠭᠤᠷᠠᠭᠤᠯᠬᠤ ᠨᠢ ᠲᠠ ᠶ᠋ᠢᠨ ᠬᠡᠷᠡᠭᠯᠡᠬᠦ ᠬᠣᠷᠣ ᠠᠷᠢᠯᠭᠠᠭᠴᠢ ᠡᠮ ᠃ 38 % ᠤ᠋ᠨ ᠠᠲᠷᠠᠽᠢᠨ ᠢ᠋ 250 ~ 350 g · 50 % ᠤ᠋ᠨ ᠠᠲᠷᠠᠽᠢᠨ ᠢ᠋ 180 ~ 260 g · 90 % ᠤ᠋ᠨ ᠠᠲᠷᠠᠽᠢᠨ ᠢ᠋ 110 ~ 130 g ᠢ᠋ ᠬᠡᠮᠵᠢᠶ᠎ᠡ ᠪᠡᠷ ᠬᠡᠷᠡᠭᠯᠡᠬᠦ ᠪᠣᠯᠤᠨ᠎ᠠ ᠃ 3 ~ 4 ᠨᠠᠪᠴᠢᠲᠠᠢ ᠪᠣᠯᠤᠭᠰᠠᠨ ᠤ᠋ ᠳᠠᠷᠠᠭ᠎ᠠ ᠬᠣᠷᠣ ᠠᠷᠢᠯᠭᠠᠭᠴᠢ ᠡᠮ ᠢ᠋ ᠴᠠᠴᠤᠨ᠎ᠠ ᠃ 5 ~ 6 ᠨᠠᠪᠴᠢᠲᠠᠢ ᠪᠣᠯᠤᠭᠰᠠᠨ ᠤ᠋ ᠳᠠᠷᠠᠭ᠎ᠠ ᠳᠠᠬᠢᠨ ᠨᠢᠭᠡ ᠤᠳᠠᠭ᠎ᠠ ᠴᠠᠴᠤᠨ᠎ᠠ ᠃ ᠨᠠᠷᠢᠨ ᠨᠠᠪᠴᠢᠲᠠᠢ ᠬᠣᠷᠣ ᠶ᠋ᠢ ᠠᠷᠢᠯᠭᠠᠬᠤ ᠳ᠋ᠤ ᠂ ᠥᠷᠭᠡᠨ ᠨᠠᠪᠴᠢᠲᠠᠢ ᠬᠣᠷᠣ ᠶ᠋ᠢ ᠠᠷᠢᠯᠭᠠᠬᠤ ᠳ᠋ᠤ 2 , 4 - D ᠪᠤᠲᠢᠯ ᠡᠰᠲ᠋ᠧᠷ ᠮᠡᠲᠦ ᠶ᠋ᠢ ᠬᠡᠷᠡᠭᠯᠡᠵᠦ ᠪᠣᠯᠤᠨ᠎ᠠ ᠃

3. ᠬᠣᠷᠣ ᠠᠷᠢᠯᠭᠠᠬᠤ ᠠᠷᠭ᠎ᠠ ᠶ᠋ᠢᠨ ᠬᠡᠷᠡᠭᠯᠡᠭᠡ ᠶ᠋ᠢ ᠠᠩᠬᠠᠷᠬᠤ

ᠬᠣᠷᠣ ᠠᠷᠢᠯᠭᠠᠬᠤ ᠡᠮ ᠢ᠋ ᠪᠣᠯᠭᠣᠮᠵᠢᠲᠠᠢ ᠬᠡᠷᠡᠭᠯᠡᠬᠦ ᠬᠡᠷᠡᠭᠲᠡᠢ ᠃ ᠡᠮ ᠴᠠᠴᠤᠬᠤ ᠳ᠋ᠤ ᠰᠠᠯᠬᠢ ᠦᠭᠡᠢ ᠂ ᠬᠤᠷ᠎ᠠ ᠦᠭᠡᠢ ᠂ ᠳᠤᠯᠠᠭᠠᠨ ᠴᠠᠭ ᠢ᠋ ᠰᠣᠩᠭᠣᠨ᠎ᠠ ᠃ ᠡᠮ ᠴᠠᠴᠤᠭᠰᠠᠨ ᠤ᠋ ᠳᠠᠷᠠᠭ᠎ᠠ ᠬᠣᠷᠣᠭ᠎ᠠ ᠨᠢ ᠮᠠᠯ ᠢ᠋ ᠪᠡᠯᠴᠢᠭᠡᠷᠢᠯᠡᠭᠦᠯᠬᠦ ᠪᠤᠶᠤ ᠬᠠᠳᠤᠬᠤ ᠶ᠋ᠢ ᠴᠠᠭᠠᠵᠠᠯᠠᠬᠤ ᠬᠡᠷᠡᠭᠲᠡᠢ ᠃ ᠡᠮ ᠴᠠᠴᠤᠭᠰᠠᠨ ᠢ᠋ ᠬᠢᠵᠠᠭᠠᠷ ᠲᠡᠮᠳᠡᠭ ᠪᠡᠷ ᠲᠡᠮᠳᠡᠭᠯᠡᠬᠦ ᠬᠡᠷᠡᠭᠲᠡᠢ ᠪᠠᠶᠢᠨ᠎ᠠ ᠃

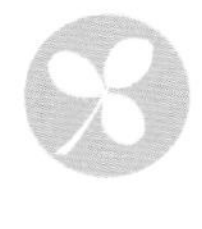

（四）收获

1. 刈割期

在蜡熟初期收割。

2. 留茬高度

离地表5 ～ 10 cm。青贮留茬高度10 ～ 15 cm，避免带入泥土。

3. 青贮

利用收割机将玉米全株收割、切碎（1 ～ 2 cm）、装车并迅速运回入窖。

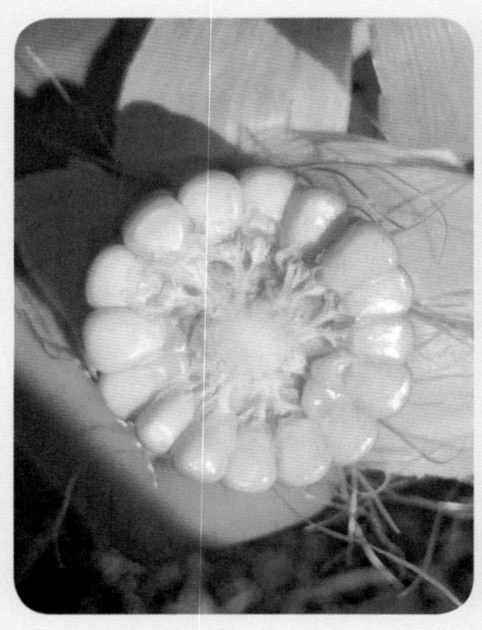

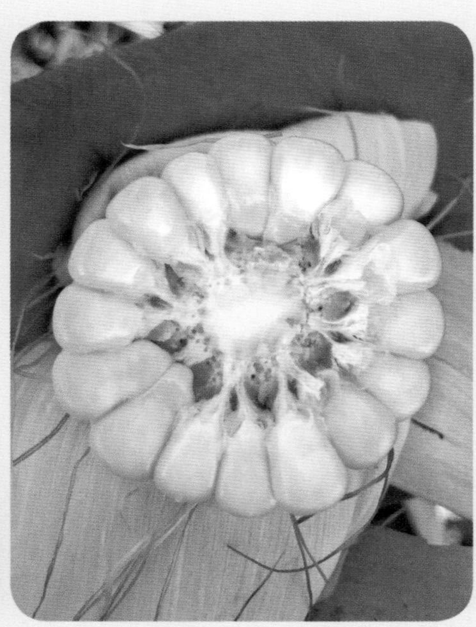

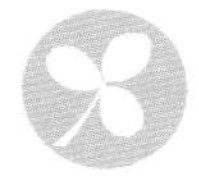

(ᠳᠣᠯᠣᠭᠠ) ᠬᠠᠳᠠᠭᠠᠯᠠᠮᠵᠢ

1. ᠬᠠᠳᠠᠭᠠᠯᠠᠬᠤ ᠭᠠᠵᠠᠷ

ᠰᠡᠷᠢᠭᠦᠨ ᠬᠠᠭᠤᠷᠠᠢ ᠴᠢᠢᠭ ᠦᠭᠡᠢ ᠭᠠᠵᠠᠷ ᠲᠤ ᠬᠠᠳᠠᠭᠠᠯᠠᠨ᠎ᠠ ᠃

2. ᠬᠠᠳᠠᠭᠠᠯᠠᠬᠤ ᠠᠷᠭ᠎ᠠ

ᠬᠠᠳᠠᠭᠠᠯᠠᠬᠤ ᠳᠤ 5～10 cm ᠵᠤᠵᠠᠭᠠᠨ ᠳᠠᠪᠬᠤᠷᠯᠠᠨ᠎ᠠ ᠃ ᠡᠯᠡᠰᠦᠨ ᠳᠡᠪᠰᠢᠭᠦᠷ ᠦᠨ ᠳᠡᠭᠡᠷ᠎ᠡ ᠬᠤᠴᠢᠭᠳᠠᠬᠤ ᠰᠢᠷᠤᠢ ᠪᠠᠷ ᠳᠡᠪᠰᠢᠭᠦᠯᠦᠨ 10～15 cm ᠵᠤᠵᠠᠭᠠᠨ ᠳᠠᠪᠬᠤᠷᠯᠠᠨ᠎ᠠ ᠃

3. ᠡᠯᠡᠰᠦᠨ ᠦ ᠴᠢᠢᠭᠰᠢᠯ

ᠡᠯᠡᠰᠦᠨ ᠦ ᠴᠢᠢᠭᠰᠢᠯ ᠢ ᠭᠠᠷ ᠢᠶᠠᠷ ᠠᠳᠬᠤᠵᠤ ᠪᠠᠰᠠ ᠰᠠᠯᠠᠬᠤ᠂ ᠬᠤᠷᠤᠭᠤ (1～2 cm ᠵᠠᠢ) ᠬᠤᠷᠢᠶᠠᠬᠤ᠂ ᠳᠠᠷᠤᠭᠰᠠᠨ ᠳᠠᠷᠤᠭᠠᠳ ᠰᠠᠯᠬᠢ ᠦᠯᠡᠭᠡᠨ᠎ᠡ ᠃

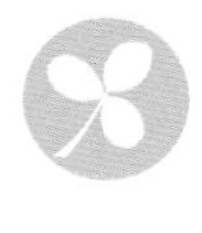

二十二、燕麦

燕麦（*Avena sativa* L.）是优良的谷类作物，禾本科一年生草本植物。我国燕麦主要分布于北方年均气温2～6℃的高寒地区。燕麦分带稃和裸粒两大类型，带稃燕麦为饲用，裸粒燕麦则以食用为主。燕麦籽粒含有较高的蛋白质，是优良的精饲料。

（一）播前准备

1. 种床准备

选择地块以土层深厚、地势平坦、土壤pH6.8～8.5为宜。种植前整地，消除种植地中的所有杂草和地面障碍物。深耕，耕翻深度不小于20 cm；精细整地，使土地平整，达到土壤细碎。施有机肥30～45 m^3/hm^2作为基肥，施磷酸二胺150～180 kg/hm^2。

2. 品种选择

种子质量应符合国家要求。选用国家或省级审定登记，符合当地生产条件和需求的饲用燕麦品种。应符合GB6142中划定的2级以上（含2级）的相关要求。播种前3～5天，进行种子包衣处理，防治病虫害。

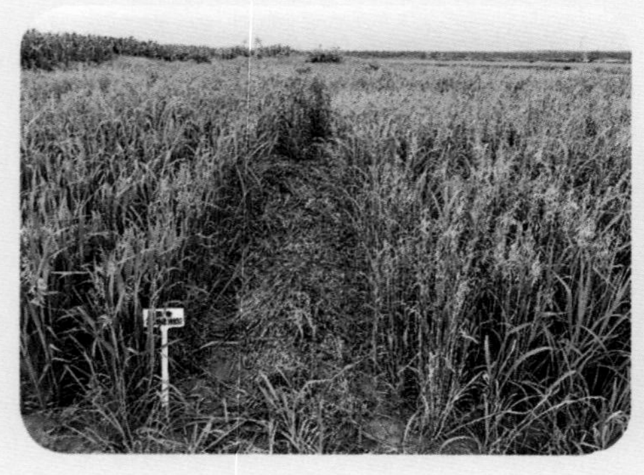

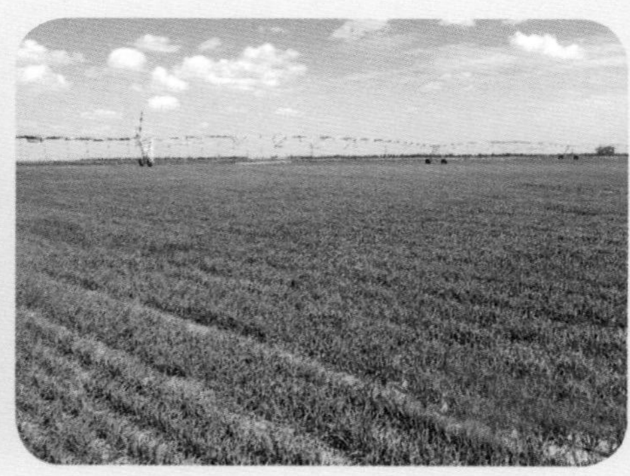

[illegible]

[illegible] (*Avena sitiva* L.) [illegible] $2 \sim 6$℃ [illegible] ::

[illegible] ::

([illegible]) [illegible]

1. [illegible]

[illegible] pH [illegible] $6.8 \sim 8.5$ [illegible] :: [illegible] 20 cm [illegible] :: [illegible] $30 \sim 45\ m^3/hm^2$ [illegible] $150 \sim 180\ kg/hm^2$ [illegible] ::

2. [illegible]

[illegible] ([illegible]) [illegible] (2 [illegible] 2 [illegible] GB6142 [illegible] :: [illegible] $3 \sim 5$ [illegible] ([illegible]) [illegible] ::

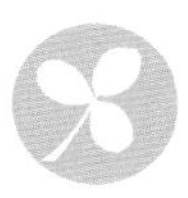

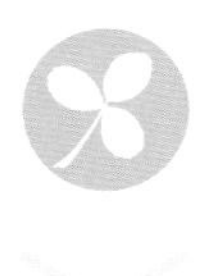

（二）播种技术

1. 播种时期

以5月下旬至6月中旬为宜。

2. 播种方式

采用机械条播，单播行距为15 ～ 20 cm，混播为30 ～ 50 cm。

3. 播种量

播量为150 ～ 225 kg/hm^2。

4. 播种深度

燕麦覆土宜浅，一般为5 ～ 6 cm，干旱地区可稍深些。播种后镇压有利于出苗。

（三）田间管理

1. 杂草防除

分蘖期使用除草剂防除。苗期如果杂草太多，可以人工除草。

2. 追肥

分蘖期和拔节期施用尿素，分别施加60 ～ 75 kg/hm^2。

3. 病虫害防治

根据病虫害发生情况，及时进行病虫害防治，在刈割前15天不得使用药剂。

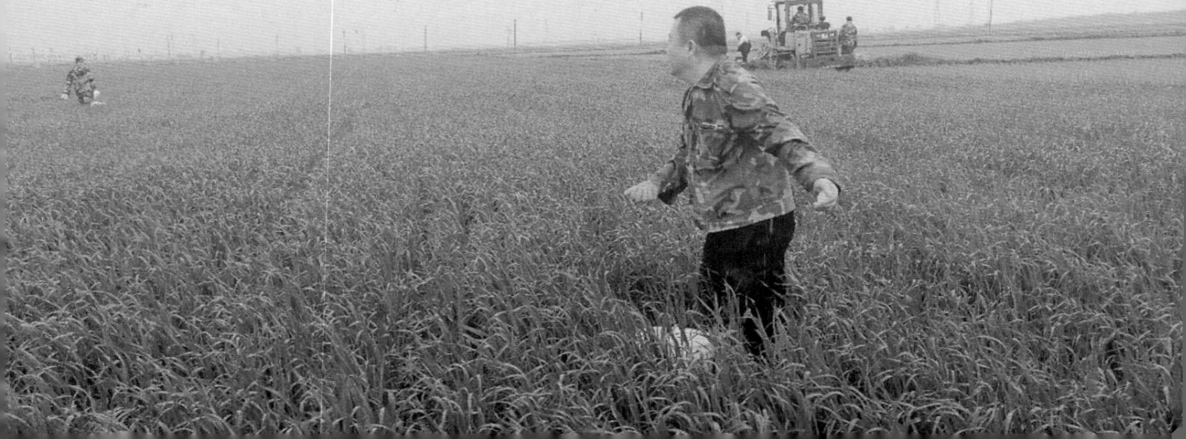

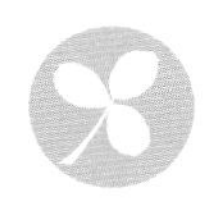

(ᠳᠥᠷᠪᠡ) ᠲᠠᠷᠢᠬᠤ ᠠᠵᠢᠯ

1. ᠲᠠᠷᠢᠬᠤ ᠴᠠᠭ

5 ᠰᠠᠷ᠎ᠠ ᠶᠢᠨ ᠳᠤᠮᠳᠠ ᠡᠴᠡ 6 ᠰᠠᠷ᠎ᠠ ᠶᠢᠨ ᠡᠬᠢᠨ ᠳᠤ ᠲᠠᠷᠢᠪᠠᠯ ᠲᠣᠬᠢᠷᠠᠮᠵᠢᠲᠠᠢ ᠃

2. ᠲᠠᠷᠢᠬᠤ ᠬᠡᠯᠪᠡᠷᠢ

ᠮᠥᠷ ᠢᠶᠡᠷ ᠲᠠᠷᠢᠯᠭ᠎ᠠ ᠬᠢᠨ᠎ᠡ ᠃ ᠮᠥᠷ ᠦᠨ ᠵᠠᠢ ᠨᠢ ᠶᠡᠷᠦ ᠨᠢ 15 ~ 20 cm ᠂ ᠥᠷᠭᠡᠨ ᠮᠥᠷ ᠦᠨ ᠵᠠᠢ 30 ~ 50 cm ᠪᠠᠢᠨ᠎ᠠ ᠃

3. ᠲᠠᠷᠢᠬᠤ ᠬᠡᠮᠵᠢᠶ᠎ᠡ

ᠲᠠᠷᠢᠬᠤ ᠬᠡᠮᠵᠢᠶ᠎ᠡ ᠨᠢ 150 ~ 225 kg/hm² ᠃

4. ᠲᠠᠷᠢᠬᠤ ᠭᠦᠨ

ᠬᠥᠷᠥᠰᠦ ᠴᠢᠢᠭ ᠲᠠᠢ ᠪᠠᠢᠬᠤ ᠪᠠᠢᠳᠠᠯ ᠳᠤ ᠪᠡᠨ ᠬᠠᠷᠢᠭᠤᠯᠵᠠᠨ ᠲᠣᠭᠲᠠᠭᠠᠨ᠎ᠠ ᠂ ᠶᠡᠷᠦᠳᠡ 5 ~ 6 cm ᠪᠠᠢᠬᠤ ᠳᠤ ᠲᠣᠬᠢᠷᠠᠨ᠎ᠠ ᠃ ᠲᠠᠷᠢᠭᠰᠠᠨ ᠤ ᠳᠠᠷᠠᠭ᠎ᠠ ᠳᠠᠷᠤᠬᠤ ᠬᠡᠷᠡᠭᠲᠡᠢ ᠪᠣᠯᠤᠨ᠎ᠠ ᠃

ᠲᠠᠷᠢᠮᠠᠯ ᠤᠨ ᠬᠣᠶᠠᠷ ᠪᠠ ᠭᠤᠷᠪᠠ ᠳᠤᠭᠠᠷ ᠲᠠᠷᠢᠬᠤ ᠭᠠᠵᠠᠷ ᠲᠤ ᠲᠣᠬᠢᠷᠠᠨ᠎ᠠ ᠃

(ᠲᠠᠪᠤ) ᠲᠠᠷᠢᠮᠠᠯ ᠤᠨ ᠮᠠᠯᠠᠵᠢᠯ

1. ᠬᠣᠭ ᠨᠣᠭᠣᠭ᠎ᠠ ᠶᠢ ᠠᠷᠢᠯᠭᠠᠬᠤ

ᠰᠠᠯᠠᠭᠠᠯᠠᠭᠰᠠᠨ ᠤ ᠳᠠᠷᠠᠭ᠎ᠠ ᠬᠣᠭ ᠨᠣᠭᠣᠭ᠎ᠠ ᠶᠢ ᠴᠠᠭ ᠲᠤ ᠨᠢ ᠠᠷᠢᠯᠭᠠᠵᠤ ᠂ ᠬᠣᠭ ᠨᠣᠭᠣᠭ᠎ᠠ ᠶᠢᠨ ᠬᠣᠣᠷ ᠢ ᠪᠠᠭᠠᠰᠬᠠᠬᠤ ᠬᠡᠷᠡᠭᠲᠡᠢ ᠃ ᠡᠮ ᠬᠣᠣᠷ ᠢᠶᠠᠷ ᠬᠣᠭ ᠨᠣᠭᠣᠭ᠎ᠠ ᠶᠢ ᠠᠷᠢᠯᠭᠠᠬᠤ ᠳᠤ ᠰᠠᠯᠠᠭᠠᠯᠠᠭᠰᠠᠨ ᠤ ᠳᠠᠷᠠᠭ᠎ᠠ ᠡᠮ ᠴᠠᠴᠤᠨ᠎ᠠ ᠃

2. ᠪᠣᠷᠤᠭᠤᠨ ᠤᠭᠤᠯᠭᠠᠬᠤ

ᠰᠠᠯᠠᠭᠠᠯᠠᠭᠰᠠᠨ ᠤ ᠳᠠᠷᠠᠭ᠎ᠠ ᠤᠭᠤᠯᠭᠠᠵᠤ ᠂ ᠨᠢᠭᠡ ᠤᠳᠠᠭ᠎ᠠ ᠳᠤ 60 ~ 75 kg/hm² ᠪᠣᠷᠤᠭᠤᠨ ᠤᠭᠤᠯᠭᠠᠨ᠎ᠠ ᠃

3. ᠲᠡᠵᠢᠭᠡᠯ ᠦᠨ ᠣᠷᠣᠭᠤᠯᠬᠤ ᠴᠠᠭ ᠢ ᠲᠣᠭᠲᠠᠭᠠᠬᠤ

ᠲᠡᠵᠢᠭᠡᠯ ᠦᠨ ᠣᠷᠣᠭᠤᠯᠬᠤ ᠴᠠᠭ ᠢ ᠣᠷᠣᠯᠴᠠᠭᠤᠯᠵᠤ ᠂ ᠡᠬᠢᠨ ᠦ ᠤᠷᠭᠤᠮᠤᠯ ᠤᠨ ᠤᠷᠲᠤ ᠨᠢ ᠲᠣᠭᠲᠠᠭᠠᠨ᠎ᠠ ᠃ ᠬᠠᠳᠤᠬᠤ ᠦᠶ᠎ᠡ ᠳᠦ 15 ᠰᠠᠨᠲ᠋ᠢᠮᠧᠲ᠋ᠷ ᠦᠯᠡᠳᠡᠭᠡᠨ᠎ᠡ ᠃

ᠪᠣᠯᠭᠠᠨ᠎ᠠ ᠃

（四）收获

1. 刈割期

灌浆后期为宜，在8月20日至9月10日。

2. 留茬高度

离地3 ～ 5 cm为宜。

（五）主要品种介绍

1. 农菁18号燕麦

产量表现：生产试验平均产量38 203 kg/hm^2。

适应区域：适宜在黑龙江省≥10℃、活动积温1 900℃以上的地区都可以种植。

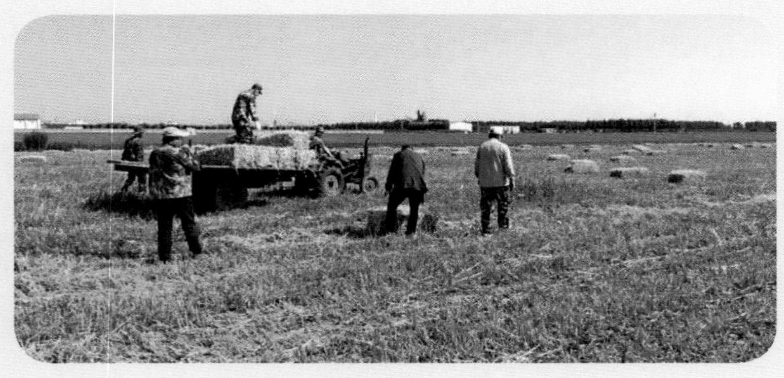

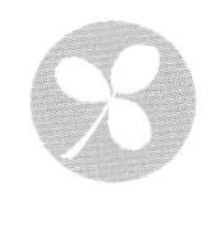

ᠬᠤᠷᠢᠶᠠᠩᠭᠤᠢ ᠳᠤᠯᠠᠭᠠᠨ : ᠬᠡᠷᠡᠭᠰᠡᠬᠦ ᠪᠠᠭ᠎ᠠ ᠳᠠᠭᠠᠨ ≥ 10°C ᠪᠣᠯᠤᠭᠰᠠᠨ ᠬᠤᠷᠢᠶᠠᠩᠭᠤᠢ ᠳᠤᠯᠠᠭᠠᠨ ᠨᠢ 1 900°C ᠪᠠᠢᠬᠤ ᠬᠡᠷᠡᠭᠲᠡᠢ ᠪᠡᠯᠡ ᠦᠷ᠎ᠡ ᠪᠣᠯᠪᠠᠰᠤᠷᠠᠭᠤᠯᠬᠤ ᠳᠤ ᠨᠢ ᠬᠦᠷᠦᠯᠴᠡᠬᠦ ᠦᠭᠡᠢ ᠃

ᠦᠷᠡᠵᠢᠯ ᠤᠨ ᠪᠠᠷᠢᠮᠲᠠ : ᠦᠷᠡᠵᠢᠯ ᠦᠨ ᠬᠤᠷᠢᠶᠠᠭᠰᠠᠨ ᠳᠤ ᠬᠤᠷᠢᠶᠠᠯᠲᠠ ᠦᠷᠡᠵᠢᠯ ᠨᠢ 38 203 kg/hm² ᠪᠠᠢᠨ᠎ᠠ ᠃

ᠲᠠᠷᠢᠬᠤ ᠨᠢ ᠭᠦᠨ ᠨᠢ 3 ~ 5 cm ᠪᠠᠢᠬᠤ ᠬᠡᠮᠵᠢᠶᠡᠭᠦᠯᠦᠨ᠎ᠡ ᠃

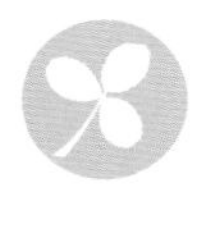

2. 青引1号

产量表现：一般肥力旱作条件下，开花期鲜草产量30 000 ～ 48 000 kg/hm^2；较高肥力旱作条件下，开花期鲜草产量48 000 ～ 60 000 kg/hm^2。

适应区域：适宜在青海省海拔3 000 m以下地区粮草兼用，3 000 m以上地区作为饲草种植。

3. 陇燕3号

产量表现：区域试验平均产量4 542 kg/hm^2，较对照进步13.2%；干草平均产量11 268 kg/hm^2。

适应区域：适宜在甘肃天祝、岷县、甘南、通渭及其他冷凉地区种植。

4. 白燕7号

产量表现：生产试验平均产量3 100 ～ 3 500 kg/hm^2

适应区域：适宜在吉林省西部地区退化耕地或草原种植。

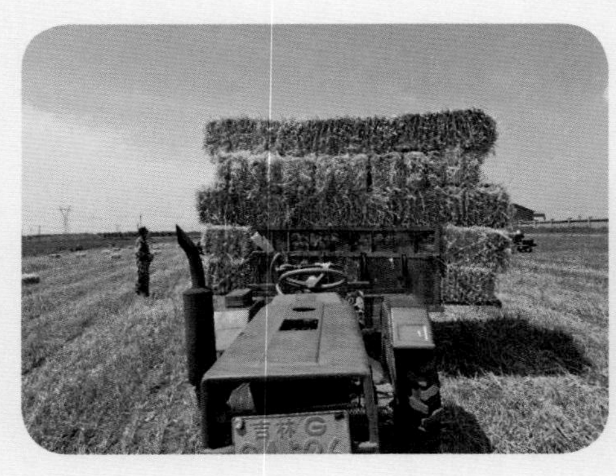

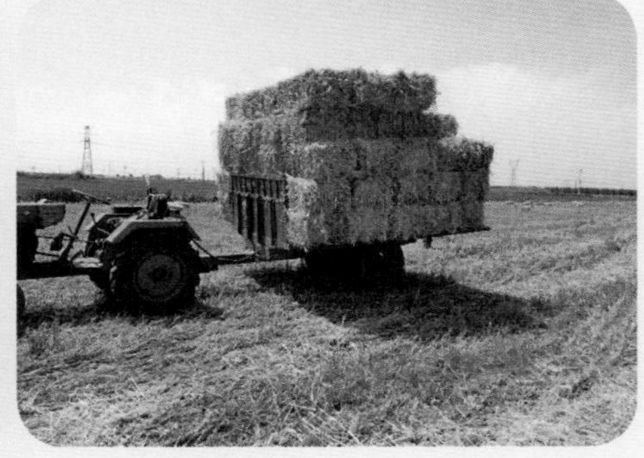

[illegible] : [illegible] ::

[illegible] : [illegible] 3 100 ~ 3 500 kg/hm² [illegible] ::

4. [illegible] 7 [illegible]

[illegible] : [illegible] · [illegible] · [illegible] · [illegible] ::

[illegible] 11 268 kg/hm² [illegible] ::

[illegible] : [illegible] 4 542 kg/hm² · [illegible] 13.2% [illegible] :: [illegible]

3. [illegible] 3 [illegible]

[illegible] ::

[illegible] : [illegible] 3 000 m [illegible] · 3 000 m [illegible] 60 000 kg/hm² [illegible] ::

[illegible] 48 000 ~ 48 000 kg/hm² [illegible] :: [illegible] : [illegible] : [illegible] 30 000 ~

2. [illegible] 1 [illegible]